U0182407

国防科技图书出版基金

飞机结构电偶腐蚀数值模拟

Numerical Simulation of Galvanic Corrosion in Aircraft Structures

陈跃良　卞贵学　张　勇　等著

国防工业出版社

·北京·

图书在版编目(CIP)数据

飞机结构电偶腐蚀数值模拟/陈跃良等著. —北京：
国防工业出版社,2020.9
ISBN 978-7-118-12124-7

Ⅰ.①飞… Ⅱ.①陈… Ⅲ.①飞机构件–接触腐蚀–
数值模拟 Ⅳ.①V267

中国版本图书馆 CIP 数据核字(2020)第 119757 号

※

国防工业出版社出版发行

(北京市海淀区紫竹院南路 23 号 邮政编码 100048)
北京龙世杰印刷有限公司印刷
新华书店经售

*

开本 710×1000 1/16 印张 19¼ 字数 335 千字
2020 年 9 月第 1 版第 1 次印刷 印数 1—3000 册 定价 168.00 元

(本书如有印装错误,我社负责调换)

国防书店：(010)88540777 书店传真：(010)88540776
发行业务：(010)88540717 发行传真：(010)88540762

致 读 者

本书由中央军委装备发展部**国防科技图书出版基金**资助出版。

为了促进国防科技和武器装备发展,加强社会主义物质文明和精神文明建设,培养优秀科技人才,确保国防科技优秀图书的出版,原国防科工委于1988年初决定每年拨出专款,设立国防科技图书出版基金,成立评审委员会,扶持、审定出版国防科技优秀图书。这是一项具有深远意义的创举。

国防科技图书出版基金资助的对象是:

1. 在国防科学技术领域中,学术水平高,内容有创见,在学科上居领先地位的基础科学理论图书;在工程技术理论方面有突破的应用科学专著。

2. 学术思想新颖,内容具体、实用,对国防科技和武器装备发展具有较大推动作用的专著;密切结合国防现代化和武器装备现代化需要的高新技术内容的专著。

3. 有重要发展前景和有重大开拓使用价值,密切结合国防现代化和武器装备现代化需要的新工艺、新材料内容的专著。

4. 填补目前我国科技领域空白并具有军事应用前景的薄弱学科和边缘学科的科技图书。

国防科技图书出版基金评审委员会在中央军委装备发展部的领导下开展工作,负责掌握出版基金的使用方向,评审受理的图书选题,决定资助的图书选题和资助金额,以及决定中断或取消资助等。经评审给予资助的图书,由中央军委装备发展部国防工业出版社出版发行。

国防科技和武器装备发展已经取得了举世瞩目的成就,国防科技图书承担着记载和弘扬这些成就,积累和传播科技知识的使命。开展好评审工作,使有限的基金发挥出巨大的效能,需要不断摸索、认真总结和及时改进,更需要国防科技和武器装备建设战线广大科技工作者、专家、教授,以及社会各界朋友的热情支持。

让我们携起手来,为祖国昌盛、科技腾飞、出版繁荣而共同奋斗!

国防科技图书出版基金

评审委员会

国防科技图书出版基金
2018 年度评审委员会组成人员

前　言

　　飞机机体结构中存在着大量的异种材料组合结构(如铝合金板钢铆钉连接件等),不同材料在腐蚀环境中形成电通路时,会发生电偶腐蚀,加速阳极金属溶解。现有飞机防腐蚀设计主要依靠已有机型积累的数据和设计人员的经验先行设计,而后通过自然环境暴露试验或实验室加速试验来验证其效果。自然环境暴露试验周期长、成本高、效率低,很难满足军事航空装备的飞速发展要求,随着技术的进步,实验室加速腐蚀试验方法得到广泛应用,它能够在较短的时间达到与地面停放较长年限相同的腐蚀效果,影响外场装备与实验室加速腐蚀效果一致性的最主要因素之一是折算系数。国内外一般采用单一金属当量折算系数,未考虑电偶效应的影响,但这对于多金属耦合复杂结构的加速腐蚀试验与实际腐蚀的一致性会产生很大影响。目前,装备研制需求突出,对研制效率提出更高要求,实验室加速手段时间长、经费高、样本种类受限,且每改进一个细节均需试验验证,有时不能很好地满足其设计周期要求,随着电化学测量技术的不断进步和电化学理论的不断完善,腐蚀仿真技术可通过计算机模拟方法提前预知腐蚀位置、腐蚀区域和腐蚀程度等腐蚀信息,因而日渐成为国内外腐蚀领域研究的热点。

　　以此为背景,本书围绕如何将数值模拟技术应用于飞机结构腐蚀防护性能分析,应用有限元和试验手段,在考虑电偶效应的基础上,修正目前飞机结构加速腐蚀试验中加速常用的折算系数,采用“材料→结构”“简单→复杂”的技术路线,从方法研究、试验装置搭建、基础数据获取、工程应用等方面开展研究。成果直接应用于新研飞机的防腐蚀设计,满足飞机在恶劣环境条件下服役环境安全性、可靠性和环境适应性设计要求,大大节省新机研制时间和费用,并为现役飞机防腐蚀改进设计提供依据,提高飞机的耐久性。同时,成果可为飞机外场防腐蚀维护工作提供指导,如明确防腐蚀维护的重点部位,优化工作内容和维护周期等,最大程度地降低腐蚀导致的维修费用,保证飞行安全,具有十分重要的军事和经济价值。

　　本书在总结飞机易腐蚀部位、材料和主要腐蚀类型的基础上,参考国内外大量文献,并结合课题组多年研究成果,详细阐述了电偶腐蚀模型基本原理、电偶腐蚀仿真预测方法、异种金属偶腐蚀当量折算、飞机典型结构电偶腐蚀仿真模拟技术应用以及防护体系有效性仿真等内容。

　　本书的特色是系统性和工程应用性,内容包括飞机服役过程中常见的溶液浸泡腐蚀和大气腐蚀,针对现役飞机常用材料,如铝合金、钛合金、高强钢、复合材料、铜合金等,按照试片→模拟件→结构件的顺序,阐述了仿真边界条件获取方法、试片级仿真模型建立与验证、飞机结构模拟件仿真与试验、飞机实际结构件仿真与应用及涂层、缓蚀剂等防护体系仿真应用,从简单到复杂逐级验证,对飞机防腐蚀设计及后期维护修理具有指导作用。

　　参与本书撰写的主要人员有海军航空大学青岛校区陈跃良教授、卞贵学博士、张勇副教授、李岩博士、王晨光博士、黄海亮博士、王安东博士、樊伟杰博士、王哲夫硕士、赵红君硕士、吴省均硕士。全书由陈跃良教授负责统稿。

　　本书在撰写过程中得到了舰载机腐蚀防护与控制研究中心和海军航空装备寿命可靠性实验研究中心同仁的大力协助,本书的出版得到了国防工业出版社的大力支持,在此表示衷心的感谢。书中有些资料来自国内外文献及出版的各种手册,在此对这些作者一并致谢。

　　由于著者水平所限,加之飞机腐蚀问题的复杂性,书中难免会存在不足之处,敬请读者批评指正。

陈跃良

二〇一九年七月于青岛

目　录

CONTENTS

第1章 概　　述

1.1　飞机易腐蚀部位、材料和主要腐蚀类型

民用飞机飞行强度大,飞行区域范围广,机场停留时间相对较短;海军飞机大多在沿海,与空军及民用飞机相比腐蚀相对严重。在沿海服役的军用飞机,无论停放还是飞行,飞机经历的环境均比较严酷,海洋环境高温、高湿、高盐的特性会对其装备造成腐蚀危害;而舰载机除经历上述"三高"环境外,还有海浪飞溅、母舰和舰载机发动机排放的"弱酸性尾气",服役环境更为恶劣。此外,在海面上空飞行的军用飞机,有时要求长时间超低空飞行,海洋上空的盐分、舰船排出的有害物质随着潮湿空气进入发动机、机载设备及机体结构,客观上增加了飞机腐蚀防护与控制的难度。

对现役飞机局部环境的调研发现,飞机结构内部的位置不同,其腐蚀环境也不同,如图1-1所示。Ⅰ区位于结构底部,易积水,溶液盐浓度大导致电导率高,金属主要发生全浸于溶液中的电化学腐蚀;Ⅱ区位于结构中部,有积水的可能性,发生大气腐蚀或是溶液中的腐蚀;Ⅲ区位于结构顶部,积水概率低,主要发生大气腐蚀。

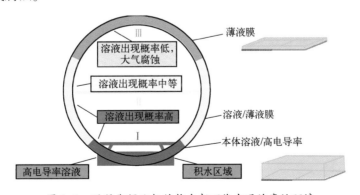

图1-1　服役期间飞机结构内部可能出现的腐蚀环境

1.1.1 飞机腐蚀的一般规律

（1）沿海使用的飞机腐蚀比陆地的严重，离海岸越近越严重；大气污染严重地区的飞机腐蚀比其他的地区严重；南方沿海的飞机腐蚀比其他沿海地区的严重。例如，某型飞机，南方和东部沿海地区发生严重腐蚀的飞机分别占被检查飞机的 46.7% 和 40.3%，而北方沿海地区的仅有一些老旧飞机发生了腐蚀。

（2）飞机在多雨水、多盐雾或空气湿度大、温度高的地区的腐蚀比较严重。例如，某型飞机，其中两处机场虽然大气污染严重，但空气比较干燥，飞机表面漆层仅轻微脱落，而另外在某地区(盐雾天气较多的盐碱地区)服役的飞机表面漆层均有程度不同的脱落。

（3）服役时间长的飞机腐蚀比服役时间短的严重。

（4）连续停放时间长的飞机腐蚀比经常使用和维护的严重。例如，有的飞机连续停放时间最长达 8 年，腐蚀相当严重。

（5）机翼腐蚀比机身、尾翼严重。机翼的腐蚀主要集中在一些主要承力构件上，梁缘条、梁腹板、长桁、对接型材和上/下翼面蒙皮、安装搭铁的固定支座等发生严重腐蚀，并且起落架舱、油箱舱内的结构件腐蚀最普遍。

（6）构件下部腐蚀比上部腐蚀严重。沿海机场相对湿度大，机体下表面离地面比较近，受地面潮气影响大。构件内部积聚的水分一般在下表面，不易蒸发，所以构件下部容易出现缝隙腐蚀，而且比上表面严重。

（7）密封不良，机体内部腐蚀比外部严重。机体内部尤其是日常维护不到的部位，一般通风不良，冷凝水排不出来，因而造成结构腐蚀严重。

（8）表面防腐层质量差的结构腐蚀较普遍、严重。

1.1.2 易腐蚀的部位和结构形式

军用飞机结构的腐蚀比较普遍，有的还很严重，根据调查统计分析，易腐蚀部位和结构形式如下：

（1）异种金属接触部位及存在结构缝隙的部位。例如，各机种的配重连接部位和钢连接件等，因缺少必要的防护措施或防护不当等导致程度不同的腐蚀。

（2）紧固件和紧固孔周围，不密封或密封质量差的连接结构。例如铆接结构或螺接结构。

（3）制造死角和易积水或排水条件差及防护困难的部位。

（4）装备加工部位和表面防护层质量差或受到损伤的部位。例如装配、钻孔、锪窝、切割/锉修、对接和搭接接缝处的加工端面等，在加工后没有采取相应的防护措施或防护层,受到损伤后没有补充施加防护层。

（5）腐蚀集中的结构部位：

① 机翼——主起落架舱区；

② 机身——减速板舱内；

③ 尾翼——蒙皮与配重连接区；

④ 蒙皮外表面防护层；

⑤ 活动部位(如飞机襟翼滑轨轮缘处、副翼根部轴承及根部轴处磨蚀)。

1.1.3 飞机易腐蚀材料

（1）镁合金构件易产生不同程度的腐蚀。

（2）铝合金 LY12 和 LC4 对晶间腐蚀和剥蚀非常敏感,易发生腐蚀。主轮舱区机翼前梁(LC4)和油箱下壁板处蒙皮(LY12CZ)发生剥蚀和晶间腐蚀。

（3）30CrMnSiA 钢件,尤其是紧固件,均发生不同程度的锈蚀。

（4）早期服役的飞机,其外表面蒙皮涂层系统抗老化、耐蚀性和附着力较差,几乎每架被检查飞机外表面蒙皮漆层均有不同程度的脱落。

1.1.4 飞机主要腐蚀类型

1. 按照腐蚀环境或者腐蚀介质分类

（1）大气腐蚀。当大气的相对湿度高于某个临界值时,水蒸气会在金属表面凝结成一薄层吸附水膜,而水中都溶解有一定量的电解质和氧,提供了形成腐蚀原电池的电解质溶液(离子导体)和阴极活性物质(氧化剂)。海洋性大气中还存在大量高浓度的盐雾,工业大气中还含有可溶于水的酸性气体,这些对金属基体是更严重的腐蚀威胁。

（2）海水腐蚀。海水中溶解有大量的氯化物,对钢铁和铝合金的腐蚀性很强。

（3）化工介质腐蚀。化工介质(主要是酸碱盐的水溶液)会对飞机造成严重的腐蚀。化工介质的泄漏对污染影响区的其他结构中的金属造成严重的腐蚀。

（4）微生物腐蚀。微生物成长代谢的环境中有水和微生物的代谢产物,容易导致局部腐蚀。

2. 按照腐蚀破坏的具体形式分类

（1）均匀腐蚀。均匀腐蚀是最常见的一种腐蚀破坏形式,又称全面腐蚀。其特征是化学反应或电化学反应在整个或绝大部分金属表面均匀地进行,腐蚀结果是金属构件变薄,直到最后发生破坏。均匀腐蚀的特点是金属在暴露的全都或大部分表面积上都发生腐蚀,且腐蚀程度在各处分布很均匀。根据发生均匀腐蚀的金属在单位时间内厚度的减薄或单位面积上金属的失重可以测量出腐蚀速度,借此可以估算结构的寿命。

(2) 电偶腐蚀。两种或者两种以上具有不同电位的金属接触(形成电偶)并同处于一个电解质溶液中,就会造成电位低的金属发生腐蚀,这种腐蚀称为电偶腐蚀或双金属腐蚀。电位较低、耐腐蚀性较差的金属为阳性,加速腐蚀;电位较高、耐腐蚀性较好的金属为阴性,受到阳极牺牲效应的保护,腐蚀减缓,甚至停止腐蚀。

(3) 缝隙腐蚀。在金属与金属或金属与非金属之间的缝隙中由于形成浓差电池而引起的局部腐蚀称为缝隙腐蚀。结构上的缝隙内容易滞留液体,导致缝隙内的金属发生局部腐蚀。缝隙腐蚀常发生在垫片的底面、螺帽或铆钉帽下的缝隙处与铆接机构的搭接处,飞机蒙皮对接处的腐蚀也属于缝隙腐蚀。

金属与金属表面之间、金属与非金属表面之间、金属与附着的沉淀物之间都可以形成缝隙。空气中的氧向缝隙内部扩散困难,缝隙深度氧浓度低,而缝隙敞口处氧浓度高,内外氧浓度差形成浓差电池,导致缝隙内部氧浓度低的地方,金属作为阳极被腐蚀。

(4) 点蚀。点蚀是在金属上产生针状、点状、小孔状的一种极为局部的腐蚀形式。虽然点蚀仅在金属表面形成离散的、很小的点坑,材料损失很少甚至可以忽略,但是破坏性和隐患最大的腐蚀形态之一。腐蚀部位常被腐蚀产物所覆盖,不易发现,且易产生应力集中,成为腐蚀疲劳的裂纹源。点蚀的危害性极大,有可能飞行中导致飞机结构的突发性事故。

(5) 晶间腐蚀。晶间腐蚀是沿材料的晶界发生的一种腐蚀,其原因是晶间的成分或组织结构不同,相对晶粒内部电位低,在腐蚀介质中发生优先溶解。晶间腐蚀使晶粒之间失去结合力,在腐蚀影响区金属的强度完全丧失。不锈钢和铝合金的晶间腐蚀问题较为突出。

(6) 磨蚀。磨蚀是磨损腐蚀的简称,有磨振和冲刷两种磨蚀。磨振磨蚀(又称微动腐蚀)是互相结合的两个零件在振动、滑动及环境介质的共同作用下产生磨蚀。冲刷磨蚀是由于腐蚀性流体(液体、气体)和金属表面间的相对运动,引起涂层破坏和金属的加速腐蚀。

(7) 应力腐蚀开裂和腐蚀疲劳。这两种腐蚀都属于金属在腐蚀介质和应力的同时作用下导致腐蚀开裂以致破坏的情况。当应力为平稳拉应力时,发生应力腐蚀开裂;当应力为交变应力时,发生腐蚀疲劳。发生应力腐蚀开裂的原因是,在应力作用下,裂纹尖端发生塑性变形,产生大量的活性点,在腐蚀介质作用下发生快速溶解,裂纹在应力和腐蚀的共同作用下向前发展。合金比纯金属更容易发生应力腐蚀开裂和腐蚀疲劳。

应力腐蚀开裂和腐蚀疲劳的发展具有隐蔽性与突发性,初始裂纹的孕育期长,裂纹长度缓慢增长到某一临界尺寸后,裂纹会在一个极短的扩散期内贯穿在整个结构。

1.1.5　飞机腐蚀的环境因素

1. 气候环境

海洋大气中存在高浓度的盐雾,对金属结构特别是铝合金结构是非常严重的腐蚀威胁。海鸟的粪便中含有大量的电解质,也会导致飞机结构特别是金属蒙皮的腐蚀。

火山活动会释放出酸性气体,火山灰中的电解质随降水返回地面。

工业大气中的酸性气体,如硫的氧化物、氮的氧化物和硫化氢等,会形成酸雨。

清洁的雨水中也会存在溶解氧,为腐蚀反应提供氧化剂。

即便在降水并不频繁的季节或地区,只要大气的相对湿度超过某一临界值,金属表面也会存在吸附水膜,吸附水膜的存在是导致大气腐蚀的先决条件之一。

在高温地带或高温季节,腐蚀速度会加快,特别在高温、高湿度条件下,腐蚀会以很快的速度造成结构破坏。

2. 使用环境

跑道上面的沙砾、灰尘等污染物在高速运动时,会破坏飞机表面的涂层,使金属结构失去保护。

除冰液等化学药剂的残留、运载货物(特别是化工产品、海产品)的泄漏可能导致严重腐蚀。

运行高度会影响大气环境中腐蚀因素的强弱。如低空环境下受地面工业污染或海洋环境影响大,直飞短途航线的飞机的腐蚀一般较严重(民用飞机)。在低空下也更容易遇到大气紊流,气流对涂层造成的冲蚀也更严重。紊流会造成结构瞬时过载和结构疲劳,低空降雨也更频繁。军用飞机在海上进行超低空飞行或在甲板上停留,海浪飞溅严重,导致使用环境更为恶劣。

使用环境的变化会影响油箱中水汽凝结的情况,从而影响微生物的生长。温度的剧烈变化会产生凝结水,特别是在通风不畅的结构处。

1.1.6　飞机腐蚀原因

飞机腐蚀的根本原因是材料有一个趋于较为稳定状态的趋势,其中包括氧化物的生成。当腐蚀介质聚集在飞机表面时,为腐蚀的产生创造了合适的条件。通常情况下,选材不当、表面防护措施不当、密封装配不当、排水不畅等都会引发不同程度的腐蚀。腐蚀的发生会导致飞机材料变质、强度减弱,结构性能降低。

根据腐蚀的现象和规律,从设计、制造和使用维护三个方面的原因分析了飞机结构腐蚀的影响因素概括于表 1-1。

表 1-1　飞机结构腐蚀的影响因素

原　因	影　响　因　素
设计方面	通风、排水、密封;结构缝隙、沟槽、内腔;异种金属;表面防护系统;材料与工艺选择;应力和变形控制;结构维修性(含可达性、可检测性);构件的具体使用环境
制造方面	制造工艺及生产质量控制;表面防护工艺及质量控制;密封、装配工艺及质量控制;包装、储存、运输
使用维护方面	可维修性差;表面有损伤;使用环境差(包括内部或局部环境、人为环境);疏忽或对腐蚀损伤认识不足;腐蚀维修措施不当或缺乏;排水孔等阻塞

1.2　电偶腐蚀基础理论

1.2.1　电偶腐蚀现象与电偶序

众所周知,日常生活中使用的干电池,如果不使用,存放很长时间外壳锌皮会出现腐蚀穿透现象,损坏的主要原因是金属锌的自腐蚀。然而,当干电池的两个电极发生短路时,锌皮很快会腐蚀穿孔,造成干电池内湿的糊状物(氯化铵电解质等)流出,这种加速腐蚀现象的产生就是由电偶腐蚀导致的。在腐蚀介质中,金属与电位更高(或更正)的另一种金属或非金属导体(石墨或碳纤维复合材料等)电连接引起的加速腐蚀称为电偶腐蚀。由两种腐蚀电位不同的金属接触引起的加速腐蚀称为双金属腐蚀或异种金属腐蚀。实际中电偶腐蚀现象十分普遍,因为机械装备常常由不同金属材料制备的零部件组装而成。例如,飞机上用钛合金紧固件将不锈钢蒙皮与铝合金蒙皮连接在一起(图 1-2),在一定的电化学腐蚀环境中,就会发生电偶腐蚀破坏。

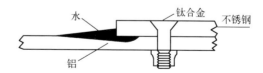

图 1-2　不锈钢蒙皮与铝合金蒙皮连接后的电偶腐蚀

电偶腐蚀强调电接触导致的腐蚀加速作用(腐蚀电池作用),因为金属由于自身电化学不均匀性在电解质溶液中会发生自腐蚀溶解,在不同金属电接触构成电偶腐蚀电池后电位低(或负)的金属称为电偶腐蚀的阳极,其腐蚀速率较电连接前大大提高,有时会增加数十倍,而电位高(或正)的金属称为电偶腐蚀电池的阴极,其腐蚀速率大大降低,甚至不再发生腐蚀。由于两种金属直接接触会导致电偶腐蚀,因此电偶腐蚀也称为接触腐蚀。

电偶腐蚀实际上是宏观腐蚀电池的一种,产生电偶腐蚀应同时具备下述三个基本条件:

(1)具有不同自腐蚀电位的材料。电偶腐蚀的驱动力是金属与金属或金属与非金属之间产生的电位差。

(2)存在离子导电支路。电解质溶液必须连续地存在于接触金属之间,构成电偶腐蚀电池的离子导电支路。对多数机电产品而言,电解质溶液主要是指凝聚在零构件表面上的、含有某些杂质(氯化物、硫酸盐等)的水膜或海水。

(3)存在电子导电支路。即金属与电位高的金属或非金属之间要么直接接触,要么通过其他导体实现电连接,构成腐蚀电池的电子导电支路。

根据标准电极电位的高低可以从热力学的角度判断金属变成离子进入溶液的倾向性大小,但是标准电极电位只给出了金属的理论电位值,它是无膜金属浸在该金属盐的溶液中且金属离子的活度为1时用热力学公式计算得到的。此外,标准电位序也未考虑腐蚀产物的作用,且没有涉及合金的排序,而含两种或两种以上活性成分的合金是不可能建立起标准平衡电极电位的。因此,标准电极电位序仅能用来判断金属在简单腐蚀体系中产生腐蚀的可能性,不能判断金属材料在某一特定腐蚀电解质中电偶腐蚀倾向性大小,为了方便地判断金属材料在某一特定腐蚀电解质中电偶腐蚀倾向性大小而引入了电偶序。

电偶序是将金属材料在特定的电解质溶液中实测的腐蚀(稳定)电位按高低(或大小)排列成表的形式。图1-3为金属在25℃的流动海水中的电偶序。利用电偶序可以判断电偶腐蚀电池的阴极极性、阳极极性和金属腐蚀的倾向性大小。例如,金属铝和锌在海水中组成电偶时锌受到加速腐蚀,铝得到了保护,原因是铝在海水中的腐蚀电位约为-0.8V(饱合甘汞电极(SCE)),高于锌在海水中的腐蚀电位值(约为-1.0V(SCE))。在电偶序中腐蚀电位低的金属与离它越远的高电位金属接触,电偶腐蚀的驱动力越大,电偶腐蚀的倾向性越大。然而,电偶腐蚀的速率除与电极电位差有密切关系外,还受腐蚀金属电极极化行为等因素的影响。由于金属材料的腐蚀电位受多种因素影响,其值通常随腐蚀反应时间而变化,即金属在特定电解质溶液中的腐蚀电位不是一个固定值,而是有一定变化范围,因此,电偶序中一般仅列出金属稳定电位的相对关系或电位变化范围,而很少列出具体金属的稳定电位值。另外,某些材料(如不锈钢和铬镍铁合金等)有活化和钝化两种状态,因此出现在电偶序中的不同电位区间。

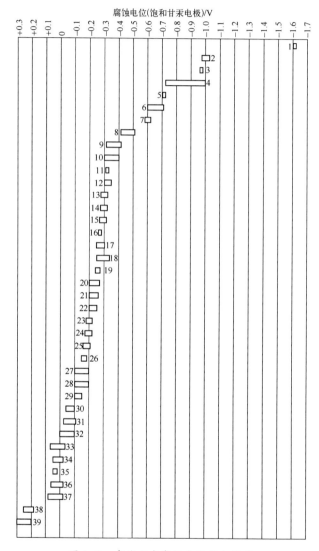

图 1-3　在海水中常见金属的电偶序

1—镁;2—锌;3—铍;4—铝合金;5—钙;6—碳钢;7—低合金钢;8—奥氏体镍铸铁;9—铝青铜;
10—海军黄铜;11—锡;12—铜;13—铅/锡焊料;14—铝黄铜;15—锰青铜;16—硅青铜;17—锡青铜;
18—410/416 不锈钢;19—镍银;20—90/10 白铜;21—80/20 白铜;22—430 不锈钢;23—铅;
24—70/30 白铜;25—镍铝青铜;26—镍铬合金 600;27—硅铜合金;28—镍 200;29—硅;
30—302/304/321/347 不锈钢;31—镍铜合金 400;32—316/317 不锈钢;33—合金 20 不锈钢铸造和锻造;
34—镍铬铁合金 825;35—Ni-Cr-Mo-Cu-Si 系合金;36—钛;37—Ni-Cr-Mo 合金;38—铂;39—石墨

1.2.2　电偶腐蚀原理

电偶腐蚀的原理可用腐蚀原电池原理和腐蚀极化图来分析。

由电化学腐蚀动力学可知,两金属耦合后的腐蚀电流强度与电极电位差、极化率及回路中的欧姆电阻有关。耦合金属的电极电位差越大,电偶腐蚀的驱动力越大。而电偶腐蚀速率的大小又与电偶电流成正比,其可表示为

$$I_g = \frac{E_C - E_A}{P_C/S_C + P_A/S_A + R} \tag{1-1}$$

式中:I_g 为电偶电流强度;E_C、E_A 分别为阴极与阳极金属耦合前的稳定电位;P_C、P_A 分别为阴极与阳极金属的极化率;S_C、S_A 分别为阴极与阳极金属的表面积;R 为欧姆电阻(包括溶液电阻和接触电阻)。

由式(1-1)可知,耦合电流随电极电位差增大及极化率、欧姆电阻的减小而增大,由此导致电偶阳极的加速腐蚀。

若将电位高的金属 M 和电位低的金属 N 耦合后,低电位阳极金属 N 的腐蚀电流记为 i'_N,则 i'_N 与未耦合时该金属的腐蚀电流 i_N 之比称为电偶腐蚀效应,即

$$\gamma = \frac{i'_N}{i_N} = (i_g + |i_{C,N}|)/i_N \approx i_g/i_N \tag{1-2}$$

式中:i_g 为阳极金属的电偶电流密度;$i_{C,N}$ 为阳极金属 N 上的阴极还原电流密度;$i_{C,N}$ 相对于 i_g 通常很小,可以忽略不计。

式(1-2)表明,γ 值越大,电偶腐蚀越严重。

现通过极化图进一步分析电偶腐蚀的原理。图 1-4 为电位高的金属 M 和电位低的金属 N 构成电偶对前、后的极化图。为使问题简化,假设两种金属的面积相等,且阴极过程仅是氢离子的还原。

在两金属表面各自发生的共轭电极反应如下:

金属 M 表面上,氧化反应为

$$M \longrightarrow M^{2+} + 2e \quad (i_M)$$

还原反应为

$$2H^+ + 2e \longrightarrow H_2 \uparrow \quad (i_{C,M})$$

金属 N 表面上,氧化反应为

$$N \longrightarrow N^{2+} + 2e \quad (i_N)$$

还原反应为

$$2H^+ + 2e \longrightarrow H_2 \uparrow \quad (i_{C,N})$$

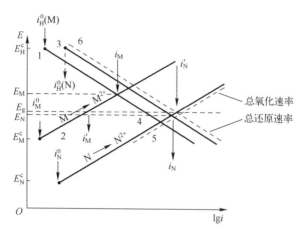

图 1-4   两种腐蚀的金属构成电偶对前、后的腐蚀特性变化

由极化图可知:两金属耦合前,金属 M 的自腐蚀电流密度 i_M 和自腐蚀电位 E_M 由金属 M 的理论阴、阳极极化曲线(曲线 1 和曲线 2)的交点所决定,金属 N 的自腐蚀电流密度 i_N 和自腐蚀电位 E_N 由金属 N 的理论阴、阳极极化曲线(曲线 3 和曲线 4)的交点所决定;两金属耦合后,根据混合电位理论,电偶腐蚀电池的总阳极极化曲线 5 和总阴极极化曲线 6 的交点即总氧化速率与总还原速率相等处的电流密度和电位为耦合体系的总腐蚀电流密度 i_g 和总混合电位(电偶电位)E_g,E_g 处于两耦合金属自腐蚀电位 E_M 和 E_N 之间。可以看出,由于耦合的结果导致自腐蚀电位低的金属 N 的腐蚀电流密度由 i_N 增加到 i'_N,就产生了阳极极化加速腐蚀,而自腐蚀电位高的金属 M 的腐蚀电流密度由 i_M 降低到 i'_M 得到了阴极极化的保护,此即电偶腐蚀的原理。通过耦合使高电位金属腐蚀速率减小甚至完全不发生腐蚀的效应,称为阴极保护效应。

1.2.3   影响电偶腐蚀的因素

1. 阴极与阳极面积比的影响

阴极与阳极面积比对电偶腐蚀速率有重要的影响。阴极与阳极面积比越大,阳极电流密度越大,阳极金属腐蚀速率越大。在氢去极化腐蚀的情况下,阴极上的氢过电位与电流密度有关,阴极面积越大,电流密度越小,氢过电位也越小,越容易发生氢去极化,因而阳极腐蚀速率加快。在氧去极化腐蚀的情况下;如果过程由氧离子化过电位所控制,则阴极面积的增大导致氧过电位降低,因而阳极腐蚀速率加快;如果过程由氧扩散所控制,则阴极面积增大能接受更多的氧发生还原反应,因而腐蚀电流也增大,由此导致阳极腐蚀加速。因此,生产实际中小阳极和大阴极式的电偶结构是很危险的。在航空结构设计中,如果钛合金板用铝合金铆钉铆接,就属于小阳极大阴极结构,铝合金铆钉会迅速破坏(图 1-5(a));反之,如果用钛合金铆钉铆接铝合金板,组成大阳极小阴极结构,尽管铝合金板受到腐蚀(图 1-5(b)),但是整个结构破坏的速率和危险性较前者小。由于钛合金与铝合金在电偶序中相距较远,因此飞机结构设计中即使对于小阴极(钛合金)大阳极(铝合金)的情况也力求避免。新型飞机结构中已采用钛合金紧固件真空离子镀铝的方法,使钛-铝结构电位一致。

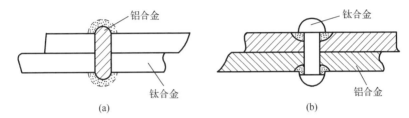

图 1-5　不同阴极与阳极面积比时,电偶腐蚀形态差异

　　图 1-6 为海水中不同金属与钛接触时(电偶腐蚀)和不接触时(正常腐蚀)的腐蚀速率。由图 1-6 不仅可以看出电偶腐蚀在整个腐蚀中所起的作用,而且可看到阴极与阳极面积比对电偶腐蚀的重要影响。当阳极与阴极面积比为10∶1时,各种金属的腐蚀主要表现为自腐蚀,电偶腐蚀的影响作用较小;而当阳

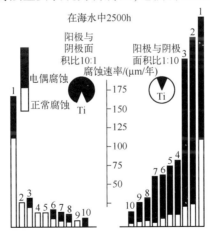

图 1-6　在海水中不同金属与钛接触时和不接触时的腐蚀速率

1—低碳钢;2—炮铜;3—铝;4—70/30 铜镍;5—80/20 铜镍;6—蒙乃尔(67/31/1/1);

7—ASTMβ171 合金 D;8—60/40 黄铜;9—铝黄铜;10—18/8 不锈钢。

极与阴极面积比为 1:10 时,电偶腐蚀占优势。

2. 环境因素的影响与电偶极性的逆转

环境因素如介质的组成、温度、电解质溶液的电阻、溶液的 pH 值、环境工况条件的变化等均对电偶腐蚀有重要的影响,不仅影响腐蚀速率,同一电偶对在不同环境条件下甚至会出现电偶电极极性的逆转现象。例如,在水中金属锡相对于铁来说为阴极,而在大多数有机酸中,锡对于铁来说成为阳极。温度变化可能改变金属表面膜或腐蚀产物的结构,也可能导致电偶电池极性发生逆转。例如,在一些水溶液中,钢与锌耦合时锌为阳极受到加速腐蚀,钢得到了保护,而当水的温度高于 80°C 时,电偶的极性就发生逆转,钢成为阳极而被腐蚀,而锌上的腐蚀产物使锌的电位提高成为阴极。溶液 pH 值的变化也会影响电极反应,甚至会改变电偶电池的极性。例如,镁与铝耦合在稀的中性或弱酸性氯化钠水溶液中,铝是阴极,但随着镁阳极的溶解,溶液变为碱性,导致两性金属铝成为阳极。

由于在电偶腐蚀中阳极金属的腐蚀电流分布的不均匀性,造成电偶腐蚀的典型特征是腐蚀主要发生在两种不同金属或金属与非金属导体相互接触的边沿附近,而在远离接触边沿的区域其腐蚀程度通常要轻得多,据此很容易识别电偶腐蚀。电偶腐蚀影响的空间范围与电解质溶液的电阻大小有关。在高电导的电解质溶液中,电偶电流在阳极上的分布比较均匀,总的腐蚀量和影响的空间范围也较大;在低电导的介质中,电偶电流主要集中在接触边沿附近,总的腐蚀量也较小。

对于环境条件变化的实际工况,一定要注意分析接触金属表面状态的变化对电偶腐蚀敏感性的影响,不然可能会造成电偶腐蚀的隐患。例如,某航空发动机中固定钛合金压气机叶片的 1Cr11Ni2W2MoV 耐热不锈钢卡环的选材是依据常温条件下钛合金与耐热不锈钢的电偶序,但实际应用中,卡环发生了严重的接触腐蚀损伤。对此有研究发现,发动机工作时工况温度高使耐热不锈钢表面发生选择性氧化,由此导致次表面层发生贫铬现象,耐 NaCl 环境腐蚀抗力降低,其电极电位比钛合金显著下降,因而耐热不锈钢-钛合金的电偶腐蚀敏感性较室温条件下显著增大,并以点蚀形态为特征。

3. 金属特性的影响

耦合金属材料的电化学特性会影响其在电偶序中的位置,从而改变耦合金属的电偶腐蚀敏感性(图 1-6)。此处需要特别指出的是,对于像 Ti、Cr 等具有很强的、稳定的活化–钝化行为的材料,在某些特殊环境中,电偶耦合导致的阳极极化反而有可能使这类金属材料的腐蚀速率降低。例如,在非氧化性酸(硫酸或盐酸)中,Ti 的腐蚀由阴极氢离子还原所控制,此时 Ti 处于活化腐蚀状态。

在这种环境中氢离子在 Pt、Rh、Pd 等金属上的还原速率高,因此,当 Ti 与金属 Pt 等电耦合时,其电偶电位升高到 $E_{\text{corr(Ti-Pb)}}$,而电偶电流 $i_{\text{corr(Ti-Pb)}}$ 低于原来的自腐蚀速率 $i_{\text{corr(Ti)}}$。即电耦合的结果不但未使低电位金属 Ti 的腐蚀速率增加,反而使其腐蚀速率降低。根据这一特殊行为,通过合金化的方法在 Ti 中加入 Pt、Rh、Pd 等金属元素,可以改进钛合金的抗腐蚀性能。例如,含 Pb 质量分数 0.005 的 Ti 在质量分数 0.10 的沸腾硫酸和质量分数 0.10 的盐酸中的腐蚀速率是纯 Ti 的 1/1000~1/800。

1.3 腐蚀当量加速关系

为了研究地面停放腐蚀对飞机结构疲劳寿命与腐蚀失效的影响,建立地面停放腐蚀影响随使用年限的变化规律,用以评价飞机结构的日历寿命,必须采用实验室加速腐蚀试验技术,使模拟试件或结构件在加速试验环境谱下用较短的时间达到与地面停放较长时间之间的对应关系,这就是加速腐蚀当量加速关系(简称当量加速关系)。只有针对指定的加速试验环境谱,确定了对应的当量加速关系,才能达到加速腐蚀试验的目的,所给出的加速试验环境谱才更有实际应用价值。因此,确定当量加速关系是进行加速腐蚀试验的关键,在飞机结构日历寿命体系评定技术中占有十分重要的地位。

1.3.1 当量加速关系的定义与表达形式

当量加速关系通常定义为飞机结构关键部位在地面停放环境和加速试验环境谱下达到相同的腐蚀程度时,地面停放时间 $T(a)$ 对应的加速试验环境谱作用时间 t(d、h 数或周期),其一般形式为 $T=f(t)$。

当量加速关系通常认为是确定值,这主要是因为在同类腐蚀环境下,无论环境强弱,相同结构的腐蚀程度随时间的变化规律基本一致。因此,若用 T 表示实际使用年限,t 表示加速试验环境谱作用时间,则有

$$T=\beta t \qquad (1-3)$$

式中:β 为当量加速关系(或称为加速系数、环境因子),其取值与 T 及 t 的时间单位有关,若 T 用 a 表示,t 用 h 表示,则 β 的单位为 a/h。

1.3.2 当量加速关系确定方法

目前,确定当量加速关系的方法主要有当量折算法、腐蚀程度对比法和疲

劳强度(寿命)对比法三种。

1. 当量折算法

当量折算法的基本思路:建立结构关键部位地面停放环境谱,选择适当参量分别描述腐蚀损伤发展快慢和指定时间的腐蚀程度,以描述腐蚀程度的参量相等为准则,建立加速试验环境谱与地面停放环境谱之间的时间对应关系。当前,常用的当量折算法是基于金属电化学腐蚀规律的方法,这种方法以腐蚀电流与电量分别描述腐蚀损伤发展快慢与指定时间的腐蚀程度,基于腐蚀损伤等效原则,以腐蚀电量相等为准则来建立当量加速关系。

关于当量折算法的应用范围应注意以下两点:

(1) 基于金属电化学腐蚀规律的当量折算法只适用于金属基体,不适用于结构的非金属涂层。金属结构内部的疲劳部位大部分是连接孔,孔角附近及孔壁一般没有涂层,即使有涂层也不完善,并在局部连接时被破坏,通常起不到保护孔角附近与孔壁的作用。因此,可以采用当量折算法确定内部疲劳关键部位加速试验环境谱的当量加速关系。而对有良好涂层保护体系的外露腐蚀/疲劳关键部位而言,当量折算法只能用于建立关键部位涂层防护体系失效后的当量加速关系。

(2) 当量折算法适用于地面停放环境谱和结构关键部位局部环境谱已给出的情况,对于新研飞机和使用年限较短的飞机结构而言,由于外场腐蚀损伤信息不足,当量折算法有很强的实用性。

2. 腐蚀程度对比法

腐蚀程度对比法的基本思路:选取直接衡量结构关键部位腐蚀损伤的腐蚀量,如蚀坑深度、腐蚀面积、结构表面涂层的腐蚀情况等,以加速试验环境谱和结构地面停放环境下腐蚀量相同为准则建立当量加速关系。其具体过程:将模拟试件在选定的加速试验环境谱下进行若干组不同时间的预腐蚀试验,对使用不同年限的外场或大修厂飞机该部位腐蚀程度进行观测,将预腐蚀试件的腐蚀程度与外场或大修厂飞机该部位腐蚀程度进行统计对比与分析,确定当量加速关系。对疲劳关键部位而言,通常认为腐蚀程度相同,则疲劳寿命相同。因此,对比的腐蚀程度应主要在萌生裂纹处。例如,连接孔垂直于受力方向的孔边(壁)两侧的蚀坑萌生裂纹处。对腐蚀失效关键部位的涂层而言,腐蚀程度主要针对涂层,尤其是连接孔处涂层的起泡、开裂、剥落及腐蚀产物、失光等腐蚀损伤形式;对于腐蚀失效关键部位的金属基体,腐蚀程度则主要是蚀坑深度及面积。

腐蚀程度对比法适用于建立疲劳关键部位、腐蚀失效关键部位的涂层及金属基体等各种加速试验环境谱的当量加速关系。对于服役多年,有较充分的外场或大修厂飞机结构腐蚀损伤信息,可以较好地检测服役不同年限飞机对应部位腐蚀程度的情况下,腐蚀程度对比法是确定当量加速关系的良好方法。

3. 疲劳强度(寿命)对比法

疲劳强度(寿命)对比法的基本思路:以结构关键部位在使用环境下停放若干年限和加速试验环境谱下预腐蚀相当时间后具体的疲劳强度或疲劳寿命作为确定当量加速关系的准则。疲劳寿命可通过使用载荷谱下模拟试件疲劳试验获得;而疲劳强度通常可用结构细节疲劳额定值(DFR)表示,其定义为应力比 0.06 的等幅载荷下,以 95% 的置信度和 95% 可靠度(存活率)寿命达到 10^5 次循环对应的最大应力值。疲劳强度相同即对应着两种环境腐蚀后具有相同的 DFR 值。

疲劳强度(寿命)对比法主要用于疲劳关键部位,用这种方法确定当量加速关系必须有在结构实际停放环境下放置若干不同年限的模拟试件。对于飞机结构外露疲劳关键部位而言,可以通过模拟试件在机场的自然暴露,实现地面停放指定年限的腐蚀;而对处于飞机结构内部的疲劳关键部位,其地面停放环境为飞机结构局部环境,要想取得这种局部环境下放置多年的试件工程上难以实现,使得疲劳强度(寿命)对比法难以实施。

1.4 飞机环境适应性考核的加速腐蚀试验

飞机结构在实际使用过程中除经受重复载荷外,还要遭受化学、热和气候环境的侵袭。目前对飞机环境适应性考核主要分为机体结构类的考核和机载设备类的考核。机体结构类的考核试验主要是根据预期的服役环境编制实验室加速腐蚀试验环境谱来进行考核,可偏保守地依据较严酷环境的预期服役地点编制加速腐蚀试验环境谱。

机载设备类的考核试验主要参照 GJB 150A—2009《军用装备实验室环境试验方法(系列)》等通用标准或沿用原型机及相似型号的相关要求进行。

1.4.1 飞机机体结构类加速腐蚀试验方法

军用飞机地面停放时间一般占服役时间的 90% 以上,地面环境的影响是飞机结构腐蚀的主要原因,因此,编制飞机结构地面停放环境谱是研究飞机结构腐蚀的关键。地面停放环境谱是飞机在地面停放期间所经受的腐蚀环境—时间历程,它应包括地面停放环境谱中对结构产生腐蚀的各种环境要素,各种要素的强度、持续性、发生频率以及它们的组合。

1. 选取环境要素

编制环境谱首先应确定环境要素,环境要素基本上分为气候环境要素和化学环境要素两类。

1)气候环境要素

气候环境要素主要有气温、湿度、降水、固体沉降物、风、雾、盐雾等。飞机在机场停放而产生的自然腐蚀主要是大气腐蚀,影响大气腐蚀程度的要素主要有温度、湿度、雾和凝露、降水、固体沉降物以及太阳辐射等,其中温度和湿度是最主要的要素。降水要素主要包括降水量和其 pH 值。固体沉降物被潮湿的机体表面吸附,形成局部腐蚀环境,它决定了对飞机进行清洗的方法和时间安排。

2)化学环境要素

导致飞机结构腐蚀的化学环境要素主要有 SO_2、SO_4^{2-}、氮氧化物 NO_x、酸雨、盐水、盐雾及 Cl^- 等。其中,SO_2 溶于水形成的亚硫酸是很强的去极化剂,此外,对于非黑色金属,SO_2 被消耗在腐蚀反应中,在钢铁的锈蚀过程中,SO_2 还起着催化剂的作用。故 SO_2 危害最严重。SO_2 主要由工业污染所引起,因此它对飞机结构的危害与机场距离城市和工业区的远近及风向有关,且季节变化明显。

酸雨的 pH 值对腐蚀速率有较大影响,该值的年变化不是很明显。

盐雾是沿海机场必须考虑的重要环境要素,它的出现概率与风向有关。

2. 环境数据采集

将机场气象台站多年的气象数据(包括每天的温度、湿度、雨量、雨时,每月的雾日、雾时及各对应时刻的风向、风速和污染物及其含量等)进行统计,建立各自气象数据库,给出各自气候环境要素以月、季、年为周期的变化规律。

利用相关部队气象部门实测气象数据、大气试验站实测气象数据等,通过综合和具体分析,获得服役环境条件参数,包括服役环境的温度、相对湿度、盐雾、雾和凝露、降水、化学介质的强度、频次和时间等。

3. 环境要素的简化与处理

在飞机结构整个使用寿命期中,各种环境要素对飞机结构的作用是非常漫长的,既有谱的变化,又有作用时间的不同。如果要求所编环境谱能完全描述环境要素的全部变化历程,即与飞机的日历寿命同步,这样的环境谱用来人工再现在技术上有困难,与日历寿命等长也是没有意义的。为了达到工程实际能够再现环境要素对飞机结构的腐蚀、老化作用,必须对环境数据进行筛选、简化。筛选的原则是将环境谱中对结构腐蚀、材料老化贡献小的环境参数与作用时间删除,而保留有贡献的部分,以达到数据简化的目的。

1）湿度

相对湿度增加,金属腐蚀速率开始增加得并不快,当相对湿度达到临界值时,腐蚀速率突然增加。飞机结构的材料大部分为铝合金和钢,对应的相对湿度临界值为 65%,即其值小于 65% 时可视为干燥空气环境。

2）温度

气温的改变会影响腐蚀的反应速率和金属表面水膜的停留时间,只有在高温、高湿条件下,金属腐蚀才会加快。环境温度低于 0℃ 时对腐蚀的影响很小,所以,温度的临界值定为 0℃,即只考虑温度在 0℃ 以上的情况。

试验结果表明:温度在 20℃ 以上、相对湿度大于 65% 时,在相同湿度、不同温度下,同种腐蚀介质对结构腐蚀的影响是不同的;同样,在相同温度、不同湿度下,同种腐蚀介质结构对腐蚀的影响也是不同的。

3）凝露

当结构温度低于大气温度、相对湿度大于 60% 时,在满足结构露点温度差的条件下,结构的表面会产生凝露。凝露一般在清晨 4 时至 5 时(无风状态)出现。结构表面产生凝露时,水膜的覆盖使金属表面容易产生电化学腐蚀。

根据环境要素腐蚀特性和飞机结构所处的环境条件,在编制地面停放环境谱时,一般可将温度划分为 0~10℃、10~15℃、15~20℃、20~25℃、25~30℃、30~35℃ 和 35℃ 以上 7 个区段,统计出对应不同温度区段的降水、雾及结构凝露的作用时间和次数,以及相对湿度超过 65%、温度大于 20℃ 的各温度区段所对应的作用时间。

4）雨量

雨量的大小表示了雨水的作用强度。雨水对飞机结构的腐蚀有重要的影响,雨水渗入飞机结构密封措施不够完善的缝隙中会大大加快腐蚀速率。

5）风向

机场周边气候环境对机场环境的影响与风向密切相关。因此,在考虑机场环境时,近海和周边工业区污染的影响应考虑风向的要素。统计风向时,可得出各种风向占全年总时间的百分比。

6）大气成分

机场大气成分是影响结构腐蚀的重要因素之一。研究表明,工业性污染和海洋性环境在初期对结构腐蚀的影响较大,影响大气腐蚀性的要素有 SO_2 的含量和 Cl^- 的含量。因此,环境谱中至少应包含上述两种介质各自的年平均含量。

4. 编制地面/舰面停放环境谱

为编制各机场的地面/舰面停放环境谱,根据以上原则,编制气候环境数据处理软件,将各机场的气象数据进行处理,得出月谱和年谱。气候环境数据处理流程如图1-7所示。

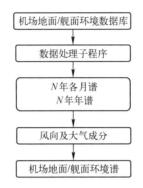

图1-7 气候环境数据处理流程

1)气候环境月谱

给出每年各月份中5℃、10℃、15℃、20℃、25℃、30℃、35℃共7级温度对应的降水时间及次数、雾时及结构凝露和次数,以及相对湿度超过65%、温度在20℃以上各级温度所对应的作用时间。

在编制月谱的基础上,认为某月份各年的环境要素为一随机变量,可以求得历年来各月份的均值、标准差及可靠度为90%时的统计值。

2)气候环境年谱

在编制月谱的基础上,采用累加的方法可以求得各年份的均值、标准差和可靠度为90%时的统计值。

机场地面/舰面停放环境谱应反映该机场的总体地面环境,故应考虑各种环境要素而得出地面环境谱。

3)地面/舰面停放环境谱

工业性污染和海洋性环境的影响与风向有很大关系。按照各种风向年均统计时间比例,可给出海洋性环境时间和工业性污染时间所占的比例。例如:某机场西面环海,南面为工业区,机场的工业性污染天气与南风有关,盐雾天气与西风、西南风和西北风有关。机场盐雾作用时间应为西风、西南风和西北风的比例与潮湿空气(相对湿度大于70%)所占时间的比例之积。

5. 加速腐蚀试验环境谱编制技术途径

1)总体技术途径

总体技术途径(图1-8)如下:

(1)明确加速腐蚀试验环境谱的编制原则,作为指导加速腐蚀试验环境谱

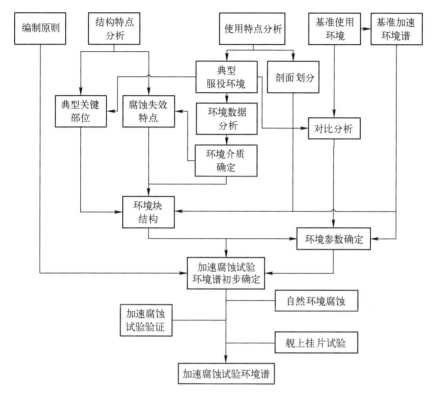

图 1-8 总体技术途径

编制的依据;

（2）对飞机结构特点进行分析,明确结构部位、结构形式,材料、工艺、连接形式、密封和防腐处理措施,特别关注其与外界环境的连通性;

（3）对飞机结构使用特点进行分析,明确可能的使用剖面、服役地域及时间比例、服役地域环境特点以及维护/修理措施等;

（4）环境谱编制,明确服役地域自然环境、机场环境、空中环境,给出各类环境因素的作用时间、频次等,给出环境介质组分、浓度、作用时间等,确定环境总谱;

（5）在（2）、（3）、（4）基础上,确定典型结构部位的主要环境因素（介质、组分、浓度、作用时间等）及可能出现的主要腐蚀损伤形式;

（6）对防护涂层加速腐蚀试验方法进行调研和分析,选取依据充分、经过试验验证或被型号定/延寿采用的加速腐蚀试验环境谱作为参考谱,并明确该加速腐蚀环境谱的背景使用特点和使用环境,作为参考环境;

（7）以已有的加速腐蚀试验环境谱为基础,结合本次研究对象的特点（结构特点和环境特点），初步确定各类加速环境谱的形式和构成；

（8）通过使用环境和参考环境的对比分析，以及典型环境参数的计算和分析，明确环境参数和作用时间等关键参数，初步拟定加速腐蚀试验环境谱；

（9）进行典型模拟试件在加速腐蚀试验环境谱下的摸索试验，将试验结果与外场自然曝晒结果或者舰船挂片试验结果进行比较分析，验证加速试验环境谱的可行性；

（10）确定最终的加速腐蚀试验环境谱。

2）加速腐蚀试验环境谱编制原则

加速腐蚀试验环境谱编制首先要满足如下四个基本原则：

（1）相关性。针对具体结构对象，包含使用时实际环境产生腐蚀的主要因素及作用情况，再现实际服役过程出现的腐蚀损伤形式、特征和腐蚀产物的组成成分。

（2）加速性。大大缩短实际环境下腐蚀历程的时间，使加速腐蚀试验周期和费用减少到工程可接受的范围。

（3）可实施性。加速腐蚀试验环境谱能够在实验室实现对应的试验技术，不宜过于复杂。

（4）能通过合理的准则和方法建立加速腐蚀试验环境谱与地面停放环境之间的当量加速关系。

此外，由于实际结构形式多样、环境条件变化多端，不可能针对每个结构或某类环境建立对应的加速环境谱，将细节类似、环境条件近似的结构进行适当归并，不细究其环境的差别。需要指出的是，满足上述要求的加速腐蚀试验环境谱并不是唯一的，要统筹多种因素综合确定。

3）结构分区及腐蚀加速性分析

将飞机典型结构归结为如下几类区域（图1-9）：

（1）外部结构上表面：指外部结构或组合件上表面，该部位直接与外界环境接触，部位环境与外界环境存在直接关系。

外部结构上表面直接暴露在外部环境中，直接承受外部自然环境因素和化学环境因素的作用，环境条件比较严酷：①受服役基地的温/湿、雨水、雾及凝露、盐雾、工业废气中的化学物质、发动机尾气作用及太阳光照射；②舰上停放环境与基地停放环境类似，发动机废气中的 SO_2、NO_x 等作用更为明显，日常维护使得结构表面不易积存腐蚀介质，通常不会出现直接浸泡的情况，但结构表面会出现酸性水膜。上述环境因素导致防护涂层老化，出现起泡、粉化、失光变色直至金属基体和连接件腐蚀。

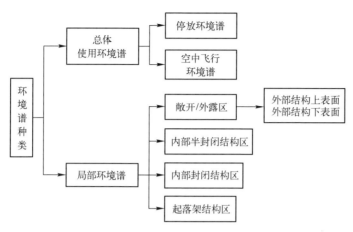

图 1-9 飞机分区及环境谱

在机场和舰上停放时外露部位主要承受温/湿、盐雾、紫外线、化学介质作用,在海上服役时,还可能受到海水溅射、动力装置和发动机废气的作用,形成表面的酸性含盐液膜。由加速试验环境谱(Circulate Accelerated Spectrum System,CASS)五个环境块构成的加速腐蚀试验环境谱是合理的,该环境谱综合考虑了多个主要因素的作用,经过了多个型号的试验验证,从而以该环境谱为参考谱作为外露部位加速腐蚀试验环境谱编制的基础。

(2)外部结构下表面:指外部结构或组合件下表面,直接与外界环境接触,部位环境与外界环境存在直接关系。

外部结构下表面与外部结构上表面一样,直接暴露在外部环境中,承受外部自然环境因素和化学环境因素的作用,但紫外线作用时间相对少、强度相对低;接受太阳光直接照射的时间短,下表面的温度相对较低,保持湿润的时间可能稍长。采用以 CASS 谱五个环境块构成的加速腐蚀试验环境谱为基础,对温热时间和紫外线照射时间进行调整是合理的。

(3)内部封闭结构:指内部封闭结构或组合件。

内部封闭结构不直接与外界环境接触,但是由于外界环境介质,如湿气、盐雾、化学介质等会渗入结构内部,而内部结构通常难以维护,会形成局部高湿(含盐及酸性离子)的腐蚀环境,甚至冷凝成液滴,对个别排水不畅的结构,会形成由于溶液积存造成的浸泡环境。对封闭结构,且一般不会受到高温的影响,对该部位采用含浸泡环境块的加速方法是合理的。

(4)内部半封闭结构:指内部半封闭结构或组合件,这些部位会定期打开口盖进行检查。

21

内部半封闭结构与内部封闭结构相比,其会定期打开或开启口盖进行维护。维护时间相对较短,维护时也会清除腐蚀介质。但是由于这些结构往往不做全面密封,外界环境介质,如湿气、盐雾、雨水、化学介质等更易渗入结构内部,也会形成局部高湿(含盐及酸性离子)的腐蚀环境甚至冷凝成液滴,对个别排水不畅的结构,也会形成由于溶液积存造成的浸泡环境。

由于受外界环境的影响,外界的湿气、盐雾等会渗入甚至凝结在局部聚集,海上服役时海水溅射后,维护清洗时可能有溶液进入,从而产生局部的部分时间浸泡,反复的湿润—浸泡过程会产生腐蚀损伤。对内部半封闭结构,由于采取了合理的措施,不会形成长久溶液积聚,且一般不会受到高温的影响。对该部位,建议采用湿热+浸泡环境的加速方法是合理的。

(5)起落架结构:指主起落架、前起落架等。

起落架结构直接暴露在外界环境中,外界环境中的所有因素都会起作用。与外部结构上表面相比,其接受紫外线照射的时间相对短、强度相对低,雨水、海水会直接溅射和积存的可能性更大,结构表面水膜的保持时间会更长。

对起落架部位,受停放时雨水、舰上海水溅射等的影响,实际使用环境下的干—湿交替过程的影响最为明显,同时还受紫外线照射和载荷作用,应采用类似于周期浸润环境谱的加速环境谱,但要考虑紫外线照射时间的影响。

1.4.2 飞机机载设备类加速腐蚀试验方法

1.4.2.1 腐蚀环境适应性要求剪裁原则

舰载机载设备腐蚀环境技术要求(含湿热、霉菌、盐雾、酸性大气)应在满足GJB 150A—2009《军用装备实验室环境试验方法》基本试验条件(指标)的基础上,参考相关标准/规范,遵循"环境等级分区原则"和"优先使用实测强度原则"进行剪裁。

(1)环境等级分区原则。机载设备安装在飞机平台上,其寿命期主要环境特别是工作环境为平台的诱发环境。对于舰载机而言,其安装在不同结构、不同位置的机载设备受到的平台诱发环境不同。因此,需根据不同环境因素和飞机结构特点对飞机结构进行环境分区,根据收集到的环境数据、经验数据或实测数据归纳出不同区域的环境量值。当不具备经验或实测数据时,参考相关试验测试标准进行剪裁。

(2)优先使用实测强度原则。为确保腐蚀环境试验指标要求的真实性与可靠性,在环境强度的选用上应优先采用实测的环境强度/数据;没有实测环境强度/数据时,可采用相似设备(指安装在相似平台、相似位置的功能相同的设备)测得的服役/使用环境强度/数据;既没有实测环境强度,也无可供的相似设备实测数据时,则选择相关规范和标准中推荐的环境强度。

1.4.2.2 腐蚀环境适应性要求剪裁程序

要剪裁出一个科学、合理、有效的舰载机载设备腐蚀环境适应性要求,必须在对比分析国内外相关标准规范的前提下,收集足够多的类似平台或者相似设备寿命期内的环境数据,对设备寿命期内可能遇到的腐蚀环境情况进行周密分析,根据分析结果剪裁确定机载设备腐蚀环境适应性要求所应包括的环境量值。舰载机载设备腐蚀环境适应性要求的剪裁程序如下:

(1)分析舰载机载设备安装平台的寿命期环境剖面,以及平台不同结构区域的局部环境特点,对机载设备安装区域局部环境进行分类。

(2)对比分析国内外相关标准规范,寻找剪裁依据。

(3)收集设备或相似设备寿命期的环境数据,主要为温/湿度、霉菌、盐雾、酸性介质等。

(4)根据机载设备在平台上的安装区域、安装特点和使用特点,结合(2)和(3),考虑"环境等级分区原则"和"优先使用实测强度原则"进行剪裁,确定湿热、霉菌、盐雾、酸性大气环境适应性要求。

1.4.2.3 飞机结构分区

根据机体结构特点以及飞机飞行状态下局部区域环境情况,按照结构区域、不同位置、不同舱段(室)等,将其划分为以下五个典型结构区域:

(1)气密区(A区):局部温度、湿度、压力等环境因素可控制区域(舱室),包括驾驶舱、工作舱和设备舱。

(2)高温区(B区):飞机飞行过程中受局部高温环境影响的区域,包括发动机热影响区、短舱部位、环控诱发高温区等。

(3)完全暴露区(C区):直接暴露在严酷海洋大气环境中,受全天候雨雪、阳光、温/湿、海雾、盐雾、海水飞溅等环境作用的区域,包括飞机外部、机翼后梁外侧、尾翼后梁外侧、机翼折叠肋外侧、旋罩组件及支架外侧等。

(4)部分暴露区(D区):飞机飞行阶段处于封闭状态,停放阶段处于敞开状态,受到湿气、盐雾、燃料废气等的作用,但不受雨雪、阳光直接作用的区域,如起落架、舱门内表面及起落架舱其他结构。

(5)其他区(E区):除气密区、高温区、完全暴露区和部分暴露区外的机身、机翼、尾翼、旋罩组件及支架。

1.4.2.4 局部环境分类

参照GJB/Z 594A—2000《金属镀覆层和化学覆盖层选择原则与厚度》,根据A、B、C、D、E五个结构区域的局部环境特点,同时综合考虑飞机任务使用模式(尤其是停放状态和飞行状态时间比例),将机载设备的局部使用环境划分为

Ⅰ类(内部封闭)环境区、Ⅱ类(内部半封闭)环境区、Ⅲ类(敞开/外露)环境区三种类型。

机载设备局部使用环境分类见表1-2。

表1-2 机载设备局部使用环境分类

等 级	环境要素与使用特性
Ⅰ类(内部封闭)环境区	相对湿度一般不大于70%,通常不直接暴露在海洋大气中,但偶尔受少量湿气、盐雾和燃料废气的作用(维修过程中,经常开启驾驶舱、工作舱、设备舱等舱门,高湿热、高盐雾和含燃料废气腐蚀大气将进入舱内)
Ⅱ类(内部半封闭)环境区	相对湿度较大(80%~95%),不直接暴露在海洋大气中,但受其密封性的影响,受到一般湿气(少量雨水、凝露)、盐雾、燃料废气等的作用(非气密/密封结构,部分雨水、外部结构产生凝露可经缝隙流入或渗入内部,逐渐在结构连接部位或死角区域聚集,水分的蒸发导致结构内形成高湿热环境;同时,外部含氯离子、燃料废气的腐蚀介质的潮湿空气也可渗入内部结构/空腔形成更恶劣的局部环境)
Ⅲ类(敞开/外露)环境区	相对湿度较大(80%~100%),直接暴露在恶劣海洋大气中,长期遭受高湿热、高盐雾和含燃料废气腐蚀大气的直接作用(盐雾环境最为恶劣)

1.4.2.5 环境试验条件

1. 湿热环境试验条件

舰载机可能遇到的湿热环境包括长期停放在舰上或机库所受的海洋大气湿热环境和飞机使用过程中受局部环境诱发因素而导致的湿热环境(如液体泄漏)。GJB 150.9A—2009《军用装备实验室环境试验方法—第9部分:湿热试验》、RTCA/DO-160G《机载设备的环境条件和测试程序》和GJB 4.6—1983《舰船电子设备环境试验—交变湿热试验》等标准均给出了相应的湿热试验条件。GJB 150.9A—2009《军用装备实验室环境试验方法—第9部分:湿热试验》给出的湿热试验条件未针对装备的具体环境区域进行细分,仅使用比一般自然和诱发状态更严酷的湿热环境(加严的温湿条件),其主要目的是发现潜在的设计缺陷,缩短试验时间和降低成本。RTCA/DO-160G《机载设备的环境条件和测试程序》则针对装备不同结构区域的局部湿热环境等级进行了划分(A类——标准湿热环境(环境控制舱)、B类——严酷湿热环境(环境非控制区)、C类——外部湿热环境),不同区域采用不同的温、湿度条件和作用时间,显然更符合装备的环境考核实际情况。

(1)Ⅰ类(内部封闭)环境区湿热试验条件剪裁。按照RTCA/DO-160G《机载设备的环境条件和测试程序》中A类——标准湿热环境(环境控制区)对应的试验条件,试验周期为3个循环;而GJB 150.9A—2009《军用装备实验室环境试验方法—第9部分:湿热试验》中规定的加严的湿热试验周期为10个循环,试验温度也由RTCA/DO-160G《机载设备的环境条件和测试程序》中A类试验条件的 50℃ 提升至 60℃,考虑舰载装备服役环境的特殊性和传统环境试验指标要求,Ⅰ 类(内部封闭)环境区安装的机载设备湿热环境试验按 GJB 150.9A—2009《军用装备实验室环境试验方法—第 9 部分:湿热试验》实施,周期取 10 个循环(240h)。

(2)Ⅱ 类(内部半封闭)环境区湿热试验条件剪裁。按照 RTCA/DO-160G《机载设备的环境条件和测试程序》中 B 类——严酷湿热环境(环境非控制区)对应的试验条件,试验周期为 15 个循环,此试验温度较 GJB 150.9A—2009《军用装备实验室环境试验方法—第 9 部分:湿热试验》有所提升(60℃ 提升至 65℃),试验周期也有所增加(10 个循环增加至 15 个循环)。从环境严酷性角度考虑,Ⅱ 类(内部半封闭)环境区安装的机载设备湿热环境试验周期调整为 15 个循环(360h),试验温度按 GJB 150.9A—2009《军用装备实验室环境试验方法—第 9 部分:湿热试验》中指定的 60℃ 实施。

(3)Ⅲ 类(敞开/外露)环境区湿热试验条件剪裁。按照 RTCA/DO-160G《机载设备的环境条件和测试程序》中 C 类——外部湿热环境对应的试验条件,试验周期为 9 个循环;而 GJB 150.9A—2009《军用装备实验室环境试验方法—第 9 部分:湿热试验》中规定的加严湿热试验周期为 10 个循环,试验温度也由 RTCA/DO-160G《机载设备的环境条件和测试程序》中 C 类试验条件的 55℃ 提升至 60℃。考虑舰载装备服役环境的特殊性和传统环境试验指标要求,Ⅲ 类(敞开/外露)环境区安装的机载设备湿热环境试验也按 GJB 150.9A—2009《军用装备实验室环境试验方法—第 9 部分:湿热试验》实施,周期取 10 个循环(240h)。

2. 霉菌试验方法

霉菌试验用来评定装备或材料长霉的程度以及长霉对装备或材料性能或使用的影响程度。安装在可能受严重污染环境中的设备,必须开展防霉试验(若材料的组分或以前的试验能证明构成设备所使用材料均不受霉菌影响,霉菌试验可不做要求)。MIL-STD-810G Method 508.7、GJB 150.10A—2009《军用装备实验室环境试验方法—第 10 部分:霉菌试验》、RTCA/DO-160G《机载设备的环境条件和测试程序》(第 13 部分霉菌试验)(第 13 章)和 GJB 4.10—1983《舰船电子设备环境试验—霉菌试验》中均给出了相应的霉菌试验条件。对比分析不同标准可见,RTCA/DO-160G《机载设备的环境条件和测试程序》(第 13 部分霉菌试验)(第 13 章)规定的菌种是美国典型菌种保藏中心(American Type Culture Collection,ATCC)的菌种,虽然名称与 GJB 150.10A—2009《军用装备实验室环境试验方法—第 10 部分:霉菌试验》中规定的中国微生物菌种保藏管理委员会普通微生物中心(China General Microbiological Culture Collection Center,

CGMCC)的菌种名称相同,但由于菌种来源的地域差别,菌种不能等同。因此,霉菌试验选用国内的两类 CGMCC 的菌种,同时考虑到"短柄帚霉"对塑料、橡胶的强烈侵蚀作用,在两类菌种的基础上添加"短柄帚霉"。

霉菌试验试验周期直接采用 GJB 150.10A—2009《军用装备实验室环境试验方法—第 10 部分:霉菌试验》规定的 28 天,28 天后若出现长霉,为确定长霉对设备的影响程度,直接采用 GJB 150.10A—2009《军用装备实验室环境试验方法—第 10 部分:霉菌试验》中推荐的延长试验持续时间,即 84 天。

3. 酸性大气试验方法

酸性大气试验用于确定长期暴露在酸性大气中或正常使用中经受的酸性大气环境对机载设备材料和防护涂层的影响。RTCA/DO-160G《机载设备的环境条件和测试程序》(第 13 部分霉菌试验)和 GJB 4—1983《舰船电子设备环境试验》未对酸性大气试验条件给出明确要求,仅 MIL-STD-810G Method 518.2、GJB 150.28—2009《军用装备实验室环境试验方法—第 28 部分:酸性大气试验》给出酸性大气试验条件。分析可见,MIL-STD-810G Method 518.2 和 GJB 150.28—2009《军用装备实验室环境试验方法—第 28 部分:酸性大气试验》给出的试验条件基本相同,试验持续时间均划分为两个严酷等级:喷雾 2h、贮存 22h 为 1 个循环,共 4 次循环,用于模拟在潮湿、高度工业化自然暴露大约 10 年,尤其是在船舶烟囱的高酸度废气附件的暴露情况。一方面,考虑舰载装备特殊的海上/舰上使用环境,其全寿命期将伴随航空母舰长期在潮湿、高酸性大气环境中服役(受舰艇动力系统燃料燃烧的废气和舰载机起飞、着舰过程中排出的酸性废气等的影响),因此,舰载机载设备酸性大气试验按 GJB 150.28—2009《军用装备实验室环境试验方法—第 28 部分:酸性大气试验》中第二类试验条件实施;另一方面,根据目前服役于某海域航母飞行甲板上沉积的液膜/液滴的 pH 值测定的结果,同时考虑到伴随着未来航母舰载机数量的增加,飞机尾气排放量也将大大增加,将进一步加重环境的严酷性,试验溶液采用硫酸和硝酸混合水溶液(每 4L 溶液中添加 11.9mg、95% ~ 98%的硫酸和 8.8mg、68% ~ 71%的硝酸),并用稀盐酸或氢氧化钠调整 pH 值至 3.5。

4. 盐雾试验方法

酸性盐雾试验方法主要分为两类:一是通过喷酸性盐溶液制造酸性盐雾气氛;二是在中性盐雾中引入可溶性酸性气体来模拟酸性盐雾环境。第一类大多参照现有中性盐雾试验方法(如 GJB 150.11A—2009《军用装备实验室环境试验方法—第 11 部分:盐雾试验》)实施,仅在配置盐溶液时,通过酸的加入调节盐溶液 pH 值。第二类具有代表性的试验方法是 ASTM G85—2011《改进的盐喷雾(雾化)试验的标准操作规程》附录 A4"盐雾/SO$_2$ 喷雾试验"。

1) 酸性盐雾试验方法

盐雾试验用于确定长期暴露在盐雾大气中或正常使用中经受的盐雾环境对机载设备的影响。MIL-STD-810G Method 509.6、GJB 150.11A—2009《军用装备实验室环境试验方法—第 11 部分:盐雾试验》、RTCA/DO-160G《机载设备的环境条件和测试程序》(第 14 部分盐雾试验)(第 14 章)和 GJB 4.11—1983《舰船电子设备环境试验—盐雾试验》中均给了相应盐雾试验条件。通过对比分析可见,GJB 150.11A—2009《军用装备实验室环境试验方法—第 11 部分:盐雾试验》给出的盐雾试验条件未针对装备的具体结构环境区域进行细分,对试验周期也未给出具体的量化值,仅建议增加试验循环次数,以便对装备耐盐雾环境能力给出更高置信度的评价。RTCA/DO-160G《机载设备的环境条件和测试程序》(第 14 部分盐雾试验)和 GJB 4.11—1983《舰船电子设备环境试验—盐雾试验》给出的盐雾试验条件,均针对装备不同结构区域安装的机载设备提出了具体试验要求,不同安装位置的设备采用不同的试验条件和试验周期,显然后者更符合装备的真实状态,更适用于舰载机载设备的耐盐雾性能考。

(1) Ⅰ类(内部封闭)环境区盐雾试验条件剪裁。按照 RTCA/DO-160G《机载设备的环境条件和测试程序》(第 14 部分盐雾试验)中 S 类——安装在飞机正常使用过程中所能遭受腐蚀大气影响的部位的设备,试验周期为 2 个循环,而 GJB 150.11A—2009《军用装备实验室环境试验方法—第 11 部分:盐雾试验》中规定的试验周期也为 2 个循环,考虑舰载装备服役环境的特殊性和传统环境试验指标要求,Ⅰ类(内部封闭)环境区安装的机载设备盐雾环境试验按 GJB 150.11A—2009《军用装备实验室环境试验方法—第 11 部分:盐雾试验》实施,试验周期取 2 个循环(96h)。同时,考虑航空母舰动力系统燃料燃烧的废气和舰载机起飞、着舰过程中排出尾气等,它们与海洋盐雾、雨水、凝露等组合成的高酸性潮湿层,往往表现为飞机结构/机载设备表面附着的酸性液膜,将大大强化盐雾对舰载机载设备及附件的腐蚀作用。根据目前我国服役于某海域航空母舰飞行甲板上沉积的液膜/液滴的 pH 值测定结果(表 1-3),以及国外 Ron Homme Richard、Saratoge、Shangri 和 Forrestal 四种航空母舰甲板上飞机表面水膜中所含燃料废气沉积物分析结果(表 1-4),同时考虑伴随着未来航空母舰上舰载机数量的增加,飞机尾气排放量也将大大增加,将进一步加重环境的严酷性。因此,盐雾试验溶液 pH 值在原 6.5~7.2 的基础上保守地调整为 3.5。

表 1-3　国产航空母舰飞行甲板金属表面液滴 pH 值检测记录

时　间	日　期	位置	检测值	检 测 方 法	备　注
6：20~6：50	2015 年 10 月 22 日	加油站	5.0	广泛 pH 试纸 （1~14） 精密 pH 试纸 （3.8~5.4）	因海上风大,初冬清晨 16 舰飞行甲板表面仍无凝霜和凝露。这两次测量前一晚都有雨,第二天早晨仍存在积水部位,检测方能进行
		护舷	5.0		
		甲板	5.0		
	2015 年 11 月 4 日	加油站	5.0		
		护舷	5.1		

表 1-4　国外航空母舰甲板上飞机表面水膜中所含燃料废气沉积物分析

航空母舰名称	pH	SO_4^{2-} 质量分数/%
Ron Homme Richard	2.7	21
Saratoge	2.8	33
Shangri	2.4	—
Forrestal	4.0	—

　　(2) Ⅱ类(内部半封闭)环境区盐雾试验条件剪裁。按照 RTCA/DO—160G《机载设备的环境条件和测试程序》(第 14 部分盐雾试验)中 T 类——安装在能遭受严酷盐雾大气环境的位置的设备(在海边停放或使用的飞机直接暴露于未经过滤的外界空气中的设备),试验要求连续喷雾 96h,其喷雾时间对应于 GJB 150.11A—2009《军用装备实验室环境试验方法—第 11 部分:盐雾试验》中规定的 4 个周期的喷雾时间。因此,Ⅱ类(内部半封闭)环境区安装的机载设备盐雾环境试验按 GJB 150.11A—2009《军用装备实验室环境试验方法—第 11 部分:盐雾试验》实施,试验周期取为 4 个循环(192h)。同样,考虑到航空母舰动力系统燃料燃烧的废气和舰载机起飞、着舰过程中尾气排出等的影响,盐雾试验溶液 pH 值在原 6.5~7.2 的基础上保守地调整为 3.5。

　　(3) Ⅲ类(敞开/外露)环境区盐雾试验条件剪裁。GJB 4.11《舰船电子设备环境试验—盐雾试验》中将盐雾试验条件划分为 4 个等级,单次循环作用时间为 24h,试验周期分别为 2、4、6、10 个循环,考虑到航空母舰与舰船所遭受的海洋大气盐雾环境极其相似,且远远严酷于在海边停放或使用的飞机(海洋大气盐雾含量远高于沿海地区的盐雾含量)。因此,Ⅲ类(敞开/外露)环境区安装的机载设备盐雾环境试验按 GJB 150.11A—2009《军用装备实验室环境试验方法—第 11 部分:盐雾试验》实施,试验周期保守地取 GJB 4.11—1983《舰船电子设备环境试验—盐雾试验》中最严酷的 10 个循环对应的时间历程(240h)。同样,考虑航空母舰动力系统燃料燃烧的废气和舰载机起飞、着舰过程中排出尾气等的影响,盐雾试验溶液 pH 值在原 6.5~7.2 的基础上保守地调整为 3.5。

2)盐雾/SO_2 喷雾试验

从 20 世纪七八十年代开始,美国海军通过系统的研究工作,提出了适合于舰载航空装备考核的酸性盐雾试验方法,该方法经过不断的优化和验证,形成了 ASTM G85—2011《改进的盐喷雾(雾化)试验的标准操作规程》附录 A4"盐雾/SO_2 喷雾试验"中的标准试验方法。在美国国防部 2007 年发布的《腐蚀防护与控制计划指南》中,明确规定了海军航空装备必须参照 ASTM G85—2011《改进的盐喷雾(雾化)试验的标准操作规程》附录 A4"盐雾/SO_2 喷雾试验"中的试验方法进行酸性盐雾试验考核。具体要求如下:

(1)表面处理、腐蚀防护工艺、防护涂层等,试验周期为 500h;

(2)机载设备设备(整机装配状态),试验周期为 336h(盐雾—SO_2 循环交替),电子元器件或机载电子设备组件直接暴露(替代整机试验)时试验周期为 168h(盐雾—SO_2 循环交替),试验后试件无腐蚀且功能正常;

(3)其他系统的装配状态设备,试验周期可根据摸底试验而定,试验后试件无腐蚀且功能正常。

另外,MIL-STD-810G 最新版背景资料也已明确表明,在后续修订中,建议将原来的"酸性大气"试验方法修改为"腐蚀大气"试验方法,共包括两个试验程序:一是原来的酸性大气试验程序(试验程序 I);二是计划增入的盐雾/SO_2 喷雾试验(试验程序 II)。从以上信息可以看出,作为一种标准化的试验方法,ASTM G85—2011《改进的盐喷雾(雾化)试验的标准操作规程》附录 A4 将与现有的中性盐雾以及酸性大气等试验方法一样,可以作为考核装备对舰面酸性盐雾环境适应性的试验方法。

美国海军舰载航空装备目前采用的是 ASTM G85—2011《改进的盐喷雾(雾化)试验的标准操作规程》附录 A4"盐雾/SO_2 喷雾试验"中的 X5 试验剖面(图 1-10),主要试验条件如下:

(1)试验箱温度:(35±2)℃。

(2)盐溶液 NaCl 的蒸馏水或去离子水溶液,质量百分含量为(5±1)%。

(3)盐雾沉降率:1.0~2.0 mL/80cm^2·h。

(4)SO_2 流速为 35cm^3/(min·m^3)。

(5)收集液 pH 值为 2.5~3.2。

(6)试验循环:0.5h 喷雾、0.5h 通入 SO_2,暴露 2h(不开箱,不喷雾也不通入 SO₂)(3h 为一个循环)。

试验周期:根据具体部位而确定参考酸性盐雾试验方法,或者所有试件均出现明显腐蚀后停止试验。

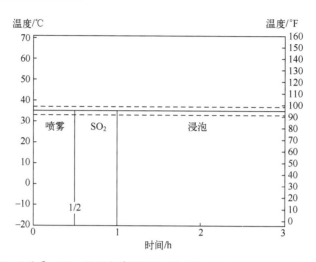

图 1-10 "盐雾—SO₂ 循环交替"试验剖面(ASTM G85—2011 附录 A4-X5)

需要说明的是,ASTM G85—2011《改进的盐喷雾(雾化)试验的标准操作规程》附录 A4 中的试验方法包含 X4 和 X5 两个试验剖面,这两个剖面的最大区别在于盐雾是否连续喷入,前者要求盐雾在整个试验过程中连续喷入(图 1-11),而后者盐雾为循环交替注入(图 1-10)。在对海军航空装备机载电子产品进行试验时,《腐蚀防护与控制计划指南》特别指出应采用"盐雾—SO₂ 循环交替"试验方法,即 X5 试验剖面。选择 X5 试验程序主要基于三个方面的考虑:一是舰载航空装备间歇式的工作状态决定了采用 X5 试验程序与真实工作环境特点更为接近;二是 X5 试验剖面更加符合舰面酸性盐雾腐蚀损伤的特点,环境效应指标更为均衡;三是对于机载产品,往往结构比较复杂,特别是机载电子产品,其关键部件一般处于封闭或半封闭空间,如果采用 X4 试验剖面,大部分 SO₂ 会快速溶解于盐雾气氛中,并随盐雾自上而下沉降,这样 SO₂ 气体就很难作用于内部产品组件,而采用 X5 试验剖面,SO₂ 可以充分扩散并吸附于内部的组件表面,并通过进一步的溶解和渗透对产品造成腐蚀损伤,从而更有利于暴露产品设计的薄弱环节。

我国舰载航空装备研制和应用经验相对缺乏,极少针对装备寿命期经受的特殊环境条件开展考核要求的专门研究,缺乏基础数据和研究基础。在飞机研

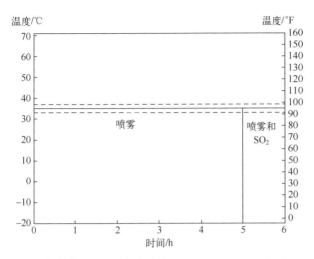

图 1-11　"连续盐雾+SO₂"试验剖面(ASTM G85—2011 附录 A4-X4)

制中,有必要针对舰面酸性盐雾环境及其影响的特点,借鉴美国海军的相关研究和应用成果,紧密结合国内目前机载产品设计和制造的实际技术水平,通过分析和相关试验,提出适合飞机机载产品的科学、合理的酸性盐雾考核要求。

在舰面环境中,舰船、舰载机排放的燃气通过溶入装备表面的微液膜对装备产生影响,微液膜 pH 值随着舰载机的任务状态变化而变化。从大气腐蚀理论上讲,上述两种试验方法均可在装备表面形成酸性液膜,模拟舰面酸性盐雾环境的影响。不同之处在于:前者以喷酸盐水的方式获得成分均匀、一致的酸性盐雾气氛,通过酸性盐雾的直接沉降到达装备表面;而后者以循环、间歇注入 SO₂ 的方式间接获得酸性盐雾气氛,装备表面液膜的 pH 值、成分在试验过程中处于循环变化状态,酸性气体的扩散和溶入、盐雾的沉降等实际存在的物理过程均能够在试验中实现。

以 ASTM G85—2011《改进的盐雾(雾化)试验的标准操作规格》附录 A4 "盐雾/SO₂ 喷雾试验"为代表的酸性盐雾试验方法更能够反映舰面酸性盐雾环境的特点,而且对于机载产品,特别对具有复杂结构的机载产品,酸性气体的扩散要比盐雾的沉降更容易深入产品的内部。建议盐雾试验选用 ASTM G85—2011《改进的盐雾(雾化)试验的标准操作规格》附录 A4"盐雾/SO₂ 喷雾试验"进行,具体时间可参考酸性盐雾及分区对应的时间。国内已开展针对机载产品的两类酸性盐雾试验方法的对比分析工作。

1.5　腐蚀仿真技术研究现状

　　为了更加准确地预测飞机结构的腐蚀,国内研究人员开发了一系列的模型:蔡建平等最早将人工神经网络引入钢的大气腐蚀预测;陈跃良等基于 BP 人工神经网络(Artificial Neural Net,ANN)对飞机结构腐蚀损伤进行定量预测,并对三种预测方法进行对比发现,ANN 预测精度高于灰色 GM(1,1)模型及 Logistic 模型;谭晓明等认为 ANN 用于铝合金的腐蚀预测是可行的;王志平等用马尔可夫状态模型预测飞机隔框结构在潜伏期之后的腐蚀状态。国外 Altynova 和 Kelly 提出了的飞机结构腐蚀损伤的工程预测模型(Corrosion Prediction Model,CPM),在大量的服役环境、材料性能以及腐蚀损伤历史数据的基础上能较真实地反映所监控飞机的环境和载荷的相关性,一般适用于大机群老龄飞机或有相同经历的同类飞机。任三元等将其介绍到国内。以上模型均基于原有的飞机服役环境、使用强度及腐蚀损伤数据,单纯地运用概率与数理统计等数学方法开展腐蚀预测,没有考虑结构材料腐蚀损伤的机理,而这恰恰是腐蚀发生的根本原因。

　　目前更为普遍的是基于腐蚀电化学原理的预测模型,溶液电化学测量技术的发展和计算机的应用使得腐蚀预测成为可能:1964 年,Fleck 在其学位论文中首次运用有限差分法(Finite Difference Method,FDM)进行了电极体系的电流密度分布数值评估,同年 Klingert 等也通过高速计算机研究了电极体系的电流密度分布;1978 年,Alkire 等使用有限元法(Finite Element Method,FEM)获得了电解池中二次电场分布,并预测了电极形状的变化;随后,Strommen 等将腐蚀预测应用到海洋结构阴极保护领域,逐步实现了工程化应用。但受当时计算水平的限制,有限差分法和有限元法还无法处理一些复杂结构与无限域问题,于是 Fu 和 Chow 首次将计算效率更高的边界元法(Boundary Element Method,BEM)引入腐蚀电场数值计算领域,并证明了这种计算方法的准确性;Helle 等在求解海水中舰船和螺旋桨电偶腐蚀问题时,使用和对比了两种数值方法;Zamani 利用边界元法完成了一艘加拿大军舰阴极保护系统的数值模拟。国内的腐蚀预测技术起步较晚,直到 20 世纪 90 年代初才陆续有人研究,但发展很快,目前主要应用于民用领域:90 年代初,高满同等用边界元法研究了腐蚀电场平面问题,计算了电偶腐蚀电场的电位及电流密度分布,发现与试验结果相符;解福瑶等从拉普拉斯方程的积分解出发,使用边界元法相继推导出二维、三维静电场的计算公式及程序,并取得满意效果;邱枫等分别计算了石油储罐底板外侧码头钢管桩及埋地钢管实施阴极保护时的电位和电流密度分布。

在广大科研工作者的共同努力下,腐蚀数值计算模拟预测理论和技术越来越完善,国内外相关科研单位和商业公司陆续开发了一系列腐蚀防护预测与设计软件,如边界元软件 PROCAT 和 BEASY,有限元软件 Elsyca Corrosion Master 和 COMSOL 等,北京科技大学等针对阴极保护也开发了相关数值模拟软件。

腐蚀预测结果的准确性与数值模型边界条件密切相关,一般将腐蚀电极体系的电位、电流密度关系作为边界条件,Strommen 等在计算海洋平台阴极保护时给出了三种边界条件,即恒电流密度、线性极化曲线和非线性极化曲线。非线性极化曲线无疑增大了计算的难度,但其又最有代表性且更为普遍,为此 Iwata 等提出用分段线性方法来解决此问题,此方法为其他研究人员所接受和引用。成熟的溶液电化学测量技术为电极材料腐蚀电化学性能的准确获得提供了条件,腐蚀预测技术也被成功地应用于海洋石油平台、地下管线、石油储罐、舰艇船舶等腐蚀防护和阴极保护领域,取得良好的经济效益,节约了社会成本。

薄液膜下金属电化学性能的准确测量和缺乏对飞机结构服役期间腐蚀环境的足够了解,成为制约飞机结构腐蚀预测的瓶颈。近 10 年来,随着薄液膜下电化学理论和测量技术的进步,腐蚀学界又掀起了一场航空结构材料腐蚀预测的研究热潮。2009 年,Peratta 等在欧洲腐蚀大会上介绍了飞机环境下典型宏观结构的电偶腐蚀建模问题,通过试验测得的电位分布和电偶总电流与边界元计算结果高度一致。Shi 等以模型几何形状、高电位材料种类和溶液成分作为影响因素,对 Al 7075 合金和高电位材料的电耦合接触进行了建模与试验验证,结果显示电偶作用极大地影响了铝合金局部腐蚀的萌生与扩展。Thébault 等利用有限元法模拟了薄液膜下的双金属腐蚀(钢和锌),模型考虑了 O_2 在电解液中的传递,使用扫描振动电极(Scanning Vibration Electrode Technology,SVET)测量了电极边缘电流密度,结果与计算值吻合较好。Palani 等计算并验证了薄液膜下 Al 2024 合金和复合材料的电偶腐蚀行为,模型输出的电极表面电位分布及电流密度分布与试验测量值一致。Mizuno 等模拟了大气环境下 AA 5083 铝合金和 AISI 4340 钢电偶腐蚀行为,并预测了由电偶作用引起的 AA 5083 铝合金的晶间腐蚀损伤。Cross 等采用时变有限元模型研究了钢表面铝镀层和锌镀层之间的电偶腐蚀。国内的卞贵学和张勇等对三类飞机异种金属搭接件在模拟海洋大气环境下的电偶腐蚀行为进行了数值模拟预测研究。

腐蚀工作者对普遍存在的缝隙腐蚀现象也进行了数值模拟仿真研究。Chen 等研究了大气环境下阴极电量提供能力与缝隙腐蚀稳定性之间的关系,接着 Agarwal 等将薄液膜下阴极电流密度分布模型应用到缝隙腐蚀研究中。Song

建立数学模型预测了可变宽度缝隙中的化学组成及腐蚀速率。国内的王巍等建立了 NaCl 溶液下 304 不锈钢的二维稳态缝隙腐蚀模型,考虑了溶解氧和 H^+ 的作用,预测了缝隙内的 pH 值分布。孙文等采用任意拉格朗日-欧拉(Lagrangian-Eulerian)模型计算了缝隙腐蚀随时间的变化,结果表明缝隙内的 pH 值分布及其变化与 Alavi 的实验数据十分吻合。文博和刘冬鹏等分别采用包含扩散、对流和电迁移的控制方程,以 Tafel 关系式作为边界条件预测了稳态下不锈钢的缝隙腐蚀,结果均与文献值相近。

微电极原位测量技术的发展推动了腐蚀预测技术在材料耐蚀性研究领域的应用。Krawiec 等基于稳态和动态微电极试验技术建立了 316L 不锈钢电化学行为的数值模型。Deshpande 模拟了镁合金中 α 相和 β 相之间的微电偶腐蚀行为,使用移动网格技术对典型微观结构随时间的变化进行了研究,评估了 β 相的比例及分布对镁合金腐蚀的影响。Xiao 等建立了铝合金局部腐蚀(点蚀)预测模型,并认为此模型具有强大的预测能力和通用性,可以定量评价腐蚀速率及蚀坑的稳定性,能够控制点蚀的再钝化,从而达到抑制腐蚀的目的。Guseva 等以微电化学测量数据作为输入,考虑 S 相的阳极溶解等,计算模拟了铝合金局部腐蚀初始阶段局部电化学环境随时间的变化。美国实验室的 Siddiq Qidwai 等研究了对施加力的蚀坑生长进行完全耦合的多物理场模拟,量化材料微结构对结构完整性的整体影响,最终确定材料微结构与腐蚀的相关性,使材料设计人员可以在开发新耐蚀材料时增加或排除某些特性,创造出能够更好地抵抗甚至防止腐蚀的材料。

美军最早将腐蚀预测技术应用到工程实际中,美国国防部"小企业创新研究(Small Business Innovation Research,SBIR)"项目组对 F18 舰载机轮毂和机翼支托进行腐蚀仿真,计算结果与现役机型腐蚀状态高度吻合。美国陆军先后委托 GCAS 公司开发了加速腐蚀专家模拟器(Accelerated Corrosion Expert Simulator,ACES)系统,其采用了基于腐蚀电化学和涂层失效机理等分析的各种人工智能解决方案。陆军用于全尺寸轮式车辆腐蚀模拟仿真,仿真结果与实际加速腐蚀耐久性试验数据高度相关,可以用来预测车辆由于全面腐蚀、电偶腐蚀和缝隙腐蚀而随时间的劣化趋势;航空兵根据飞机腐蚀特点对模型进行了拓展,将普遍存在而又难于检测的点蚀、剥蚀和应力腐蚀开裂模型纳入其中。空中客车公司、欧洲宇航防务集团、CMI/Beasy 公司联合德国、法国、瑞士、英国、比利时、波兰、希腊等欧洲国家的 10 个研究机构在欧盟第六框架计划资助项目的支持下,通过"基于仿真的腐蚀管理"(Simulation Based Corrosion Management,SICOM)计划合作开发了飞机使用环境下腐蚀预测的决策支持工具(Decision Support Tool,DSP),能够评估结构材料发生点蚀、电偶腐蚀、缝隙腐蚀和晶间腐蚀的风险,评估不同尺寸结构的腐蚀防护设计,并优化飞机结构表面防护措施。

在国内腐蚀预测技术主要应用于阴极保护领域,如上文提到的海洋石油平台、舰艇船舶等的腐蚀防护,其共同点是腐蚀环境相对稳定,被保护结构时刻处于单一腐蚀介质的浸泡过程中,材料腐蚀电化学性能易于测量,因此腐蚀预测技术相对容易实现。而飞机结构复杂,腐蚀环境多变,海洋大气环境下时,结构表面腐蚀介质可能以溶液或薄液膜形式出现,腐蚀过程不同,增大了材料电化学性能测量和腐蚀预测的难度。目前,国内尚未系统开展飞机结构的腐蚀预测研究,还存在以下问题有待解决:

(1)飞机结构表面腐蚀环境的准确确定问题。飞机结构复杂,腐蚀环境多变,国外相关研究仅按位置的不同简单将结构表面腐蚀介质分为溶液和薄液膜两种,需要进一步对薄液膜成因及液膜厚度影响因素的研究。重点对飞机结构所处的腐蚀环境和液膜之间的厚度当量关系进行研究。另外,飞机结构中大量存在的缝隙使腐蚀介质滞留其中,形成了氧浓差电池,这种因素对液膜厚度影响也需要进一步研究。

(2)材料在海洋大气环境下腐蚀电化学性能的准确测量问题。准确可靠的电化学测量数据是预测模型的基础。目前,溶液电化学测量技术相对成熟,而薄液膜下电化学性能的测量存在着两方面问题:一是改变了液膜状态,影响了电极反应传质过程;二是测量过程中液膜厚度难以保持稳定,影响了测量准确度。海洋大气环境因素(Cl^- 浓度、温度、pH 值)对材料腐蚀电化学性能的影响也有待进一步研究。

(3)腐蚀预测模型的选取问题。对于溶液中或薄液膜下典型宏观结构的电偶腐蚀问题可选用稳态腐蚀场进行建模,而发生在狭窄缝隙内的腐蚀,腐蚀介质随时间不断变化,再使用稳态腐蚀场进行建模已不合适。目前,对飞机结构电偶腐蚀和缝隙腐蚀的混合形态电化学腐蚀研究较少,耦合机制尚未明晰。需要对多种腐蚀类型耦合、腐蚀与应力等多物理场耦合的机制及数值模拟方法开展进一步研究。

第 2 章 电偶腐蚀数值模拟理论

2.1 引言

在静态的腐蚀介质中,处于自然状态下的铝合金发生电化学反应后,Al 失去电子成为 Al^{3+},在浓度梯度作用下由铝合金表面向腐蚀介质内部扩散,最终和介质中的其他带电粒子一样,在介质内部达到浓度平衡。当铝合金与其他不同电位的金属(导电材料)接触时,二者发生耦合:电位低者作阳极,发生阳极极化,腐蚀加剧;电位高者作阴极,发生阴极极化,受到保护。阴极与阳极间的电位差导致了介质中腐蚀电场的形成,于是带电粒子在电场作用下发生定向的电迁移运动,如图 2-1 所示。

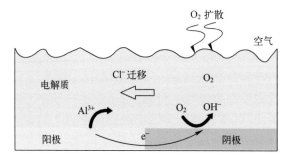

图 2-1 电偶腐蚀示意图

20 世纪初提出的能斯特-普朗克(Nernst-Planck)方程以数学形式描述了物质在液体中的三种移动方式,即扩散、对流和电迁移,其中电迁移将带电粒子运动和电偶腐蚀形成的电场有机结合起来,完善了腐蚀电化学数值计算理论,使科学准确的腐蚀预测成为可能。

本章以腐蚀介质作为求解域,基于 Nernst-Planck 方程推导了腐蚀场电势分布方程,讨论了腐蚀介质电导率的影响,研究了边界条件的选用原则,分析了有限差分法、边界元法和有限元法三种求解方法并比较了其优、缺点,归纳了腐蚀模型计算流程。

2.2　数学原理

2.2.1　稳态腐蚀场数学原理

从图 2-1 的腐蚀电解质溶液中取一正方体微小单元,如图 2-2 所示。

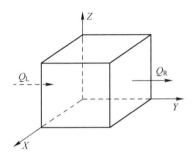

图 2-2　微元粒子迁移概图

假设带电粒子 i 从 x、y、z 三个方向通过微元,其总传输通量 $N_i(\mathrm{mol}/(\mathrm{m}^2 \cdot \mathrm{s}))$ 满足 Nernst-Planck 方程:

$$N_i = -D_i \nabla c_i - z_i F u_i c_i \nabla \phi_1 + c_i U \tag{2-1}$$

式中:D_i 为第 i 种带电粒子的扩散系数(下标 i 代表第 i 种粒子,下同)$(\mathrm{m/s})$;c_i 为粒子浓度$(\mathrm{mol/m}^3)$;z_i 为电荷数;F 为法拉第常数,$F = 96485\mathrm{C/mol}$;u_i 为迁移率$(\mathrm{mol} \cdot \mathrm{s/kg})$;$\phi_1$ 为电解质溶液电势(V);U 为溶液流动速度$(\mathrm{m/s})$。

由法拉第定律可知,腐蚀介质中电流密度 $i_1(\mathrm{A/m}^2)$ 可下式表示:

$$i_1 = F \sum z_i N_i \tag{2-2}$$

飞机结构表面腐蚀介质呈电中性,不存在对流现象。同时假定粒子 i 没有或参与的化学反应量小,对其在腐蚀介质中的浓度影响不大,即不存在浓度梯度,无扩散现象。则式(2-2)可进一步表示为

$$i_1 = -\left(F^2 \sum z_i^2 u_i c_i\right) \nabla \phi_1 \tag{2-3}$$

电势差 $\nabla \phi_1$ 和电流密度 i_1 之间的关系符合欧姆定律的形式,腐蚀介质电导率 $\sigma_1(\mathrm{S/m})$ 可定义为

$$\sigma_1 = F^2 \sum z_i^2 u_i c_i \tag{2-4}$$

时间 Δt 内通过微元其中一面进入微元内的电量为

$$Q = -\sigma_1 A \frac{\partial \phi_1}{\partial x} \Delta t \tag{2-5}$$

式中:A 为微元其中一面面积,大小为边长 Δx、Δy、Δz 乘积。

假设微元中心电势为 ϕ,则左、右面电势分别为

$$\phi_L = \phi - \frac{\partial \phi_1}{\partial x}\left(\frac{1}{2}\Delta x\right) \tag{2-6}$$

$$\phi_R = \phi + \frac{\partial \phi_1}{\partial x}\left(\frac{1}{2}\Delta x\right) \tag{2-7}$$

从左、右两侧界面进入微元的电量分别为

$$Q_L = -\sigma_1 A \frac{\partial}{\partial x}\left(\phi - \frac{\partial \phi_1}{\partial x}\left(\frac{1}{2}\Delta x\right)\right)\Delta t \tag{2-8}$$

$$Q_R = -\sigma_1 A \frac{\partial}{\partial x}\left(\phi + \frac{\partial \phi_1}{\partial x}\left(\frac{1}{2}\Delta x\right)\right)\Delta t \tag{2-9}$$

那么通过左、右两侧界面沿 x 轴进入微元的净电量为

$$Q_L - Q_R = \sigma_1 \frac{\partial^2 \phi_1}{\partial x^2}\Delta x \Delta y \Delta z \Delta t \tag{2-10}$$

从三个方向进入微元的净电量为

$$Q = \sigma_1\left(\frac{\partial^2 \phi_1}{\partial x^2} + \frac{\partial^2 \phi_1}{\partial y^2} + \frac{\partial^2 \phi_1}{\partial z^2}\right)\Delta x \Delta y \Delta z \Delta t \tag{2-11}$$

存储在微元中的电荷须满足

$$Q = \rho C \Delta x \Delta y \Delta z \Delta \phi_1 \tag{2-12}$$

式中:ρ 为单位体积电荷密度;C 为电容。

综合式(2-11)和式(2-12)可以推出

$$\frac{\sigma}{\rho C}\nabla^2 \phi_1 = \frac{\Delta \phi_1}{\Delta t} \tag{2-13}$$

当 Δt 无限小,趋于 0 时,式(2-13)可变为

$$\frac{\sigma}{\rho C}\nabla^2 \phi_1 = \frac{\partial \phi_1}{\partial t} \tag{2-14}$$

当系统处于稳态条件时,电势 ϕ_1 与时间无关,故式(2-14)可变为

$$\nabla^2 \phi_1 = \frac{\partial^2 \phi_1}{\partial x^2} + \frac{\partial^2 \phi_1}{\partial y^2} + \frac{\partial^2 \phi_1}{\partial z^2} = 0 \tag{2-15}$$

式(2-15)为典型的拉普拉斯方程,描述了腐蚀电场中的电势分布规律,式中的 ∇^2 为拉普拉斯算子,x、y、z 为微元在三维坐标系中的坐标。与该方程有关

的各变量均与时间无关,故称为稳态腐蚀场。

2.2.2 瞬态腐蚀场数学原理

当腐蚀发生在狭小区域(缝隙等)时,腐蚀产物对介质中粒子 i 的浓度和溶液电导率影响很大,反应时间对腐蚀过程的影响不可忽略,再继续用稳态腐蚀场进行计算已不合适。浓度的变化使介质中出现了浓度梯度,故 Nernst-Planck 方程中包含了扩散项及电迁移项:

$$N_i = -D_i \nabla c_i - z_i F u_i c_i \nabla \phi_1 \qquad (2-16)$$

式中:粒子 i 的迁移率 u_i 不可忽略,可由能斯特—爱因斯坦(Nernst-Einstein)方程计算获得,即

$$u_i = D_i / RT \qquad (2-17)$$

根据质量守恒原理,介质中粒子 i 的浓度随时间变化可表示为

$$\partial c_i / \partial t = R_i - \nabla \cdot N_i \qquad (2-18)$$

式中:R_i 为反应速率(mol/(m³·s))。

各带电粒子 i 的定向移动产生了电流,腐蚀介质中的净电流密度可表示为

$$i_1 = F \sum z_i N_i = F \sum z_i (- D_i \nabla c_i - z_i F u_i c_i \nabla \phi_1) \qquad (2-19)$$

介质电导率 σ_1 可进一步由下式计算:

$$\sigma_1 = F^2 \sum z_i^2 D_i c_i / RT \qquad (2-20)$$

于是电势差表示为

$$\nabla \phi_1 = - i_1 / \sigma_1 - \sum z_i D_i \nabla c_i F / \sigma_1 \qquad (2-21)$$

可以看出,介质电势差 $\nabla \phi_1$ 由电迁移引起的欧姆降和带电粒子 i 扩散引起的压降组成。由以上公式可获得 i 个方程,但是液体电势 ϕ_1 也是未知的,故计算还需要一个方程才能求解腐蚀场,即介质电中性方程:

$$\sum z_i c_i = 0 \qquad (2-22)$$

该腐蚀场中的各变量均为时间的函数,故称为瞬态腐蚀场。

2.3　腐蚀介质电导率

腐蚀介质电导率 σ_1 是连接求解域中电势差和电流密度的纽带,σ_1 的准确与否对计算结果的影响很大,通常可用电导率仪测出,如图 2-3 所示。

由式(2-4)和式(2-20)可以看出,电导率 σ_1 与溶液浓度有关,电导率随 NaCl 质量分数的增加而增大,如图 2-4 所示。电导率 σ_1 还受到 z_i、D_i 和 u_i 的影

图 2-3   电导率仪

响,D_i的数值取决于扩散物质的粒子半径、液体的黏度系数和热力学温度,温度越高,D_i越大;同样的温度条件下,扩散粒子的半径越大,液体黏度系数越高,D_i就越小。由式(2-17)可以看出,u_i与D_i和温度有关。而电导率σ_1与液体的几何形状没有关系,同一温度下相同浓度的本体溶液和薄液膜电导率σ_1相同。

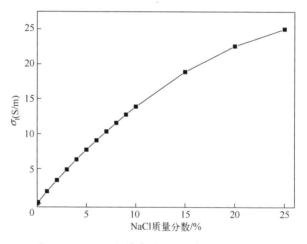

图 2-4   25℃下电导率随 NaCl 质量分数的变化

电导率σ_1为介质电阻率的倒数,反映了介质传输电流的能力。实际上,在阴极、阳极和腐蚀介质组成的闭合电路中,影响介质电位降(IR降)的因素为液体电阻R,如图 2-5 所示。

从图 2-5 中可以看出,阴极与阳极间的腐蚀电流由阴极与阳极电位差和电路电阻决定:

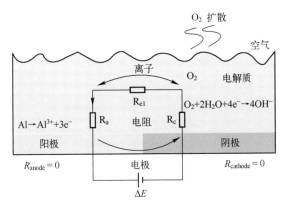

图 2-5　腐蚀电路模型

$$I_{\text{tol}} = \frac{\Delta E}{R_a + R_c + R_{el} + R_{\text{anode}} + R_{\text{cathode}}} \quad (2-23)$$

式中：I_{tol} 为阴极与阳极间总腐蚀电流（A）；ΔE 为阴极与阳极间电位差（V）；R_a 为阳极极化电阻（Ω）；R_c 为阴极极化电阻（Ω）；R_{el} 为阴极与阳极间腐蚀介质电阻（Ω）；R_{anode}、R_{cathode} 分别为阳极电阻和阴极电阻（Ω），相对于其他电阻来说，阳极和阴极导电良好且直接连接，电阻可忽略不计，即 $R_{\text{anode}} = R_{\text{cathode}} = 0$。极化电阻为腐蚀电极本身性质：当 $R_a \gg R_c$，$R_a \gg R_{el}$ 时属于阳极过程控制；当 $R_c \gg R_a$，$R_c \gg R_{el}$ 时，属于阴极过程控制；当 $R_{el} \gg R_a$，$R_{el} \gg R_c$ 时，属于腐蚀介质电阻控制，即通常所说的具有高 IR 降。

在介质电流密度 i 一定的条件下，IR 降由介质电阻 R 决定，电阻 R 又与液体电导率 σ_1、阴极与阳极间的距离 d 及介质横截面积 S 有关：

$$R = \frac{1}{\sigma_1} \cdot \frac{d}{S} \quad (2-24)$$

微米级别厚度（$\leqslant 100\mu m$）的薄液膜在增加 O_2 扩散速度提高自腐蚀速率的同时，横截面积 S 变小，从而使液体电阻 R 较高，故在电导率 σ_1 一定的情况下，其 IR 降比较大。对于溶液来说，电导率 σ_1 是影响溶液电阻 R 的主要因素。

2.4　薄液膜厚度计算

2.4.1　理论计算

海洋大气环境下铝合金表面的液膜来源于雨水、凝露、盐雾和潮湿空气等，其中潮湿空气形成液膜占比高,且液膜厚度变化大,在铝合金的大气腐蚀过程中起到了重要作用。我国沿海地区工业发达,污染较重,空气中含有较多的工业废气、灰尘及无机盐颗粒,容易沉积在金属表面为潮湿空气提供成核中心,在一定的相对湿度下,水蒸气优先在表面上的这些部位发生凝聚或吸附,进而长大成主液滴,经一系列连续过程,在金属表面形成薄液膜开始了大气腐蚀过程,海洋大气环境下金属腐蚀速率远高于内陆地区。金属表面固体沉积物性质、环境相对湿度和干湿交替循环是影响大气腐蚀的三个重要因素。在岛屿及舰船服役的飞机受工业污染相对较小,固体沉积颗粒主要为 NaCl 粒子,故试验研究时主要考虑 NaCl 沉积的情况。

忽略光照、大风等因素影响,在一定温度下,薄液膜稳定后与周围水蒸气构成气-液二相平衡体系,水蒸气分压和液相组成一一对应。大气相对湿度由水蒸气分压确定:

$$RH = p/p_0 \times 100\% \tag{2-25}$$

式中:RH 为环境相对湿度(%);P 为 H_2O 的水蒸气分压(Pa);p_0 为 H_2O 的饱和水蒸气压(Pa)。Alain Birou 等见表 2-1,给出了几个温度下气-液两相等温体系 NaCl 溶液组成与水蒸气分压之间的平衡关系。

表 2-1 NaCl 溶液组成与水蒸气分压之间的平衡关系

20~25℃		80℃	
M/(mol/kg)	100R	M/(mol/kg)	100R
0.1	3.29	4.0	3.65
0.2	3.28	5.0	3.79
0.4	3.27	6.0	3.91
0.6	3.27		
0.8	3.28		
1.0	3.30		
2.0	3.42		
2.8↓	3.53		
5.0↑	3.87		
6.0	3.99		

注:M 为 NaCl 的质量摩尔浓度,即 1kg 的 H_2O 中溶解的 NaCl 量;100R 为 $100 \times (p_0-p)/(M \times p_0)$;20~25℃下 $M=2.8~5.0$ 之间呈线性关系

将表 2-1 中数据进一步整理,得到

$$RH = 100 - 100R \cdot M \tag{2-26}$$

将 NaCl 摩尔质量浓度转换成常用的质量分数表示法,并用 Origin 软件作图可得溶液中 NaCl 的质量分数与大气相对湿度的关系,如图 2-6 所示。

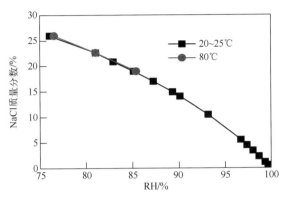

图 2-6　溶液 NaCl 质量分数与大气相对湿度的关系

图 2-6 中两个温度(段)下,数据点基本重合,故 20~80℃ 范围内 NaCl 质量分数与大气相对湿度之间的关系均可用 20~25℃ 下的拟合公式表示:

$$w_{NaCl} = (-2.261RH^2 + 2.91434RH - 0.6507696) \times 100\% \qquad (2-27)$$

相关系数 $R^2 = 0.99953$,说明对给定数据点的拟合较好。0~80℃ 范围内,NaCl 饱和溶液(质量分数约为 26%)对应的平衡相对湿度为 76% 左右,只有环境相对湿度大于或等于 76% 时,NaCl 颗粒才能吸收环境水蒸气而潮解,在铝合金表面形成液膜,从而诱发腐蚀过程,故由图 2-6 拟合的公式仅适用于 RH≥76%。随着相对湿度的不断增加,薄液膜吸水导致 NaCl 溶液浓度降低。飞机服役环境下易腐蚀的温度范围为 10~50℃,由 OLI Analyzer 软件计算获得了 10~50℃ 范围内不同浓度 NaCl 溶液的密度,结合图 2-6 数据整理后获得 NaCl 溶液密度与大气相对湿度的关系,如图 2-7 所示。

由图 2-7 可见,不同温度下的 NaCl 溶液密度曲线平行性较好,且相差不大。为简化计算,可选 30℃ 下的曲线作为标准进行多项式拟合:

$$\rho = -1.39274RH^2 + 1.622RH + 0.76963 \qquad (2-28)$$

式中:ρ 为溶液密度(g/cm^3);相关系数 $R^2 = 0.99981$。

假设薄液膜中的 NaCl 全部来源于铝合金表面的 NaCl 沉积,因此可得到如下关系:

$$\rho \cdot h \cdot S = d \cdot S \qquad (2-29)$$

式中:h 为薄液膜厚度(cm);S 为铝合金表面积(cm^2);d 为铝合金表面 NaCl 沉积量(g/cm^2)。

故薄液膜厚度可以表示为

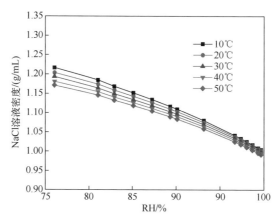

图 2-7　NaCl 溶液密度与大气相对湿度的关系

$$h = d/\rho \tag{2-30}$$

将式(2-28)与式(2-29)代入式(2-30),获得薄液膜厚度与大气相对湿度(RH≥76%)、铝合金表面 NaCl 沉积量的关系式:

$$h = \frac{d}{(-2.261RH^2 + 2.91434RH - 0.6507696)(-1.39274RH^2 + 1.622RH + 0.76963)} \tag{2-31}$$

由式(2-31)计算的薄液膜厚度数据与 Chen Z Y 等研究结果基本一致,该计算结果已被应用于大气腐蚀研究中,但未见该关系式的试验验证报道。

2.4.2　试验验证

某两个海域试验场的氯离子平均沉降量分别为 $60mg/dm^2$ 和 $21.9mg/dm^2$,假设氯离子全部来源于 NaCl 沉积,将氯离子沉积量折算为 NaCl 沉降量分别为 $9.89 \times 10^{-4}g/cm^2$ 和 $3.61 \times 10^{-4}g/cm^2$。

使用微量滴管向面积为 $1cm^2$ 的 7B04 铝合金电极表面滴加质量分数为 3.5% 的 NaCl 溶液,干燥后 NaCl 均匀沉积在电极表面,重复几次最终使电极表面 NaCl 沉积量分别为 $9.89 \times 10^{-4}g$ 和 $3.61 \times 10^{-4}g$。将电极置于电化学测量装置内(不加溶液),调节循环水浴温度使加湿蒸汽温度在 30℃ 左右,通过加湿器输出流量调节装置的相对湿度,当相对湿度达到 76% 时,NaCl 开始吸水溶解成液膜。转动千分尺测量液膜厚度,当薄液膜厚度大于 30μm 时,且薄液膜厚度测量数据趋于稳定时,薄液膜厚度与大气相对湿度的关系如图 2-8 所示。由图可见,与拟合曲线吻合较好,说明 30℃ 下拟合的薄液膜厚度与大气相对湿度的关系曲线和试验结果相符。

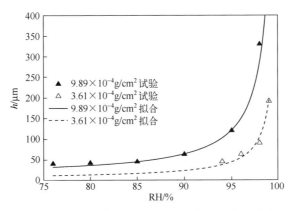

图 2-8　30℃下薄液膜厚度与大气相对湿度的关系

以 NaCl 沉积量 9.89×10^{-4} g/cm² 为例,分别测量 20℃、40℃和 50℃下,液膜厚度与大气相对湿度的关系,如图 2-9 所示。由图可以看出,测量数据分布在拟合曲线两侧,有着较好的一致性。这说明,薄液膜厚度理论计算方法较为准确,可以应用在试验测量过程中,温度和湿度保持不变,薄液膜厚度也保持相对稳定状态。

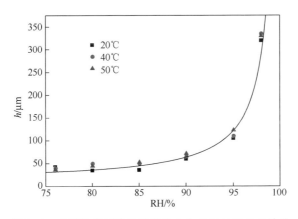

图 2-9　不同温度下薄液膜厚度与大气相对湿度的关系

2.5　边界条件选用

在求解腐蚀模型方程时,其边界条件对于计算结果的准确性是非常重要的。拉普拉斯方程的定解取决于求解区域的几何布局和边界条件。从数学角度讲,满足一个偏微分方程的解可以有很多,故必须有一些特定的边界条件来补充和限制,才能得到定解。边界条件一般根据实际问题的特点来选择,能否选择适当的边界条件直接影响数值计算结果的准确性。其边界条件一般分为三类:

(1)第一类边界条件(狄利克雷(Dirichlet)边界条件):边界上的电位值为常数,即电极表面电位 $E=E_0$。

(2)第二类边界条件(诺伊曼(Neumann)边界条件或自然边界条件):边界上有确定的电流密度条件,即

$$i=i_0=-\sigma_1\frac{\partial\phi_1}{\partial n} \tag{2-32}$$

对于本节所涉及的电偶腐蚀模型边界条件(图 2-10),除阴极与阳极界面外,其余边界均绝缘,即法向电流密度为 0:

$$\nabla_n\phi_1=\frac{\partial\phi_1}{\partial n}=0 \tag{2-33}$$

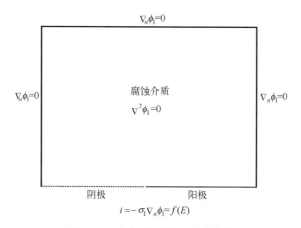

图 2-10　电偶腐蚀模型边界条件

(3)第三类边界条件(混合边界条件或洛平(Robin)边界条件):给出边界电位与电流密度之间的关系,可由 Robin 问题导出。金属(导电材料)的极化曲线描述了其在腐蚀介质中电流密度与电极电位之间的关系,可以作为第三类边界条件,用下式表示:

$$i=f(E)=f(\phi_s-\phi_1) \tag{2-34}$$

式中:ϕ_s 为电极电势(V);E 为电极电位(V),用 $\phi_s-\phi_1$ 表示。

极化曲线一般是非线性的,直接作为边界条件会使计算量大大增加,降低计算结果的收敛性。对于有明显塔菲尔(Tafel)强极化区(自腐蚀电位上下

100~250mV)或符合步特勒尔-伏尔默(Bulter-Volmer)方程弱极化区的极化曲线,可用 Tafel 或 Bulter-Volmer 方程描述极化关系。此外,还可以用线性 Bulter-Volmer 方程、浓度依赖动力学方程表示:

$$i = i_0\left(\frac{(\alpha+\beta)F}{RT}\right)\eta \tag{2-35}$$

$$i = i_0\left(c_R\exp\left(\frac{\alpha F\eta}{RT}\right) - c_o\exp\left(\frac{-\beta F\eta}{RT}\right)\right) \tag{2-36}$$

式中:c_R、c_o 分别为还原物质和氧化物质浓度(mol/m^3);i 为电流密度(A/cm^2);i_0 为交换电流密度(A/cm^2);α、β 分别为阳极和阴极传递系数;n 为涉及电极反应的电子数;η 为过电位,即电极电位与平衡电位之差(V);F 为法拉第常数,$F=96485$C/mol;R 为气体常数,$R=8.314$J/(mol·K);T 为热力学温度(K)。

对于极化过程中存在明显点蚀等特征且不规则的极化曲线,可用线性分段插值函数或非线性分段插值函数表示。

当电极反应速率受反应物在介质中扩散速度影响时,电极反应电流密度不再随电位的变化而升高,即极限扩散电流密度在受 O$_2$ 扩散影响比较明显的阴极反应中比较突出。此时的电流密度绝对值为

$$|i| = \frac{i_{lim}i_{expr}}{i_{lim}+i_{expr}} \tag{2-37}$$

式中:i_{lim} 为极限扩散电流密度(A/m^2);i_{expr} 为没有传质限度存在下的电流密度(A/m^2),可以是 Tafel 等式或自定义公式。

2.5.1　极化控制下的腐蚀动力学方程

根据电化学动力学理论,电极过程通常包括下面几个串联进行的步骤:
(1) 反应粒子(离子、分子等)向电极表面的传递,即液相传质;
(2) 反应粒子在电极表面或表面附近液层中进行的前置转化;
(3) 反应粒子在电极/溶液界面上发生的电荷转移步骤,即电化学反应;
(4) 电荷转移步骤的产物在电极表面或表面附近液层中进行的随后转化;
(5) 反应产物转入稳定状态(生成新相),或由电极表面附近向溶液内部传递。

上述(1)、(3)、(5)是不可缺少的基本步骤。电极反应的速率取决于上述几个串联步骤中速率最慢的步骤,这个最慢的步骤称为控制步骤。如果电荷转移过程是整个电极过程的控制步骤,这时将发生电化学极化。当溶液中反应物或反应产物的扩散过程是整个电极过程的控制步骤时,将发生浓差极化。

金属的电化学腐蚀常常是在自腐蚀电位下进行的,其腐蚀速率由阴极与阳极反应的控制步骤共同决定,金属腐蚀的电化学动力学特征也是由阴极与阳极反应的控制步骤的动力学特征决定的。用数学公式描述腐蚀金属的极化曲线就得到腐蚀金属的极化方程,它是研究金属腐蚀过程的重要理论基础。本节讨论电化学极化和浓差极化控制下的腐蚀动力学方程。

1. 电化学极化控制下的腐蚀动力学方程

金属腐蚀速率由电化学极化控制的腐蚀过程称为电化学极化控制的腐蚀过程。例如,无钝化膜生成的金属在不含氧或其他阴极去极化剂的非氧化性酸中的腐蚀就是这种情况。这时,唯一的阴极去极化剂为溶液中的氢离子,而且氢离子的还原反应和金属的阳极溶解反应都由电化学极化控制。下面讨论在这种情况下腐蚀金属电极的电化学极化方程。

1)单电极反应的电化学极化方程

对于单一电极电化学反应

$$\text{R} \xrightleftharpoons{\quad} \text{O} + n\text{e}^- \tag{2-38}$$

其正(氧化)、逆(还原)反应速率 $\vec{v}$ 和 $\overleftarrow{v}$ 分别为

$$\vec{v} = \vec{k}\, c_R \tag{2-39}$$

$$\overleftarrow{v} = \overleftarrow{k}\, c_O \tag{2-40}$$

$$\vec{k} = A_f \exp\left(-\frac{\vec{E}_a}{RT}\right) \tag{2-41}$$

$$\overleftarrow{k} = A_b \exp\left(-\frac{\overleftarrow{E}_a}{RT}\right) \tag{2-42}$$

式中:"→"表示氧化反应,"←"表示还原反应;$\vec{k}$、$\overleftarrow{k}$ 分别为正(氧化)、逆(还原)反应的速率常数;$\vec{E}_a$、$\overleftarrow{E}_a$ 分别为正(氧化)、逆(还原)反应的活化能;A_f、A_b 为指前因子;c_R、c_O 分别为氧化还原对中还原剂和氧化剂的浓度;R 为气体常数,T 为热力学温度。

若反应速率用电流密度表示,则式(2-39)和式(2-40)变为

$$\vec{i} = nF\vec{k}\, c_R \tag{2-43}$$

$$\overleftarrow{i} = nF\overleftarrow{k}\, c_O \tag{2-44}$$

式中:$\vec{i}$、$\overleftarrow{i}$ 分别为正(氧化)、逆(还原)反应的电流密度;n 为反应中的电子数;F 为法拉第常数。

当电极处于平衡状态时,正、逆反应速率相等,电极上没有净电流流过,其电极电位为平衡电位 E^e。在平衡电位 E^e 下,有

$$i^0 = \overrightarrow{i} = \overleftarrow{i} \qquad (2\text{-}45)$$

即

$$i^0 = nF\overrightarrow{k}c_R = nFc_R A_f \exp\left(-\frac{\overrightarrow{E}_a^{\,0}}{RT}\right) = nF\overleftarrow{k}c_O = nFc_O A_b \exp\left(-\frac{\overleftarrow{E}_a^{\,0}}{RT}\right) \qquad (2\text{-}46)$$

式中:i^0 为交换电流密度,它表示一个电极反应的可逆程度,当电极面积相同时,i^0 越大,表明正、逆反应进行得越快,电极反应的可逆程度越高;$\overrightarrow{E}_a^{\,0}$、$\overleftarrow{E}_a^{\,0}$ 分别为平衡电位下正(氧化)、逆(还原)反应的活化能。

对于金属阳极来说,晶格中的金属离子的能量会随着电极电位升高而增加,因此电位升高使金属离子更容易离开金属表面进入溶液,从而使氧化反应速率加快。电化学理论已经证明电极电位的变化是通过改变反应活化能来影响反应速率的。具体来说就是:电位升高可使氧化反应的活化能下降,加快氧化反应速率;而电极电位降低可使还原反应的活化能下降,加快还原反应速率。

当电极电位比平衡电位高,即 $\Delta E > 0$ 时,电极上金属溶解反应的活化能将减小 $\beta nF\Delta E$,即

$$\overrightarrow{E}_a = \overrightarrow{E}_a^{\,0} - \beta nF\Delta E \qquad (2\text{-}47)$$

对于还原反应则相反,将使还原反应的活化能增加 $\alpha nF\Delta E$,即

$$\overleftarrow{E}_a = \overleftarrow{E}_a^{\,0} + \alpha nF\Delta E \qquad (2\text{-}48)$$

式(2-47)和式(2-48)中:α、β 为传递系数或能量分配系数,分别表示电位变化对还原反应和氧化反应活化能影响的程度,且 $\alpha + \beta = 1$。α 和 β 可由试验求得,一般情况下可以粗略地认为 $\alpha = \beta = 0.5$。

将式(2-46)~式(2-48)分别代入式(2-43)和式(2-44),可得

$$\overrightarrow{i} = nFA_f c_R \exp\left(-\frac{\overrightarrow{E}_a^{\,0} - \beta nF\Delta E}{RT}\right) = i^0 \exp\frac{\beta nF\Delta E}{RT} \qquad (2\text{-}49)$$

$$\overleftarrow{i} = nFA_b c_O \exp\left(-\frac{\overleftarrow{E}_a^{\,0} + \alpha nF\Delta E}{RT}\right) = i^0 \exp\left(-\frac{\alpha nF\Delta E}{RT}\right) \qquad (2\text{-}50)$$

由此可见:当 $\Delta E = 0$ 时,$\overrightarrow{i} = \overleftarrow{i} = i^0$,电极上无净电流通过;当 $\Delta E \neq 0$ 时,$\overrightarrow{i} \neq \overleftarrow{i}$,这时正、逆方向的反应速率不等,电极上有净电流通过,因此电极将发生极化。

阳极极化时,阳极过电位为

$$\eta_a = \Delta E_a = E_a - E_a^e \tag{2-51}$$

因为 ΔE_a 为正值,使氧化反应的活化能减小,而使还原反应的活化能增大,故使 $\overrightarrow{i} > \overleftarrow{i}$。二者之差就是通过阳电极的净电流,即阳极极化电流密度为

$$i_a = \overrightarrow{i} - \overleftarrow{i} = i^0 \left[\exp\frac{\beta nF\eta_a}{RT} - \exp\left(-\frac{\alpha nF\eta_a}{RT}\right) \right] \tag{2-52}$$

阴极极化时,由于 ΔE_c 为负值,为使阴极过电位 η_c 取正值,令

$$\eta_c = -\Delta E_c = E_c^e - E_c \tag{2-53}$$

因 ΔE_c 为负值,由式(2-49)和式(2-50)可知,$\overleftarrow{i} > \overrightarrow{i}$。二者之差就是通过阴极的静电流,即阴极极化电流密度为

$$i_c = \overleftarrow{i} - \overrightarrow{i} = i^0 \left[\exp\frac{\alpha nF\eta_c}{RT} - \exp\left(-\frac{\beta nF\eta_c}{RT}\right) \right] \tag{2-54}$$

令

$$b_a = \frac{2.3RT}{\beta nF} \tag{2-55}$$

$$b_c = \frac{2.3RT}{\alpha nF} \tag{2-56}$$

式中:b_a 和 b_c 分别为阳极和阴极 Tafel 斜率。

则式(2-52)和式(2-54)可改写为

$$i_a = i^0 \left[\exp(2.3\eta_a/b_a) - \exp(-2.3\eta_a/b_c) \right] \tag{2-57}$$

$$i_c = i^0 \left[\exp(2.3\eta_c/b_c) - \exp(-2.3\eta_c/b_a) \right] \tag{2-58}$$

式(2-57)和式(2-58)就是单电极反应的电化学极化基本方程。

当 $\eta > \frac{2.3RT}{nF}$ 时,阴极、阳极反应中的逆向过程可以忽略,即忽略式(2-57)和式(2-58)等号右边第二项,则式(2-57)和式(2-58)分别简化为

$$i_a = i^0 \left[\exp(2.3\eta_a/b_a) \right] \tag{2-59}$$

$$i_c = i^0 \left[\exp(2.3\eta_c/b_c) \right] \tag{2-60}$$

或

$$\eta_a = -b_a \lg i^0 + b_a \lg i_a \tag{2-61}$$

$$\eta_c = -b_c \lg i^0 + b_c \lg i_c \tag{2-62}$$

式(2-61)和式(2-62)是单电极反应的 Tafel 方程。

2）电化学极化控制下的腐蚀速率表达式

金属发生电化学腐蚀时，一对或一对以上的电极反应同时发生在金属表面的不同区域，其电化学极化控制的腐蚀金属的极化曲线，如图 2-11 所示。

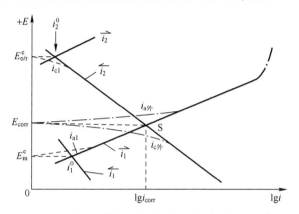

图 2-11　电化学极化控制的腐蚀金属的极化曲线

假设金属 M 在只有一种阴极去极化剂 O 的溶液中发生腐蚀，这时阳极反应和阴极反应分别表示如下：

$$M \underset{\overleftarrow{i_1}}{\overset{\overrightarrow{i_1}}{\rightleftharpoons}} M^{n+} + ne^- \tag{2-63}$$

$$O \underset{\overleftarrow{i_2}}{\overset{\overrightarrow{i_2}}{\rightleftharpoons}} R + ne^- \tag{2-64}$$

式中："→"表示氧化过程；"←"表示还原过程。

对于反应式（2-63），在其平衡电位下，正、逆反应速率相等，氧化过程的电流等于还原过程的电流，即 $\overrightarrow{i_1} = \overleftarrow{i_1} = i_1^0$。这时如果溶液中不存在阴极去极化剂，金属将保持平衡状态而不发生腐蚀。对于阴极反应式（2-64），在其平衡电位 $E_{o/r}^e$ 下，同样存在 $\overrightarrow{i_2} = \overleftarrow{i_2} = i_2^0$，这时如果没有金属阳极，反应式（2-64）也将保持在平衡状态。当金属和阴极去极化剂同时存在时，由于 $E_m^e < E_{o/r}^e$，引发电子流动，产生净电流，使平衡遭到破坏，阴极、阳极均发生极化，具体表现为两对反应的电极电位彼此相向移动，阳极电位朝正方向移动，阴极电位朝负方向移动，最后达到稳定的腐蚀电位 E_{corr}。在此电位下，对于金属来说，发生腐蚀的阳极过电位为

$$\eta_a = E_{corr} - E_m^e \tag{2-65}$$

这使金属的氧化反应速率 $\overrightarrow{i_1}$ 大于还原反应速率 $\overleftarrow{i_1}$，阳极反应的净电流为

$$i_a = \vec{i}_1 - \overleftarrow{i}_1 \tag{2-66}$$

因此，金属 M 将发生溶解。

对于阴极反应来说，由于发生了阴极极化，其过电位为

$$\eta_c = E^e_{o/r} - E_{corr} \tag{2-67}$$

这使 O 的还原反应速率 $\overleftarrow{i}_2$ 大于 R 的氧化反应速率 $\vec{i}_2$，阴极将发生净还原反应，其净电流为

$$i_c = \overleftarrow{i}_2 - \vec{i}_2 \tag{2-68}$$

在自腐蚀电位下，金属的净氧化反应速率 i_a 等于阴极去极化剂的净还原反应速率 i_c，结果造成金属的腐蚀，其腐蚀电流密度为

$$i_{corr} = i_a = i_c \tag{2-69}$$

即

$$i_{corr} = \vec{i}_1 - \overleftarrow{i}_1 = \overleftarrow{i}_2 - \vec{i}_2 \tag{2-70}$$

将单电极反应的电化学极化方程代入，可得腐蚀电流密度与过电位间的关系式为

$$i_{corr} = i^0_1 \left[\exp\frac{2.3\eta_a}{b_{a1}} - \exp\left(-\frac{2.3\eta_a}{b_{c1}}\right) \right] \tag{2-71}$$

或

$$i_{corr} = i^0_2 \left[\exp\frac{2.3\eta_c}{b_{c2}} - \exp\left(-\frac{2.3\eta_c}{b_{a2}}\right) \right] \tag{2-72}$$

当过电位大于 $\frac{2.3RT}{nF}$ 时，即 E_{corr} 距离 E^e_m 和 $E^e_{o/r}$ 较远时，式（2-70）中的 $\overleftarrow{i}_1$ 和 $\vec{i}_2$ 可忽略，于是该式简化为

$$i_{corr} = \vec{i}_1 = \overleftarrow{i}_2 \tag{2-73}$$

同样，式（2-71）式（2-72）可简化为

$$i_{corr} = i^0_1 \exp\frac{2.3\eta_a}{b_{a1}} \tag{2-74}$$

或

$$i_{corr} = i^0_2 \exp\frac{2.3\eta_c}{b_{c2}} \tag{2-75}$$

可见，腐蚀电流密度 i_{corr} 与相应的过电位 η_a 或 η_c、交换电流 i^0_1 或 i^0_2 和 Tafel 斜率 b_a 或 b_c 有关，可由这些参数计算得出。这些参数对腐蚀特征及腐蚀速率的影响，也可通过极化图进行分析。测定出 E_{corr} 并根据热力学数据计算出 E^e_m 和

$E_{o/r}^e$ 后,可以得到 η_a 和 η_c,比较 η_a 和 η_c 的大小可确定腐蚀是阴极控制还是阳极控制或是共同控制。当 E_m^e 和 $E_{o/r}^e$ 及 Tafel 斜率 b_a 和 b_c 不变时,i_1^0 或 i_2^0 越大,则腐蚀速率越大。当平衡电位和交换电流不变时,Tafel 斜率越大,即极化曲线越陡,则腐蚀速率越小,腐蚀电位也会相应地发生变化。

3) 电化学极化控制下金属腐蚀的极化曲线

对处于自腐蚀状态下的金属电极进行电化学极化时,相当于使整个金属腐蚀体系成为另一个电池的一个电极,整块金属与外电路之间将会出现净电流,因此自腐蚀状态下的电化学反应将会受到很大影响。例如,对腐蚀金属进行阳极极化时,金属所处电位高于自腐蚀电位,这将使电极上的净氧化反应速率 $(\vec{i}_1-\overleftarrow{i}_1)$ 增加,净还原反应速率 $(\overleftarrow{i}_2-\vec{i}_2)$ 减小,二者之差为流经外电路的外加阳极极化电流,即

$$i_{a外} = (\vec{i}_1-\overleftarrow{i}_1) - (\overleftarrow{i}_2-\vec{i}_2) = (\vec{i}_1+\vec{i}_2) - (\overleftarrow{i}_1+\overleftarrow{i}_2) \qquad (2-76)$$

实际上,在阳极极化电位 E_{ap} 下,金属上所有的氧化过程的速率都将加快,而所有的还原过程的速率都将降低,因此电极上流经外电路的外加阳极极化电流 $i_{a外}$ 等于电极上所有的氧化过程速率的总和 $\sum \vec{i}$ 减去所有还原过程速率的总和 $\sum \overleftarrow{i}$,即

$$i_{a外} = \sum \vec{i} - \sum \overleftarrow{i} \qquad (2-77)$$

相反,在阴极极化电位 E_{cp} 下,金属上所有的还原过程的速率都将加快,而所有的氧化过程的速率都将降低,因此总还原电流和总氧化电流之差即为外加阴极极化电流,即

$$i_{c外} = (\overleftarrow{i}_2-\vec{i}_2) - (\vec{i}_1-\overleftarrow{i}_1) = (\overleftarrow{i}_1+\overleftarrow{i}_2) - (\vec{i}_1+\vec{i}_2) \qquad (2-78)$$

或

$$i_{c外} = \sum \overleftarrow{i} - \sum \vec{i} \qquad (2-79)$$

当自腐蚀电位 E_{corr} 距离 E_m^e 和 $E_{o/r}^e$ 较远时,忽略 $\overleftarrow{i}_1$ 和 $\vec{i}_2$,则 $i_{corr} = \vec{i}_1 = \overleftarrow{i}_2$。同时,式(2-76)和式(2-78)简化为

$$i_{a外} = \vec{i}_1 - \overleftarrow{i}_2 \qquad (2-80)$$

$$i_{c外} = \overleftarrow{i}_2 - \vec{i}_1 \qquad (2-81)$$

在外加极化电位 E_p 下,相对于自腐蚀电位 E_{corr} 的阳极电位变化为 ΔE_{ap},则

$$\Delta E_{ap} = E_p - E_{corr} \qquad (2-82)$$

根据式(2-49)和式(2-74),得到氧化反应速率 $\vec{i}_1$ 与 ΔE_{ap} 的关系为

$$\vec{i}_1 = i_{corr} \exp \frac{2.3\Delta E_{ap}}{b_a} \qquad (2-83)$$

同样,设相对于自腐蚀电位 E_{corr} 的阴极电位变化为 ΔE_{cp},则

$$\Delta E_{cp} = E_p - E_{corr} \qquad (2-84)$$

根据式(2-50)和式(2-75),得到还原反应的速率 $\overleftarrow{i}_2$ 与 ΔE_{cp} 的关系为

$$\overleftarrow{i}_2 = i_{corr} \exp \frac{2.3\Delta E_{cp}}{b_c} \qquad (2-85)$$

将式(2-83)和式(2-85)代入式(2-80)和式(2-81),并注意当 $\Delta E_{cp} = \Delta E_{ap}$,则腐蚀金属阳极极化时,有

$$i_{a外} = i_{corr}\left[\exp\left(\frac{2.3\Delta E_{ap}}{b_a}\right) - \exp\left(-\frac{2.3\Delta E_{ap}}{b_c}\right)\right] \qquad (2-86)$$

对腐蚀金属进行阴极极化时,有

$$i_{c外} = i_{corr}\left[\exp\left(\frac{2.3\Delta E_{cp}}{b_c}\right) - \exp\left(-\frac{2.3\Delta E_{cp}}{b_a}\right)\right] \qquad (2-87)$$

式(2-86)和式(2-87)为电化学极化控制下金属腐蚀动力学基本方程,是实验测定电化学腐蚀速率的理论基础。式中,b_a 和 b_c 分别为腐蚀金属阳极极化曲线和阴极极化曲线的Tafel斜率(或Tafel常数),可由实验测得。Tafel斜率的数值通常为0.05~0.15V,一般取0.1V。图2-11中 $i_{a外}$ 和 $i_{c外}$ 标明的点画线是根据式(2-86)和式(2-87)绘制的极化曲线。

值得注意的是,式(2-86)和式(2-87)的应用是有条件的,即腐蚀电位 E_{corr} 必须与 E_m^e 和 $E_{o/r}^e$ 有较大差值,使 $\overleftarrow{i}_1$ 和 $\overleftarrow{i}_2$ 可以忽略。当 E_{corr} 与 E_m^e 和 $E_{o/r}^e$ 很接近时,$\overleftarrow{i}_1$ 和 $\overleftarrow{i}_2$ 或二者其中之一不能忽略时,金属腐蚀动力学方程变得较复杂,读者可以尝试推导。

2. 浓差极化控制下的腐蚀动力学方程

1)稳态扩散方程

由于电极过程是在电极/溶液界面上进行的,并伴随着反应物的消耗和产物的生成,因此物质在电极表面附近溶液相中的传输过程对电极反应十分重要,甚至成为电极反应的控制步骤。

电极过程动力学中,物质在溶液中的传输过程主要有对流、扩散和电迁移三种方式。对流传质指物质的粒子随着流动的液体而移动。由于在电极表面附近的液层中对流速率很小,因此对流对电极表面附近液层中的物质传输贡献很小。电迁移传质是指带电粒子在电场作用下在溶液中的定向移动。如果反应物粒子或产物粒子带电,电迁移会对传质过程有贡献,但是当溶液中存在大

量支持电解质(不参加电极反应的局外电解质)时,电迁移主要由支持电解质承担。这时电迁移对反应物或产物的传质贡献很小,因此在电极表面附近液层中的传输过程主要是扩散过程。当扩散过程速率比电化学反应速率更慢时,扩散过程成为整个电极过程的控制步骤。由于电极反应的不断进行,电极表面附近液层中反应物的浓度不断下降而产物的浓度则不断升高,由此造成溶液本体的浓度梯度。在这种浓度梯度下,反应物从溶液本体向电极表面扩散,产物由电极表面向溶液本体扩散。由于电极表面附近液层中反应物和产物的浓度变化,使电极电位发生变化,即产生浓差极化。

腐蚀电池作为一类特殊的电池,其电极表面的传质过程同样主要是扩散过程。如果扩散过程成为腐蚀电池中阴极或阳极的控制步骤,则腐蚀电池的阴极或阳极上将发生浓差极化。但实际情况是,当金属发生腐蚀时,在多数情况下阳极过程是电化学极化控制的金属溶解过程。而对于阴极去极化过程,去极化剂的扩散常常成为控制步骤,例如在氧去极化过程中,氧分子向电极表面的扩散步骤往往是决定腐蚀速率的控制步骤。因此,对于腐蚀电池,研究浓差极化控制下的动力学特征也是十分必要的。

将腐蚀金属电极看作平面电极,这时只考虑一维扩散,如图 2-12 所示。

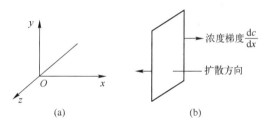

图 2-12　浓度梯度与扩散方向示意图

根据菲克(Fick)第一扩散定律,电活性物质单位时间内通过单位面积的扩散流量与浓度梯度成正比,即

$$J = -D \left(\frac{dc}{dx} \right)_{x \to 0} \tag{2-88}$$

式中:J 为扩散流量($mol/(cm^2 \cdot s)$);$(dc/dx)_{x \to 0}$ 为电极表面附近液层中电活性粒子的浓度梯度(mol/cm^4);D 为扩散系数(cm^2/s),即单位浓度梯度下单位截面积电活性粒子的扩散速率,它与温度、粒子的大小及溶液黏度等因素有关;负号"$-$"表示扩散方向与浓度增大的方向相反,如图 2-12 所示。

在稳态扩散条件下,如果电极反应引起的溶液本体的浓度变化可以忽略不计,则浓度梯度 $(dc/dx)_{x \to 0}$ 为一常数,即

$$\left(\frac{\mathrm{d}c}{\mathrm{d}x}\right)_{x\to 0} = \frac{c^0 - c^S}{\delta} \qquad (2\text{-}89)$$

式中：c^0 为溶液本体的浓度；c^S 为电极表面浓度；δ 为扩散层有效厚度。

在稳态扩散条件下，单位时间内单位面积上扩散到电极表面的电活性物质的量等于参加电极反应的量，因此反应粒子的扩散流量也可以用电流表示。因为每消耗 1mol 的反应物需要通过 nF 的电量，所以扩散总流量可用扩散电流密度表示，即

$$i_{\mathrm{d}} = -nFJ \qquad (2\text{-}90)$$

式中：负号"–"表示反应物粒子的扩散方向与 x 轴方向相反，即从溶液本体向电极表面扩散。

将式(2-88)和式(2-89)代入式(2-90)，可得

$$i_{\mathrm{d}} = -nFD\left(\frac{\mathrm{d}c}{\mathrm{d}x}\right)_{x\to 0} = nFD\frac{c^0 - c^S}{\delta} \qquad (2\text{-}91)$$

因为在扩散控制条件下，当整个电极过程达到稳态时，电极反应的速率等于扩散速率。对于阴极过程，阴极电流 i_{c} 就等于阴极去极化剂的扩散速率 i_{d}，即

$$i_{\mathrm{c}} = i_{\mathrm{d}} = nFD\frac{c^0 - c^S}{\delta} \qquad (2\text{-}92)$$

随着阴极电流的增加，电极表面附近去极化剂的浓度 c^S 降低。在极限情况下，$c^S = 0$。这时扩散速率达到最大值，阴极电流也就达到极大值，用 i_{L} 表示，称为极限扩散电流密度，即

$$i_{\mathrm{l}} = nFAD\frac{c^0}{\delta} \qquad (2\text{-}93)$$

由式(2-93)可见，极限扩散电流与放电粒子的本体浓度 c^0 成正比，与扩散层有效厚度成反比。加强溶液搅拌 δ 变小，可使 i_{l} 增大。

由式(2-92)和式(2-93)可得

$$\frac{i_{\mathrm{c}}}{i_{\mathrm{l}}} = 1 - \frac{c^S}{c^0} \qquad (2\text{-}94)$$

或

$$c^S = c^0\left(1 - \frac{i_{\mathrm{c}}}{i_{\mathrm{l}}}\right) \qquad (2\text{-}95)$$

由于扩散过程为整个电极过程的控制步骤，可以近似认为电子传递步骤（电化学步骤）处于准平衡状态，因此电极上有扩散电流通过时，仍可以近似用能斯特方程计算电极电位，即

通电前
$$E_c^e = E_c^0 + \frac{RT}{nF}\ln c^0 \qquad (2\text{-}96)$$

通电后
$$E_c = E_c^0 + \frac{RT}{nF}\ln c^S \qquad (2\text{-}97)$$

由式(2-96)和式(2-97)可得

$$\Delta E_c = E_c - E_c^e = \frac{RT}{nF}\ln\left(1 - \frac{i_c}{i_1}\right) \qquad (2\text{-}98)$$

将式(2-94)代入式(2-98)可得

$$\Delta E_c = \frac{RT}{nF}\ln\left(1 - \frac{i_c}{i_1}\right) \qquad (2\text{-}99)$$

式(2-96)就是浓差极化方程。相应的极化曲线如图 2-13 中的 $E_c^e BS$ 所示。

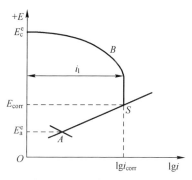

图 2-13　阴极过程为浓差极化控制的腐蚀极化图

2）浓差极化控制下的腐蚀速率

对于阳极过程为金属的电化学溶解而阴极过程为氧的扩散控制的腐蚀,其极化图如图 2-13 所示。金属的腐蚀速率受氧的扩散速率控制,腐蚀速率等于氧的极限扩散电流,与电位无关,即

$$i_{corr} = i_1 = nFD\frac{c^0}{\delta} \qquad (2\text{-}100)$$

由式(2-100)可以看出,对于扩散控制的腐蚀体系,影响 i_1 的因素就是影响腐蚀速率的因素。因此有:

(1) i_{corr} 和 c^0 成正比,即去极化剂浓度降低会使腐蚀速率减小。

(2) 搅拌溶液或使溶液流速增加,会减小扩散层厚度,增大极限电流 i_1,因而会加速腐蚀。

(3) 升高温度,会使扩散系数 D 增大,使腐蚀速率增加。

3）浓差极化控制下腐蚀金属的极化曲线

当对腐蚀金属进行外加电位极化时,如果阴极过程为扩散控制,则式(2—77)中的 i_2 等于极限扩散电流 i_1。这意味着,式(2—86)中 $b_c \to \infty$,因此式(2—86)可简化为

$$i_{a外} = i_{corr}\left[\exp\left(\frac{2.3\Delta E_{ap}}{b_a}\right) - 1\right] \qquad (2-101)$$

式(2—101)即为阴极过程受浓差极化控制时腐蚀金属的阳极极化曲线方程。

3. 实测极化曲线与理想极化曲线

1）实测极化曲线

如果在一个电极上同时有几个电极反应进行,就只能在电极电位 E 与电极外侧电流密度 i 的坐标系统中或在 E 与 $\lg|i|$ 的坐标系统中表示电极电位与外测电流密度之间的关系,或者用极化值 ΔE 代替电极电位 E 来表示这种关系,表示这种关系的曲线就是这个电极的极化曲线。极化曲线可以通过试验测试进行绘制,根据试验中主变量和被测量的不同,试验方法又分为恒电流法和恒电位法。无论采用哪种方法,都是要得到极化电位和极化电流两个变量之间的对应数据,再根据这些数据绘制出 E—i 或 E—$\lg i$ 曲线。这样通过试验得到的极化曲线称为实测极化曲线。

恒电流法是在给定电流下测定电极电位,电极电位是电流的函数,即 $E = f(i)$。恒电位法是在给定电位下测定相应的电流,电流是电极电位的函数,即 $i = f(E)$。当 $E = f(i)$ 和 $i = f(E)$ 均为单值函数时,用恒电流法和恒电位法测得的极化曲线相同。然而,在实际中 E 和 i 常常不是一一对应的,这时两种方法测得的极化曲线有很大差别。在这种情况下,只有恒电位法才能够测得完整的极化曲线。上述两种测定极化曲线的具体试验方法及所涉及的仪器设备不在本书讨论的范围之内,可参见有关电化学测量技术方面的书籍。

在实际中,由于各种原因,金属不可能绝对均匀和纯净,通常有一定量的杂质组分和电化学性质不均的区域。当整块金属浸入溶液中时,杂质和金属本体之间或电化学性质不同的区域之间就会形成很多局部腐蚀微电池,因此在金属表面不同区域内同时存在着阳极区和阴极区,阴极区和阳极区之间每时每刻都有腐蚀电流流过。即使非常均匀和纯净的金属,当溶液中含有能使其氧化的去极化剂时,金属也会发生溶解并出现腐蚀电流。因此,绝大多数金属在溶液中处于自腐蚀状态,即金属表面同时进行着金属的氧化反应和阴极去极化剂的还原反应,金属电极在开路时测得的电极电位实际上并不是该金属的平衡电位,而是它的自腐蚀电位 E_{corr}。这样,无论对于实测的阳极极化曲线或阴极极化曲线,其电极电位的起点都是其自腐蚀电位 E_{corr},并且在测定过程中金属电极表

面始终同时存在着两个电化学反应,只不过不同的极化条件会加速某一个反应的速率而降低另一个反应的速率。

2）理想极化曲线及其与实测极化曲线的关系

理想极化曲线是指在理想电极上得到的极化曲线。理想电极是指在平衡状态和极化状态下电极表面只发生一个半电池反应的电极。因此,理想电极的开路电位即是它的平衡电位,并且在阳极极化或阴极极化条件下,电极电位的起点都是该电极的平衡电位。假设有两个不同的理想电极,对一个进行阴极极化,另一个进行阳极极化,分别得到它们的理想极化曲线。阳极极化曲线和阴极极化曲线将分别从两个理想电极的平衡电位出发,阳极极化曲线的 E 随着 i 的增加而升高,阴极极化曲线的 E 随着 i 的增加而降低,阳极极化曲线和阴极极化曲线相交于点 S,点 S 对应的电极电位和电流分别是自腐蚀电位和腐蚀电流。

理想极化曲线有助于分析电极反应的极化行为,了解多电极反应中各分反应对总反应的影响情况,以及加深认识腐蚀过程的作用机理等。然而,理想极化曲线是不能通过试验方法测得的,只能根据实测结果进行二次绘制,所以有必要搞清理想极化曲线和实测极化曲线两者之间的关系。

图 2-14 是实测极化曲线与理想极化曲线关系。图中给出了金属 M 在氢气饱和的非氧化性酸溶液中的理想阳极极化曲线和氢电极的理想阴极极化曲线。另外,图 2-14 还给出了金属 M 在该溶液中作为实际腐蚀体系的实测极化曲线。图中,实线 $E_c^e FSMC$ 和 $E_a^e PSNA$ 分别表示理想阴极极化曲线和阳极极化曲线;虚线 $E_{corr} GD$ 和 $E_{corr} QB$ 分别表示实测阴极极化曲线和阳极极化曲线。

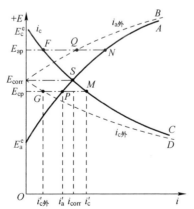

图 2-14　实测极化曲线与理想极化曲线关系

由图 2-14 可知,与理想阴极极化曲线和阳极极化曲线相交于点 S 不同,实测阴极极化曲线和阳极极化曲只是在它们的起点相交。如果采用电流的半对数作为横坐标,则理想极化曲线和实测极化曲线的关系如图 2-11 所示。

当没有进行外加电流或电位极化时,金属 M 处于自腐蚀状态,其表面同时进行着金属的氧化反应和氢气的还原反应,这时体系的腐蚀电位为 E_{corr},腐蚀电流密度 $i_{corr}=i_a=i_c$。

这时如果对体系进行外加电流或电位极化,体系的状态就将发生很大变化。采用恒电位法对体系进行阴极极化,设阴极极化电位为 E_{cp},如图 2-14 所示。由于电位降低到 E_{cp},腐蚀体系中原来的金属阳极氧化速率由 $i_a=i_{corr}$,原来的氢阴极析出速率由 $i_c=i_{corr}$ 增加到 i'_c,而两者之差就是外加净电流密度,即 $i'_{c外}=i'_c-i'_a$。当外加电位等于 E^e_a 时,$i_a=0$,$i'_{c外}=i'_c$,这时金属的腐蚀完全停止。因此,采用恒电位法对金属进行阴极极化可以起到腐蚀防护作用。由于恒电位法必须使用恒电位仪、参比电极等,因此实际工作中更常用的是恒电流极化法防止腐蚀,即通过施加阴极极化电流 $i'_{c外}=i'_c-i'_a$,使腐蚀体系的电位由自腐蚀电位 E_{corr} 降低到 E_{cp}。当阴极极化电流逐渐增大到使 $E_{cp}=E^e_a$ 时,$i_a=0$,$i'_{c外}=i'_c$,此时即可达到使金属的腐蚀完全停止。这就是电化学阴极保护的理论基础。

与上述讨论相反,当对腐蚀体系进行外加阳极极化时,腐蚀速率将会增加。读者可以根据图 2-14 进行分析。

3)理想极化曲线的绘制

根据实测极化曲线绘制理想极化曲线有如下两种方法:

(1)根据试验数据计算出理想极化曲线。在测定极化曲线的过程中,不仅记录外加电位(或电流)值及其相对应的电流(或电位)值,而且同时针对不同的阴极、阳极反应,采用相应的分析方法准确测定金属的溶解量或阴极反应物的消耗量或产物生成量,进而根据法拉第定律计算出 i_a 和 i_c,然后利用 $i_{c外}=i_c-i_a$ 或 $i_{a外}=i_a-i_c$ 计算出未知的 i_a 或 i_c,这样即可得到在电极电位 E_{cp} 下的 i_a 和 i_c 的值,并作出理想极化曲线。

上述绘制极化曲线的方法在实施过程中难度很大。当氢离子作为唯一的阴极去极化剂时,在极化过程中测量氢气的析出量较容易做到。但是,当阴极反应为氧气的还原反应时,无论是参加反应的反应物还是得到的产物,其量均难以测定,因此这时只能靠准确测定每一外加极化电位或电流下金属的溶解量来计算 i_a 和 i_c 的值。这在试验上虽然是可行的,但具体操作步骤是非常麻烦的。

(2)实测极化曲线的外推法。对于电化学极化控制的腐蚀体系,其实测极化曲线与理想极化曲线在强极化区(塔菲尔区)重合,因此可以利用实测极化曲线外推得到理想极化曲线,如图 2-15 所示。

采用外推法时还应当预先通过热力学数据计算出阴极、阳极的平衡电位,

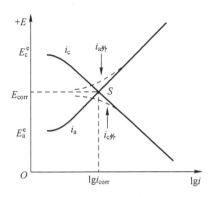

图 2-15　用实测极化曲线外推法绘制理想极化曲线

这是因为在塔菲尔区的外推是在半对数坐标上进行的,而当电极电位接近阴极或阳极的平衡电位($\Delta E < 50\mathrm{mV}$)时,电极电位与电流之间不再是半对数关系而是线性关系,所以这时应当在普通坐标系下进行外推。

与第一种方法相比,外推法的优点是避免了烦琐的试验操作,在电极电位远离阴极或阳极的平衡电位时有较好的准确性;缺点是该方法只适用于电化学极化控制的腐蚀体系,并且在电极电位接近阴极或阳极的平衡电位(或外加电流密度很小)时,外推法作图容易产生较大的误差。

2.5.2　腐蚀电化学测量试验方法

1. 试件制备

利用线切割方式将材料加工成 10mm×10mm,厚度 3mm 的试件,令其中一个 10mm×10mm 面为工作面,并在另一 10mm×10mm 面引出一根铜导线用于电化学测量。除工作面外,其他部分用直径 3cm、高 4cm 的 PVC 管和环氧树脂进行封装,如图 2-16 所示。封装后的试件保证工作面的四周无缝隙和气泡,同时工作面与铜导线间导通良好。待环氧树脂完全固化后,用水砂纸将外露工作面逐级打磨至1500#,并用无水乙醇和丙酮清洗、除油,吹干后,放入干燥皿中备用。

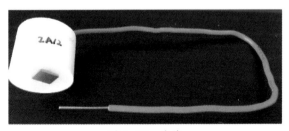

图 2-16　试件

2. 溶液状态下试验装置

参考 HB 5374—1987《不同金属电偶电流测定方法》中两种不同的电偶电流测定接线(图 2-17 和图 2-18),并利用现阶段较为先进的电化学测试设备,最终决定采用图 2-19 所示的电化学试验装置来进行测量。

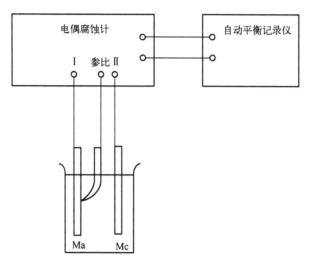

图 2-17 电偶腐蚀计的接线示意图

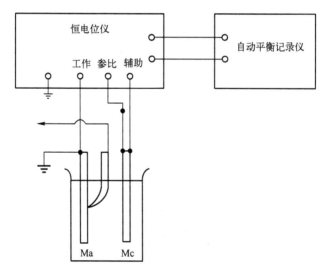

图 2-18 恒电位仪的接线示意图

图 2-19 中电解池在本试验中具体分为稳态极化曲线测量和电偶电流测量两种情况,如图 2-20 和图 2-21 所示。

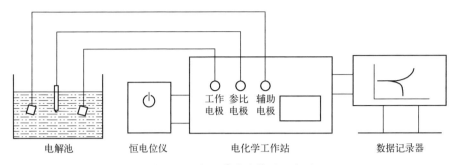

图 2-19　电化学试验装置示意图

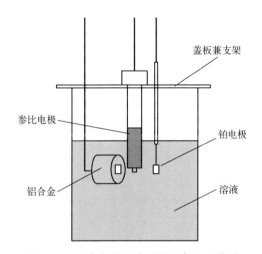

图 2-20　稳态极化曲线测量电解池示意图

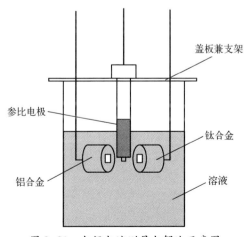

图 2-21　电偶电流测量电解池示意图

3. 液膜状态下试验装置

参考国内外相关文献,并结合实际对薄液膜下的电化学性能测试装置进行了改进。薄液膜的厚度与空气相对湿度密切相关,在大气环境下测量可能会由于环境湿度较低导致溶液蒸发较快,引起薄液膜厚度的不断变化,影响测量准确度。为此,参考李亚坤等的设计为薄液膜电化学测量装置加装了温湿度控制系统,如图 2-22 所示,测试溶液外部装有恒温水浴套筒并与外部恒温循环水浴相接,测量装置外部加装有保湿腔与加湿器相连。图 2-23 为薄液膜电化学测量系统的工作原理:控制加湿器输出的湿气量来调节测量装置内的相对湿度,由 HH-601(A)型循环恒温水浴锅(控温范围为室温至 100℃;控温精度为0.05℃)输出的恒温热水流经热交换器(由螺旋冷凝器改装而成,湿气由下往上流经螺旋管,热水由上往下流经螺旋管外部,进行充分热交换),加热测试装置中的溶液和湿气并保持恒定温度。

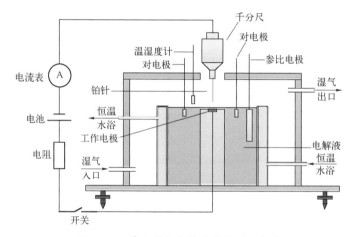

图 2-22　薄液膜电化学测量装置示意图

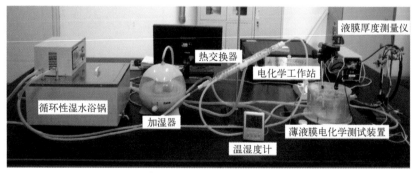

图 2-23　薄液膜电化学测量系统工作原理图

工作电极测量面大小仍为 10mm×10mm，便于打磨抛光成平整的镜面，从而使试样表面液膜厚度保持均匀、稳定，参比电极为饱和甘汞电极（Saturated Calomel Electrode，SCE），对电极的两个规格为 10mm×10mm 的铂片电极，电极安放位置如图 2-17 所示。

液膜厚度测量装置采用的千分尺精度为 1μm，前端安装铂针，测量回路串联有电池、电阻及高灵敏度电流表。进行厚度测量时，转动千分尺使铂针下移，一旦铂针与液膜接触，电流就会发生突变，而当铂针接触到铝合金表面时电流又有一突变，两次电流突变间铂针移动的距离即为液膜厚度。

电化学测量设备均为 PARSTAT 4000 电化学综合测试仪。其电压量程为 ±10V，电位分辨率为 1.5μV；电流量程为 40pA～4A，电流分辨率为 1.2fA。

4. 稳态极化曲线的测量

将制备好的试件连接到工作电极（Working Electrode，WE），饱和甘汞电极连接到参比电极（Reference Electrode，RE），铂电极连接到辅助电极（Counter Electrode，CE），并将 WE、RE 和 CE 置于电解槽溶液中，接入 PARSTAT 4000 电化学综合测试仪，整个装置组成三电极体系，如图 2-24 所示。

图 2-24　稳态极化曲线测量图

1）开路电位测量

在数据采集软件 VersaStudio 中，建立 Corrosion Open Circuit 文件，连接好各个电极后，设置测量时间为 5000s（稳定时间一般为 1000～2000s），开始测量并观察开路电位的变化情况，当开路电位变化范围稳定在 10mV 以内时，此时的开路电位达到稳定状态，由于开路电位不能直接表征电极反应的动力学过程，因此停止测量并转为极化曲线的测量。

2）极化曲线测量

极化曲线的测量采用动电位扫描法。在数据采集软件 VersaStudio 中,建立 Corrosion Open Circuit 和 Tafel 文件,设置开路电位测量时间为200s,极化曲线的扫描范围一般在开路电位上下 500mV 区间,扫描速率为 0.1667mV/s。此时测量得到工作电极的稳态极化曲线。

5. 电偶电流测量

将制备好的 2A12 铝合金试件连接到工作电极(WE),饱和甘汞电极连接到参比电极(RE),而将 TA15 钛合金试样连接到地线上,并将三者置于电解槽溶液中接入 PARSTAT 4000 电化学综合测试仪,如图 2-25 所示。在数据采集软件 VersaStudio 中,建立 Galvanic Corrosion 文件,开始测量,得到电偶电流曲线。

图 2-25　电偶电流测量图

2.5.3　腐蚀电化学测量数据处理

腐蚀过程中铝合金表面钝化膜的破损和修复会造成自腐蚀电位的波动,试验取自腐蚀电位稳定后的测量值。

由极化曲线可以判断电极反应的特征及控制步骤,可以看出金属在给定体系下可能发生的反应及腐蚀速率。当电极过程由电化学步骤控制时,电极反应过程的过电势与电流密度之间的关系可用 Bulter-Volmer 方程表示:

$$i = i_0 \left[\exp\left(\frac{\alpha nF\eta}{RT} \right) - \exp\left(-\frac{\beta nF\eta}{RT} \right) \right] \tag{2-102}$$

　　金属表面同时进行着金属的阳极氧化反应和 O_2、H^+ 的阴极还原反应,测量的极化曲线是腐蚀电极总的极化曲线,可称为表观极化曲线,如下式所示:

$$i = i_{corr}\left[\exp\left(\frac{\Delta E}{\beta_a}\right) - \exp\left(-\frac{\Delta E}{\beta_c}\right)\right] \tag{2-103}$$

式中:i 为极化电流密度(A/cm^2);i_{corr} 为自腐蚀电流密度(A/cm^2);ΔE 为极化值(V),即电极电位 E 与自腐蚀电位 E_{corr} 之差;β_a、β_c 分别为阳极和阴极 Tafel 斜率(V)。

　　在弱极化区($|\Delta E|$ 为 20~70mV),腐蚀过程中阴极、阳极反应的反应速度都大到不可忽略的程度,一般用式(2-103)表示电位与电流密度之间的关系。

　　当进入强极化区($|\Delta E|$ 为 100~250mV)后,电极反应的逆过程可以忽略,极化电流密度可分别表示为

$$i_a = i_{corr}\exp\left(\frac{\Delta E}{\beta_a}\right) \tag{2-104}$$

$$i_c = i_{corr}\exp\left(-\frac{\Delta E}{\beta_c}\right) \tag{2-105}$$

式中:i_a、i_c 分别为阳极和阴极极化电流密度(A/cm^2)。

　　将式(2-101)和式(2-102)式进一步整理,变成 Tafel 式的形式:

$$\Delta E = a \pm b\lg|i| \tag{2-106}$$

式中:b 为常用对数 Tafel 斜率;"+"代表阳极极化;"-"代表阴极极化。

　　由式(2-106)可见,ΔE 与 $\lg|i|$ 呈线性关系,直线的斜率即为阳极、阴极 Tafel 斜率。当金属处于自腐蚀电位时,阳极反应电流密度值等于阴极反应电流密度值的绝对值,在极化曲线图中可以将阳极和阴极极化曲线的直线部分外推到交点($\Delta E = 0$ 处),由交点的横坐标可求得自腐蚀电流密度 i_{corr},进一步可得到金属自腐蚀速率,这就是常用的 Tafel 直线外推法,如图 2-26 所示。

　　若极化曲线不规则,阳极或阴极极化区难以找到理想的 Tafel 区时,可单独利用阳极或阴极 Tafel 区求解自腐蚀电流密度。具体方法:延长阳极或阴极区 Tafel 直线,与直线 $\Delta E = 0$ 的交点即为自腐蚀电流密度 i_{corr}。使用 Cview 软件按不同方法求自腐蚀电流密度。

　　从极化曲线可测定铝合金的点蚀电位,如图 2-27 所示。图 2-27 为 25℃下 NaCl 质量分数为 3.5% 的中性溶液中 7B04 铝合金电流密度随电位的变化情况,延长图中两条不同斜率的直线,其交点即为 7B04 铝合金的点蚀电位 -700mV。当 7B04 铝合金的电位达到 -700mV 以后,电流急剧上升。

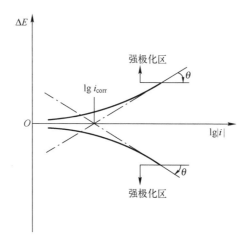

图 2-26　Tafel 直线外推法示意图

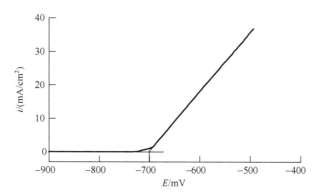

图 2-27　7B04 铝合金点蚀电位的测定

2.6　求解方法

2.6.1　有限差分法

　　有限差分法是最早出现的一种求解方法,其原理是用代数式近似代替原微分方程中的导数,采用一定的网格划分方式对所研究的场域进行离散化,把求解偏微分方程的问题转换成求解代数方程的问题,得到差分方程组(代数方程组),求解获得所研究场的电位分布和电流密度分布:

$$\frac{\mathrm{d}E}{\mathrm{d}x} \approx \frac{\Delta E}{\Delta x} = \frac{E(x+\Delta x)-E(x)}{\Delta x} \tag{2-107}$$

　　有限差分法能够有效解决二维问题,但在解决三维问题时剖分灵活性较差,对一些不规则边界处理不方便,这对于形状各异的飞机结构腐蚀预测是不合适的。且有时方程的收敛性和准确性存在问题,有限差分法存在的固有缺陷使其被边界元法和有限元法所取代。

2.6.2　边界元法

　　图 2-28 为包含了阴极、阳极和绝缘边界 S 的电解液三维求解域 V,区域 V 内点以 x(源点)表示,边界 S 上点以 y(观测点)表示。

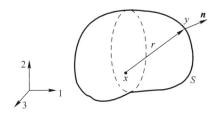

图 2-28　含边界 S 的三维求解域 V

　　对拉普拉斯方程应用格林(Green)公式,可获得边界积分方程:

$$c\phi(x) + \int_s \frac{\partial G(x,y)}{\partial \boldsymbol{n}}\phi(y)\mathrm{d}S - \int_s G(x,y)\frac{\partial \phi(y)}{\partial \boldsymbol{n}}\mathrm{d}S = 0 \qquad (2-108)$$

　　$G(x,y)$ 为拉普拉斯方程的格林函数,在二维和三维空间下有不同的表达式:

$$G(x,y) = \frac{1}{2\pi}\lg\left(\frac{1}{r}\right) \quad (二维) \qquad (2-109)$$

$$G(x,y) = \frac{1}{4\pi r} \quad (三维) \qquad (2-110)$$

式(2-108)~式(2-110)中:r 为 x 与 y 的距离;$\boldsymbol{n}$ 为积分域边界法向向量;ϕ 为电解液中某点 x 处电势;c 为边界形状系数,随 y 点的位置不同取值也不同,一般 $0<c<1$,如图 2-29 所示,图中阴影部分表示积分区域内。

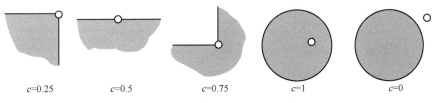

图 2-29　c 在不同位置的取值

式(2-108)为边界上的电势与电势梯度间的关系,按照给定的边界积分条件,可以求得边界上所有电势和电势梯度值。

随后进行边界离散化(S 表示 N 个边界元 S_j 的组合),并采用配置法及 M 插值函数 $W(\eta_1,\eta_2)$ 代表了各边界元的电位和法向电流密度,由此得出

$$c\phi(x) + \sum_{j=1}^{N}\sum_{k=1}^{M}H_{jk}\phi_{kj} - \sum_{j=1}^{N}\sum_{k=1}^{M}G_{jk}\frac{\partial\phi_{kj}}{\partial\boldsymbol{n}} = 0 \tag{2-111}$$

式中:H_{jk}、G_{jk} 分别为单层和双层电位的积分,且有

$$H_{jk} = \int_{S_j}\frac{\partial G(x,\vec{\eta})}{\partial n}W_k(\vec{\eta})\mathrm{d}S_j \tag{2-112}$$

$$G_{jk} = \int_{S_j}G(x,\vec{\eta})W_k(\vec{\eta})\mathrm{d}S_j \tag{2-113}$$

其中:$\vec{\eta}$ 为元素的局部坐标;$\mathrm{d}S_j$ 为积分的微分表面积(含雅可比矩阵)。使用插值函数表示第 j 项边界元素的电位和法向电流密度,其节点值(指数 k 代表配置节点)分别为

$$\phi(y) = \sum_{k=1}^{M}W_k(\eta_1,\eta_2)\phi_{kj} \tag{2-114}$$

$$\sigma_l\frac{\partial\phi(y)}{\partial n} = \sigma_l\sum_{k=1}^{M}W_k(\eta_1,\eta_2)\frac{\partial\phi_{kj}}{\partial n} \tag{2-115}$$

引入边界条件,根据式(2-111)可得一组代数线性方程,整理为式:

$$\boldsymbol{AX} = \boldsymbol{B} \tag{2-116}$$

式中:$\boldsymbol{A}$ 为系数矩阵;$\boldsymbol{X}$ 为未知边界值向量,它包括某一单元节点的未知电势值或未知电流密度值;$\boldsymbol{B}$ 为已知边界值向量,它包括已知电势或电流密度值。

其求解域边界外法向的电位和电流密度是未知的,式(2-108)和式(2-111)中的积分包含了积分域的边界。求解该方程组即可获得电位分布及电流密度分布。

通过格林公式对拉普拉斯方程降阶,三维问题可变为二维问题,大大减小了建模工作量,在复杂结构或无限域的模型计算时有着较好的应用;缺点是无法进行多物理场作用下的腐蚀模拟计算,无法实现瞬态腐蚀场下介质中物质浓度变化的计算,且对于不同介质分界面的边界条件还需做单独处理。

2.6.3 有限元法

有限元法是有限差分法和变分法的结合,与边界元法相似,可将整个求解域 V 分成有限个小单元,并使复杂的边界 S 分属不同单元。在单元范围内用低次多项式分片插值,再将它们组合起来,形成全域内的函数,组合求得连续场的

解。通过离散、变分处理后,可得到拉普拉斯方程的有限元方程组。

该方法可用于求解具有复杂边界的腐蚀场,且对于不同介质分界面的边界条件不需做单独处理,计算精度高;缺点是处理大型构件及复杂边界问题时计算量偏大,效率较低,计算结果收敛度不高。

2.6.4　有限元法的弱形式

参照弹性力学的虚位移原理,在微分方程两边分别乘以任意光滑的加权函数并在全域上进行积分,这个积分形式的方程称为原微分方程的弱形式。弱形式的核心思想是将微分方程变为积分方程,增强了函数的可微性,进而减轻数值算法的求导负担。对弱形式进行分部积分可使方程求导阶数降低,使三维问题降为二维问题,减小了工作量,提高了问题的可收敛性。加权函数又称为形函数或试函数,可用 test 表示。

以稳态腐蚀场为例,其形函数 test 为呈拉格朗日线性的电解质电位 $\phi(\mathrm{V})$,将腐蚀介质求解域内拉普拉斯方程转化为弱形式:

$$\int_V -\sigma_1\left(\frac{\partial\phi}{\partial x}\mathrm{test}\left(\frac{\partial\phi}{\partial x}\right)+\frac{\partial\phi}{\partial y}\mathrm{test}\left(\frac{\partial\phi}{\partial y}\right)+\frac{\partial\phi}{\partial z}\mathrm{test}\left(\frac{\partial\phi}{\partial z}\right)\right)\mathrm{d}V=0 \quad (2-117)$$

式(2-117)在计算中可将其积分阶次由 3 阶降至 2 阶,减少了工作量。式(2-34)可转化为弱形式:

$$\int_S I\mathrm{test}(\phi)\,\mathrm{d}S=\int_S f(\phi_s-\phi_1)\,\mathrm{test}(\phi)\,\mathrm{d}S \quad (2-118)$$

对于瞬态腐蚀场而言,其求解复杂程度和计算量要远高于稳态腐蚀场,但微分方程弱形式的转化原理一致,不同之处是微分方程不只有电位和边界条件方程,还涉及物质浓度、平衡反应等微分方程。形函数 test 为符合拉格朗日二次规律的电解质电位、物质浓度及反应速率等,由于涉及时间问题,求解的积分阶次升高为 4 阶。

应用弱形式后的有限元法更适合求解非线性多物理场耦合的腐蚀问题,减少了含复杂边界腐蚀场的计算量,提高了计算精度和收敛率。

2.7　计算流程

无论采用哪种求解方法,计算流程均分为前处理、数学模型计算和后处理三部分。

前处理包括几何模型的建立、边界条件的处理、电解质参数的设置、网格划分等,为模型计算部分做前期准备工作。几何模型的一致性、网格划分的合理

71

性和边界条件的准确性是影响腐蚀模型计算结果准确性的三大要素。几何模型应尽量与实际结构保持一致,但对于复杂结构,对模型细节可进行适当简化处理,结构表面腐蚀介质的面积和高度应与实际情况保持一致。网格划分过程中,对于电位和电流突变部位,要做到细分网格;对于变化平缓部位,可适当粗分网格。边界条件的准确性直接影响腐蚀预测和优化结果的可靠性,也是影响最严重的因素。模型的材料体系(包括金属材料种类、表面处理状态和保护层破损状况)应与实际结构选用体系完全一致;材料极化曲线测试环境应与结构服役环境(腐蚀介质几何形态、浓度和温度等)一致。

以上几种求解方法最后均可整理为式(2-116)的形式,数学模型计算部分即为对该线性代数方程组的求解。应当设定好收敛条件和求解迭代次数,若经过设定迭代次数的求算后仍未达到收敛条件要求,就需要对前处理的各个部分进行检查、修正,并重新设定相关求解迭代次数。

后处理部分分别对所求数据进行相关的分析,作图以使结果更为直观。具体的腐蚀模型计算流程如图2-30所示。

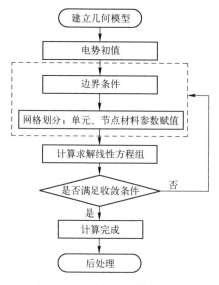

图2-30 腐蚀模型计算流程

第 3 章　基于稳态腐蚀场电偶腐蚀预测

3.1　引言

目前飞机机体结构采用了大量异种材料,主要有铝合金、钛合金、合金钢和碳纤维增强复合材料(Carbon Fibre Reinforced Plastics,CFRP)。且近年来 CFRP 的使用比例越来越高,空中客车 A350 上 CFRP 用量占全机结构重量比例高达 53%。树脂基体对碳纤维的包裹使 CFRP 导电性较差,但在紫外线照射、高温、高湿的恶劣环境下,树脂基体加速老化失效。图 3-1 为海南某机场曝晒 1 年的 CFRP 老化形貌,可以看出部分碳纤维裸露出来,大大增强了导电性。

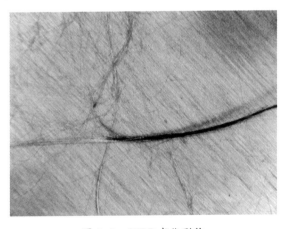

图 3-1　CFRP 老化形貌

飞机机体结构复杂多样,有些为封闭或半封闭结构,由于部分结构缺乏必要的防水和排水设计,海洋大气环境下,盐雾、湿气、雨水等进入并滞留其中形成含盐的腐蚀性介质,长时间浸泡,不仅使结构表面防护涂层失效,材料基体直接暴露于腐蚀溶液中,还会引发结构的腐蚀失效。同时,盐雾在飞机结构表面发生盐沉积,高湿度下沉积盐吸水在结构表面形成薄液膜等腐蚀性介质,使裸露的金属发生大气腐蚀。

若腐蚀介质连续且范围大,几种材料可能同时暴露于同一腐蚀介质中,低电位金属在发生自腐蚀的同时,还可能与高电位材料形成电偶作用而加速腐蚀,导致飞机结构发生严重损坏。对沿海现役飞机腐蚀现状调研发现,易积水结构、涂层脱落处特别是异种材料连接的地方往往是飞机结构腐蚀最为严重的区域。由于四种材料中铝合金的电位最低,故电偶腐蚀中一般作阳极优先腐蚀。异种材料连接头的几何形状、腐蚀介质的特性和范围以及所采用的缓解方法类型均会影响腐蚀程度和腐蚀速率。新型号飞机生产和服役速度的加快,使传统的基于经验的"找出并修复"的腐蚀防护措施面临挑战,基于腐蚀电化学理论的腐蚀预测将作为"找出并修复"方式的有力补充。建立腐蚀预测模型,有助于制定具有高性价比的腐蚀防护设计和维护方案。

本章基于第 2 章推导的稳态腐蚀场理论,建立并验证了 NaCl 本体溶液中和薄液膜下双/多电偶腐蚀模型,研究了溶液中和薄液膜下电偶腐蚀的规律。

3.2　溶液中电偶腐蚀预测及验证

3.2.1　电偶腐蚀模型

基于稳态腐蚀电场理论,分别建立 7B04 铝合金、CF8611/AC531 复合材料、TA15 钛合金和 30CrMnSiA 钢三种阴极材料的电偶腐蚀模型。铝合金阳极尺寸为 10mm×10mm,阴极材料尺寸为 Xmm×10mm,二者间距 10mm,如图 3-2 所示。求解域为长方体形状,考虑到电偶作用形成的腐蚀电场在电极附近,故底面积尺寸可根据电极大小适当降低,高度 h 保持不变,为 20mm。电解质溶液为 25℃下质量分数 3.5% 的 NaCl 溶液,测得电导率为 5.6S/m。

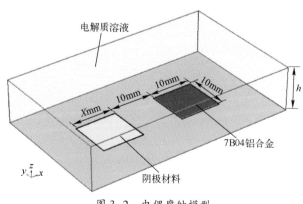

图 3-2　电偶腐蚀模型

采用四面体网格对求解域进行网格剖分,图 3-3 为阴极与阳极面积相等时电极附近的网格剖分情况。

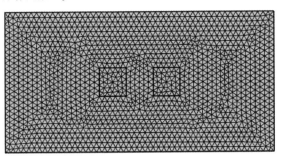

图 3-3　溶液中电偶腐蚀模型网格划分

3.2.2　边界条件

测得不同材料的极化曲线作为边界条件。打磨 CF8611/AC531 复合材料,使表面均露出碳纤维层,连接导线检查导电良好后,方可与 TA15 钛合金、30CrMnSiA 钢一起按照 2.5.2 节方法制备试件,试件尺寸同 7B04 铝合金试件。25℃下测量三种材料在 3.5%NaCl 溶液中的自腐蚀电位发现均高于 7B04 铝合金,与 7B04 铝合金耦合后均作阴极。故测量这三种阴极材料的极化曲线,其扫描起始电位应低于 7B04 铝合金自腐蚀电位,极化曲线如图 3-4 所示。

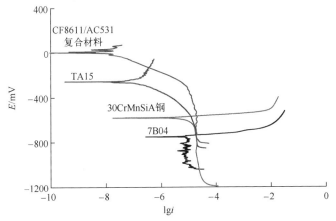

图 3-4　四种材料在 3.5%NaCl 溶液中的极化曲线(注:i 的单位为 A/cm^2)

CF8611/AC531 复合材料和 TA15 的阴极极化曲线均有明显的 Tafel 强极化区(自腐蚀电位以下 -100 ~ -250mV),分别进行 CF8611/AC531 复合材料和 TA15 材料拟合获得电化学动力学参数如表 3-1 所列。随着 CF8611/AC531 复合材料和 TA15 极化电位的下降,其阴极电流密度基本不再变化,说明阴极反应速率受 O_2 扩散步骤控制,O_2 扩散到电极表面立即被还原掉,此时的阴极电流密度为极限扩散电流密度 i_{lim},将其作为数值计算的一个约束条件。30CrMnSiA 钢进入阴极强极化区后,电流密度基本不再增加,有着与 TA15 几乎相同的极限电流密度。7B04 铝合金表面钝化膜受 Cl⁻ 干扰,导致其阴极电流密度较小且不稳定,其阳极极化曲线无明显 Tafel 区。可对 30CrMnSiA 钢阴极极化曲线和 7B04 铝合金阳极极化曲线进行内插函数分段三次样条线性拟合,区域以外进行线性外推,如图 3-5 所示。

表 3-1　CF8611/AC531 复合材料和 TA15 的电化学动力学参数

材料	E_{corr}/mV	I_{corr}/(μA·cm²)	I_{lim}/(μA/cm²)	β_c/mV
CF8611/AC531 复合材料	2.86	—	20.36	−101.62
TA15	−264.86	0.177	19.95	−131.7

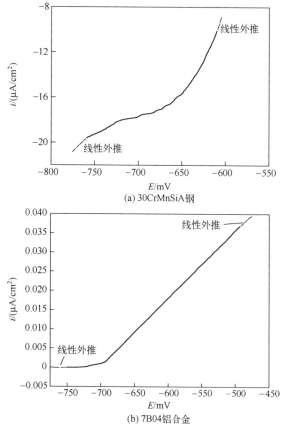

(a) 30CrMnSiA钢

(b) 7B04铝合金

图 3-5　30CrMnSiA 钢和 7B04 铝合金极化曲线分段线性拟合结果

3.2.3　计算结果

以 TA15 钛合金与 7B04 铝合金为例,TA15 尺寸取图 3-4 中 X 值为 10mm,即阴极与阳极面积比为 1:1,计算二者耦合后电极表面电位分布和电流密度分布,如图 3-6 所示。TA15 发生阴极极化,电位由 −264.86mV 负移至 −735mV,极化值为 −470mV,腐蚀速率降低;7B04 发生阳极极化,电位由 −751mV 正移至 −735mV 左右,极化值为 16mV,腐蚀加剧。−735mV 为两种材料耦合后的混合电位,可称其为电偶电位 $E_g(mV)$。

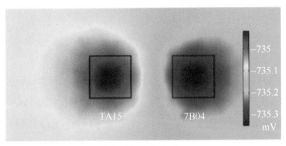

(a) 电极电位分布

(b) 电流密度(绝对值)分布

图 3-6　溶液中电极表面电位及电流密度分布

对 7B04 铝合金表面电流密度 i 进行积分

$$I_g = \iint i \, dA \qquad (3-1)$$

获得 TA15 与 7B04 之间的电偶电流 I_g,为 19.47μA。

按上述方法,计算 CF8611/AC531 复合材料、TA15 钛合金和 30CrMnSiA 钢与 7B04 铝合金耦合后,在三种阴阳极面积比(1:1、5:1 和 10:1,对应 X 值为 10mm、50mm 和 100mm)下的电偶电流 I_g,电偶电位 E_g 取阴极与阳极中间点的值,结果如表 3-2 所示。

表 3-2　溶液中电偶电位与电偶电流计算结果

阴极材料	阴极与阳极面积比 1:1		阴极与阳极面积比 5:1		阴极与阳极面积比 10:1	
	E_g/mV	I_g/μA	E_g/mV	I_g/μA	E_g/mV	I_g/μA
CF8611/AC531 复合材料	−735.16	18.91	−724.99	98.98	−717.84	194.44
TA15	−735	19.47	−725.20	96.27	−717.96	191.62
30CrMnSiA 钢	−735.39	18.73	−725.89	90.88	−718.67	180.3

　　从表 3-2 可以看出,在相同的阴极与阳极面积比下,虽然阴极材料自腐蚀电位各不相同,但在 7B04 铝合金自腐蚀电位以上 100mV 的范围内各阴极极化曲线相近,即电位与电流密度的关系基本一致,故耦合后的 E_g 相差不大。这说明材料间的电位差提供了电偶腐蚀的动力,电位与电流密度的关系决定了材料耦合后的极化值大小。

　　阴极与阳极面积比越大,7B04 铝合金阳极极化值越高,越接近其点蚀电位,电位的较小变化也会引起电流密度的剧变。故三种组合阴极与阳极面积比为 10:1 时,尽管 E_g 相差仅 0.12~0.83mV,I_g 却相差 2.82~14.14μA。

3.2.4　试验验证

　　参考 HB 5374—1987《不同金属电偶电流测定方法》及 PARSTAT4000 电化学工作站使用方法,设计了溶液中的电偶电流测量装置,如图 3-7 所示。参比电极置于阴极与阳极之间,以获得体系的电偶电位。测量时间为 10^4s,每 50s 记录一个电偶电流值。

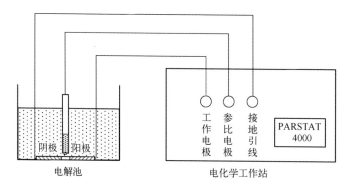

图 3-7　溶液中电偶电流电化学测量装置

　　由图 3-8 为溶液中 7B04 铝合金与不同阴极材料连接后的电偶电流。由图可以看出,电偶电流一般在 1000s 左右趋于稳定,只在小范围内上下波动。

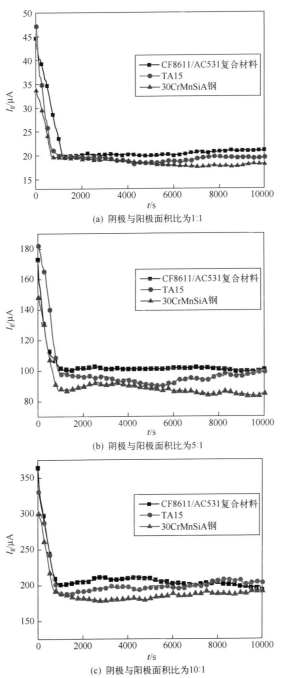

(a) 阴极与阳极面积比为1∶1

(b) 阴极与阳极面积比为5∶1

(c) 阴极与阳极面积比为10∶1

图 3-8　溶液中 7B04 铝合金与不同阴极材料连接后的电偶电流

取稳定后的电偶电流平均试验测量值与模型计算值进行对比如图 3-9 所示。进一步将电偶电位试验试验测量值与计算值进行对比如图 3-10 所示。可以看出,电偶电流和电偶电位试验测量值与计算值均表现出良好的一致性,说明了溶液中的电偶腐蚀模型有着较高的准确度。

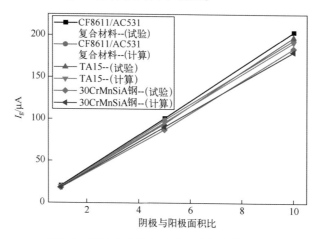

图 3-9　溶液中电偶电流试验值与计算值对比

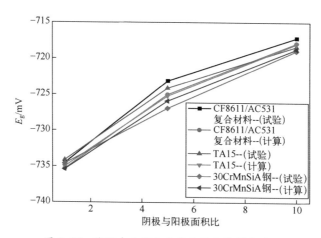

图 3-10　溶液中电偶电位试验值与计算值对比

相对误差表示了计算值与测量值的偏离程度,即

$$相对误差 = \frac{计算值-测量值}{测量值} \times 100\%$$

电偶电流与阳极材料的腐蚀速率有关,采用相对误差评估更能客观反映模型的准确程度。表 3-3 列出了电偶电流计算结果与平均测量值的相对误差。

从表 3-3 中可以看出,除面积比为 1∶1 时的 7B04 铝合金与 CF8611/AC531 复合材料耦合体系电偶电流相对误差大于 7% 外,其余相对误差均在 ±5% 以内,进一步说明电偶腐蚀模型预测结果的准确性。CF8611/AC531 复合材料容易吸湿,增大了碳纤维的暴露面积,使试验过程中反应电量增大,而面积比为 1∶1 时 7B04 铝合金与 CF8611/AC531 复合材料间电偶电流总量较小,微弱的改变也能引起相对误差的较大变化,导致相对误差在 7% 以上。

表 3-3　溶液中电偶电流计算结果与平均测量值的相对误差

阴极材料	阴极与阳极面积比 1∶1 相对误差/%	阴极与阳极面积比 5∶1 相对误差/%	阴极与阳极面积比 10∶1 相对误差/%
CF8611/AC531 复合材料	-7.53	1.61	2.13
TA15	-2.08	1.63	3.96
30CrMnSiA 钢	-4.69	-3.14	-2.27

3.3　薄液膜下电偶腐蚀预测及验证

3.3.1　电偶腐蚀模型

基于稳态腐蚀电场建立薄液膜下的电偶腐蚀模型。建模方法同 3.2.1 节,只是求解域长方体的高度 h 由 20mm 变为 100μm。液膜中 NaCl 的质量分数为 3.5%,由 2.4 节分析可知,电导率与液膜厚度无关,故仍取 5.6S/m。

采用四面体网格对求解域进行网格划分,图 3-11 为阴极与阳极面积相等时电极附近的网格剖分情况。由于薄液膜厚度限制及液膜较大的 IR 降,网格尺寸较溶液中的模型(图 3-11)更小,数量更多,且电极边缘及四角网格更为致密,在一定程度上增大了计算量。

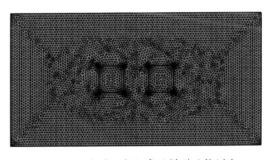

图 3-11　液膜下电偶腐蚀模型网格划分

81

3.3.2 边界条件

将待测试件置于薄液膜电化学测量装置中（图 2-18），添加 3.5%NaCl 溶液，调节湿度使液面厚度保持在 100μm 左右，测量 CF8611/AC531 复合材料、TA15 钛合金和 30CrMnSiA 钢与 7B04 铝合金在薄液膜下的极化曲线，测量温度为 25℃，扫描速率 1mV/s，极化曲线如图 3-12 所示。

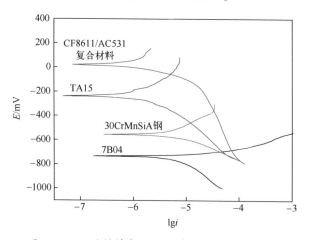

图 3-12　四种材料在 100μm 薄液膜下的极化曲线

与 NaCl 溶液中测量的极化曲线（图 3-4）不同，四种材料在薄液膜下的极化曲线均有较为明显的 Tafel 区，且在测量范围内均不存在极限电流密度，即阴极反应不受 O_2 的扩散过程控制。定常态下电极表面滞留层的厚度约为 100μm，相当于薄液膜的厚度，O_2 不经过溶液扩散过程即可抵达电极表面滞留层。薄液膜下材料的极限电流密度为

$$i_{lim} = zFD_{O_2}c_{O_2}/\delta \tag{3-2}$$

式中：zF 为还原 1mol O_2 所需要的电量，即为 4F；D_{O_2} 为 O_2 的扩散系数（m^2/s）；c_{O_2} 为溶液中的 O_2 溶解度（mol/m^3）；δ 为滞留层厚度（m）。

溶液中 O_2 的扩散系数、溶解度与温度和 NaCl 浓度有关，25℃下 O_2 的扩散系数可由 OLI Analyzer 软件计算获得，经计算，O_2 在 NaCl 溶液中的扩散系数和溶解度均随 NaCl 浓度的升高而降低，如图 3-13 和图 3-14 所示。

由图 3-13 和图 3-14 获得 3.5%NaCl 溶液中的 D_{O_2} 为 $1.97 \times 10^{-9} m^2/s$，$c_{O_2}$ 为 $0.22mol/m^3$。代入式（3-2）计算得材料在 100μm 薄液膜下的极限电流密度为 167.27μA/cm²，远高于溶液中的极限扩散电流密度（表 3-1），也高于图 3-12 中极化曲线的最大阴极电流密度 125.89μA/cm²。

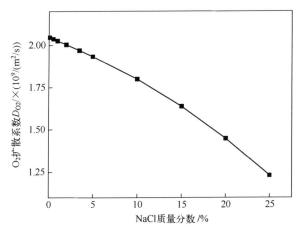

图 3-13　25℃下不同浓度 NaCl 溶液中 O_2 的扩散系数

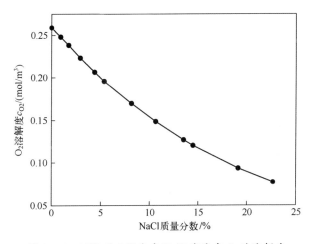

图 3-14　25℃下不同浓度 NaCl 溶液中 O_2 的溶解度

对图 3-12 中的四条极化曲线分别进行拟合,获得电化学动力学参数见表 3-4。

表 3-4　薄液膜下材料的电化学动力学参数

材料	E_{corr}/mV	I_{corr}/(μA/cm^2)	β_a/mV	β_c/mV
CF8611/AC531 复合材料	31.24	—	—	-915.01
TA15	-233.16	0.519	253.62	-363.82
30CrMnSiA 钢	-546.5	5.37	221.89	-180.1
7B04	-732.37	11.56	110.24	-308.26

3.3.3 计算结果

同样以 TA15 钛合金与 7B04 铝合金为例,阴极与阳极面积比也为 1∶1,计算二者耦合后电极表面电位分布和电流密度分布,如图 3-15 所示。可以看出,薄液膜下电极表面的电位分布范围为−700∼−655mV,远高于溶液中的电位分布情形。虽然液体电导率 σ_1 相同,但是微米级的液膜厚度极大地增加了液体电阻 R,使电极表面液膜电解质出现了较大的 IR 降,导致了电位分布范围较广。

电位自 7B04 试件右侧边缘向 TA15 试件左侧边缘递增(图 3-15(a)),对应的阴极、阳极最大电流密度出现在两试件靠近的中间边缘(图 3-15(b)),7B04 试件的最大电流密度约为最小电流密度的 8 倍。

(a) 电极电位分布

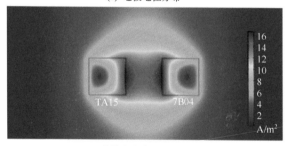

(b) 电流密度(绝对值)分布

图 3-15 薄液膜下电极表面电位及电流密度分布

由于电极表面电位分布范围较大且难以进行试验验证,故未计算电极表面的电偶电位。按式(3-1)方法,计算 CF8611/AC531 复合材料、TA15 钛合金和 30CrMnSiA 钢与 7B04 铝合金耦合,在三种阴极与阳极面积比(1∶1、5∶1 和 10∶1,对应 X 值为 10mm、50mm 和 100mm)下的电偶电流 I_g,结果如表 3-5 所列。

从表 3-5 可以看出,阴极与阳极面积比为 1∶1 时,薄液膜下阴极与阳极间的 I_g 均比溶液中的 I_g 高,且不同组合间差距较大,与 CF8611/AC531 复合材料之间的 I_g 最高。随着图 3-2 中阴极材料长度 X 的增加,其表面 IR 降也逐渐增大。

图 3-16 为 TA15 与 7B04 比例为 5∶1 时的电位分布图,可见 TA15 表面左、右边缘
电位相差近 100mV。故电流密度没有随面积增加而成倍增加,在面积比为 5∶1 和
10∶1 时甚至低于溶液中的 I_g 值。而 CF8611/AC531 复合材料在较大的阴极电位
范围内保持了较高的电流密度(图 3-12),故 I_g 增幅较 TA15 和 30CrMnSiA 钢大。

表 3-5　薄液膜下电偶电流计算结果

阴极材料	$I_g/\mu A$		
	阴极与阳极面积比 1∶1	阴极与阳极面积比 5∶1	阴极与阳极面积比 10∶1
CF8611/AC531 复合材料	61.46	186.85	232.83
TA15	39.7	102.5	123.33
30CrMnSiA 钢	32.5	64.73	71.84

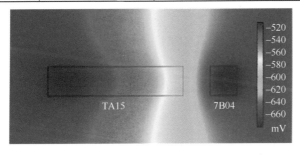

图 3-16　薄液膜下 TA15 和 7B04 面积比为 5∶1 时电极表面电位分布

3.3.4　试验验证

参考 HB 5374—1987《不同金属电偶电流测定方法》及图 2-18 薄液膜电化
学测量装置,设计了薄液膜下电偶电流测量装置,如图 3-17 所示。由于薄液膜
较大的 IR 降,电位测量误差较大,故取消了参比电极,只测量电极之间的电偶

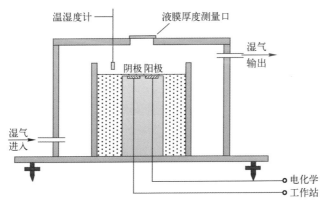

图 3-17　薄液膜下电偶电流电化学测量装置

电流。为保证电极表面薄液膜的稳定及减少腐蚀产物沉积对测量结果的影响，适当缩短电偶电流测量时间，总时间为 3600s，每 50s 记录一个电偶电流值。

图 3-18 为不同阴极与阳极面积比下，100μm 薄液膜下三种阴极材料与 7B04 铝合金连接后的电偶电流。电偶电流 I_g 一般为 500~800s 即趋于稳定，但随着时间的延长 I_g 呈下降趋势，且 I_g 越大下降趋势越明显，CF8611/AC531 复合材料与 7B04 面积比为 10:1 时，在 3600s 内下降了近 17μA。这是由于 7B04 铝合金腐蚀产物扩散受到限制，沉积在电极表面影响了阳极反应速率。

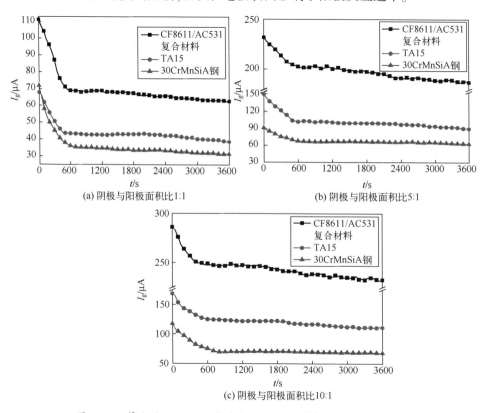

图 3-18 薄液膜下 7B04 铝合金与不同阴极材料连接后的电偶电流

取稳定后的电偶电流平均测量值与计算结果进行对比，如图 3-19 所示。从图 3-19 中可以看出：随着阴极与阳极面积比的增加，电偶电流 I_g 上升速率降低；I_g 越大，试验测量值与计算值相差越大，但总体保持了较好的一致性。相对误差分析显示(表 3-6)，除个例外(原因同 3.2.4 节)，其余相对误差均在 6% 以下，计算结果与测量值偏离较小，进一步说明薄液膜下的电偶腐蚀模型在 3600s 范围内的腐蚀初期有着较高的准确度。

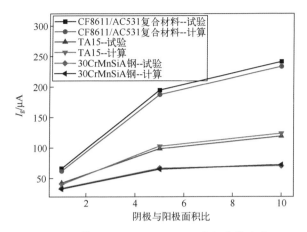

图 3-19　薄液膜下电偶电流试验值与计算值对比

表 3-6　薄液膜下电偶电流计算结果与平均测量值的相对误差

阴极材料	阴极与阳极面积比 1∶1 相对误差/%	阴极与阳极面积比 5∶1 相对误差/%	阴极与阳极面积比 10∶1 相对误差/%
CF8611/AC531 复合材料	−6.99	−5.87	−3.16
TA15	−4.10	4.22	−2.44
30CrMnSiA 钢	−3.52	3.77	2.42

3.4　多电极耦合体系电偶腐蚀预测及验证

3.4.1　多电极耦合腐蚀模型

　　基于稳态腐蚀电场建立多电极耦合腐蚀模型。将 CF8611/AC531 复合材料、TA15 钛合金、30CrMnSiA 钢和 7B04 铝合金四种材料连接在一起,形成多电极耦合体系。四种电极材料尺寸均为 10mm×10mm,其分布于直径 50mm 的圆形区域中,如图 3-20 所示。将多电极耦合体系分别置于:

　　(1) 3.5%NaCl 溶液中,溶液高度为 20mm;

　　(2) 3.5%NaCl 薄液膜下,液膜厚度为 100μm。

　　温度为 25℃室温,溶液电导率为 5.6S/m。

　　求解域网格划分采用四面体网格剖分方法,图 3-21 为分别处于溶液中和薄液膜下时的网格剖分情况。网格划分与 3.2.1 节、3.3.1 节方法相同,液膜下的网格划分更加致密。

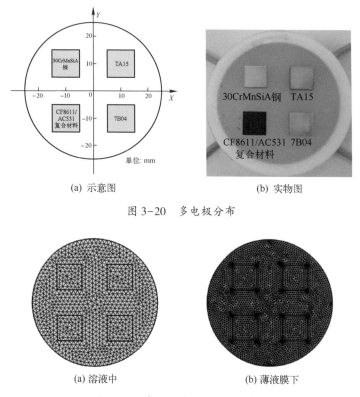

(a) 示意图　　　　　　　　(b) 实物图

图 3-20　多电极分布

(a) 溶液中　　　　　　　　(b) 薄液膜下

图 3-21　多电偶腐蚀模型网格划分

3.4.2　边界条件

四种材料在溶液中和薄液膜下的极化曲线(图 3-4、图 3-12)分别作为模型的边界条件。在耦合体系中,电位最高的 CF8611/AC531 复合材料确定作阴极,电位最低的 7B04 确定作阳极,可按 3.2.2 节和 3.3.2 节方法表示二者的阴极或阳极曲线并作为相应的边界条件。对介于两者之间的 TA15 和 30CrMnSiA 钢来说,其可能作阴极,也可能作阳极,可用分段线性插值函数表示二者的整条极化曲线并作为边界条件。

3.4.3　计算结果

图 3-22 为多电极耦合体系在溶液中的电位分布及电流密度分布情况。四种材料耦合后,其电偶电位 E_g 在 $-730mV$ 附近,处于 CF8611/AC531 复合材料、TA15 和 30CrMnSiA 钢三种材料的阴极极化区内。从图 3-4 可以看出,当电极电位为 $-730mV$ 时,三种材料阴极电流密度基本一致,均受 O_2 扩散步骤控制。故耦合后三

种阴极材料各自输出的电偶电流相差不大,均在 19μA 左右,如表 3-7 所列。

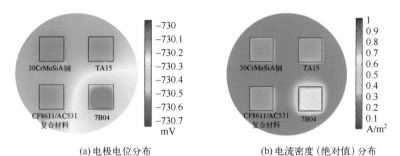

(a)电极电位分布　　　　　(b)电流密度(绝对值)分布

图 3-22　溶液中多电极耦合体系表面电位及电流密度分布

表 3-7　不同环境下多电极体系电偶电位与电偶电流计算结果

电解质	E_g/mV	I_g/μA			
		7B04	CF8611/AC531 复合材料	TA15	30CrMnSiA 钢
溶液	-730	57.02	-19.24	-19.33	-18.45
100μm 液膜	—	98.45	-56.74	-30.67	-11.04

图 3-23 为多电极耦合体系在 100μm 液膜下的电位分布及电流密度分布情况。相比溶液中的情况,液膜下四种材料耦合后,铝合金极化电位增加幅度较大,且较高的 IR 降使电极表面电位分布范围较广,故未给出体系电偶电位。电位分布从 -680mV 上升至 -590mV 左右,电位相差近 90mV,最高电位出现在 CF8611/AC531 复合材料表面,为 -585.71mV。由表 3-4 可知,CF8611/AC531 复合材料、TA15 和 30CrMnSiA 钢的自腐蚀电位均在 -585.71mV 以上,故三种材料仍都作阴极。

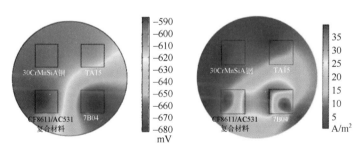

(a)电极电位分布　　　　　(b)电流密度(绝对值)分布

图 3-23　100μm 液膜下多电极耦合体系表面电位及电流密度分布

较宽的电位分布范围使几种材料之间的电偶电流变化较大,如表 3-7 所列。7B04 阳极电偶电流为 98.45μA,将近溶液中的 2 倍,腐蚀速率加剧;

CF8611/AC531 复合材料阴极电偶电流较溶液中增长近 2 倍,达 $-56.74\mu A$;TA15 阴极电偶电流增长 1.5 倍多,为 $-30.67\mu A$;距离 7B04 最远的 30CrMnSiA 钢阴极电偶电流出现了下降,较溶液中减少 $7.41\mu A$,为 $-11.04\mu A$。

3.4.4　试验验证

将图 3-20(b) 多电极耦合体系试件的四个电极连接在一起,分别置于溶液中和 $100\mu m$ 液膜下(NaCl 质量分数均为 3.5%,25℃),测试装置同图 3-7 和图 3-17。依次断开四个电极中任一个电极,通过电化学工作站测量这个电极与其他三个电极之间的电偶电流,即为该电极的电偶电流。每隔 5min 测量一遍,则在 2h 内不同电极间电偶电流随时间的变化如图 3-24 所示。

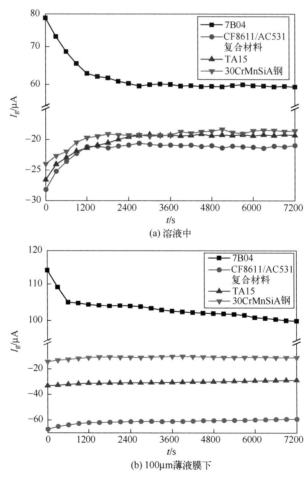

(a) 溶液中

(b) $100\mu m$ 薄液膜下

图 3-24　不同环境下多电极耦合体系的电偶电流

从图 3-24 可以看出,100μm 液膜下的 7B04 有着更高的电偶电流,腐蚀较溶液中严重。溶液中的四种电极间电偶电流在 1200s 左右时趋于稳定,随后上下波动但变化不大;100μm 液膜下四种电极间电偶电流在 600s 左右即趋于稳定,但随着反应时间的延长,7B04 铝合金电偶电流在 3600s 后出现明显的下降趋势,说明铝合金表面腐蚀产物的沉积降低了腐蚀的速率。

取稳定后的电偶电流平均测量值与模型计算结果进行对比,如图 3-25 所示。从图 3-25 中可以看出,溶液中和 100μm 液膜下电极间电偶电流计算值和试验值吻合较好。相对误差分析可以看出(表 3-8),体系与 CF8611/AC531 复合材料间电偶电流较高的相对误差,导致体系与 CF8611/AC531 复合材料之间电偶电流的相对误差也较高,但均在 9% 以下,其余相对误差小于 5%。整体上看电偶电流试验值与计算值保持了较好的一致性,说明电偶腐蚀模型在计算多电极耦合体系的初期腐蚀问题时有着较高的准确度。

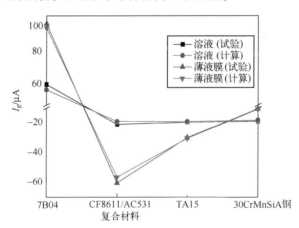

图 3-25 不同环境下多电极耦合体系间的电偶电流试验值与计算值对比

表 3-8 不同环境下电偶电流计算结果与平均测量值的相对误差

腐蚀介质	相对误差/%			
	7B04	CF8611/AC531 复合材料	TA15	30CrMnSiA 钢
溶液	−4.93	−8.47	−1.11	−2.28
100μm 液膜	−5.47	−6.32	1.61	3.31

第4章 典型异种金属电偶腐蚀当量加速关系

4.1 引言

4.1.1 当量折算理论

1. 单一金属的当量折算理论

当量折算系数用来确定实验室加速腐蚀环境谱,是连接实验室加速腐蚀环境和外场服役环境的桥梁。其基本原理是电荷守恒定律和物质守恒法则,根本原则是同种腐蚀机理和等量腐蚀损伤。在飞机机体中,金属结构腐蚀以电化学腐蚀类型居多,其本质是电化学反应,该过程始终伴随着电子转移和物质消耗,二者之间有着严格的等量关系。

对于任意化学反应:

$$\sum k\nu_s = 0 \tag{4-1}$$

式中:ν_s 为已配平的化学方程式中各反应物和生成物前的系数,称为化学物质的计量系数(始终为正);k 取值为

$$\begin{cases} k=1, & \text{反应物} \\ k=-1, & \text{生成物} \end{cases} \tag{4-2}$$

若记 ς 为化学反应进度,$n_s(0)$、$n_s(\varsigma)$ 分别为化学反应进度为 0、ς 时任一物质 s 在反应系统中的量,则有

$$n_s(\varsigma) = n_s(0) + k\nu_s\varsigma \tag{4-3}$$

对式(4-3)微分可得

$$dn_s(\varsigma) = k\nu_s d\varsigma \tag{4-4}$$

在反应进度的有限变化内,对于式(4-4),有

$$\Delta\varsigma = \frac{\Delta n_s(\varsigma)}{k\nu_s} \tag{4-5}$$

电化学反应与化学反应的不同之处在于,电化学反应中的电极反应过程有电子得失,因而会产生电流,故区别于式(4-1),下式适合于已配平的电极反应:

$$\sum k\nu_s + ze^- = 0 \tag{4-6}$$

式中：z 为电子 e^- 的计量系数，考虑到电子 e^- 在电极反应中仅用于传递电荷，其转移量 $\Delta n(e^-)$ 无所谓增减，故对所有电极反应，z 均取正值。

根据式(4-5)，在电化学反应进行一段时间 t 后，可得物质 s 增量同电子 e^- 转移量间如下关系：

$$\frac{\Delta n(s)}{k\nu_s} = \frac{\Delta n(e^-)}{z} \tag{4-7}$$

国际单位制规定，在使用物质的量时必须指明基本单元，而基本单元可根据需要灵活选取。同一种物质 s，当其基本单元是 s 或 bs 时，二者的物质的量浓度间存在如下关系：

$$c(s) = bc(bs) \tag{4-8}$$

为计算方便，取物质 s 的基本单元为 ν_ss，结合式(4-5)式(4-8)，有

$$\begin{cases} \Delta n(s) = \nu_s \Delta n(\nu_s s) \\ \Delta n(e^-) = z\Delta n(ze^-) \end{cases} \tag{4-9}$$

将式(4-9)代入式(4-7)中，可得

$$k\Delta n(\nu_s s) = \Delta n(ze^-) \tag{4-10}$$

若记在反应 t 时刻通过电极的电流强度为 I，则有

$$I = \frac{dq}{dt} \tag{4-11}$$

式中：q 为转移电荷数。

那么

$$q = \int_0^t I dt \tag{4-12}$$

又知，反应 t 时刻的转移电子总量为 $\Delta n(e^-)$，其携带的总电荷数为

$$q = \Delta n(e^-) \cdot F \tag{4-13}$$

则由式(4-12)和式(4-13)得

$$\int_0^t I dt = \Delta n(e^-) \cdot F \tag{4-14}$$

将式(4-9)、式(4-10)代入式(4-13)中，可得

$$q = k \cdot \Delta n(\nu_s s) \cdot zF \tag{4-15}$$

式(4-15)描述了电极反应中转移电荷数与物质变化量之间的关系。

对于单一金属，若其在不同环境中的腐蚀机理保持一致，即对任意参与反应的物质 s，保证了式(4-15)中的项 k、ν_ss、z 相同，那么当该金属的腐蚀损伤量相同时，转移电荷数也相同，即

$$q_1 = q_2 \tag{4-16}$$

式中:q_1、q_2 分别为该金属在两种不同环境中腐蚀时的转移电荷数。

结合式(4-12),建立该金属在两种环境中腐蚀时间 t_1、t_2 的关系:

$$\int_0^{t_1} I_1 \mathrm{d}t = \int_0^{t_2} I_2 \mathrm{d}t \tag{4-17}$$

式中:I_1、I_2 为与时间相关的函数,表示金属在两种环境中的腐蚀电流,对其长期监测后发现,除腐蚀初期有短暂性较大波动外,其余时间相对稳定,考虑到飞机服役年限长达 30 年,故可认为腐蚀电流基本不变,为常数。则由式(4-17)得

$$t_1 I_1 = t_2 I_2 \tag{4-18}$$

由式(4-18)变形可得

$$t_2 = \frac{I_1}{I_2} \cdot t_1 \tag{4-19}$$

若记 α 为当量折算系数,则有

$$\alpha = \frac{I_1}{I_2} \tag{4-20}$$

$$t_2 = \alpha t_1 \tag{4-21}$$

式(4-20)和式(4-21)描述了单一金属在不同环境下,基于同腐蚀机理和等腐蚀损伤原则的腐蚀时间换算关系。

2. 考虑电偶腐蚀影响的当量折算理论

陈跃良等给出了铝合金、结构钢等单一金属的潮湿空气对标准潮湿空气、不同浓度 NaCl 溶液对水介质、不同浓度酸溶液对水介质的当量折算系数。实践中,对异种材料结构开展实验室加速腐蚀试验时,在经这些系数换算得到的加速腐蚀周期内,金属腐蚀程度往往较在标准环境中严重。异种材料结构的电偶腐蚀能够加速阳极金属腐蚀速率,增大电极中腐蚀电流,而上述折算系数未加以考虑,是试验未能达到预期效果的原因。

若考虑电偶腐蚀影响,则通过阳极金属的腐蚀电流 I_2 应为其自腐蚀电流 I_s 与电偶电流 I_g 之和,即

$$I_2 = I_s + I_g \tag{4-22}$$

若标准环境采用水介质(标准自来水),则通过金属电极的腐蚀电流 I_1 为该电极在标准自来水中的自腐蚀电流 I_w,即

$$I_1 = I_w \tag{4-23}$$

若电偶腐蚀未改变金属腐蚀的电极反应表达式,即式(4-16)仍成立,便可根据式(4-20)得到电偶腐蚀影响下的当量折算系数为

$$\alpha = \frac{I_{\mathrm{w}}}{I_{\mathrm{s}}+I_{\mathrm{g}}} \tag{4-24}$$

4.1.2　实施方法

1. 关于实施方法的说明

从原理上看,如果针对指定结构部位和对应的地面停放(局部)环境与加速腐蚀试验环境,可直接测出对应的腐蚀电流 I_1 与 I_2,即可直接由式(4-20)计算出 α 值。但是,对于复杂的实际结构而言,这种想法工程上几乎无法实现。因此,工程上采用关键部位模拟试件通过当量折算法建立当量加速关系。

在编制出关键部位地面停放(局部)环境谱和确定了加速腐蚀试验环境谱的基础上,直接测定两种谱下模拟试件的腐蚀电流,在工程上也是很难实现的。这是因为地面停放(局部)环境谱的实现十分困难。而且由于腐蚀电流的测量是一项工作量和技术难度较大的试验工作,对每个关键部位均要完成这样的测量,从时间和经费上也是很不经济的。工程上可行的方法一般是通过测定不同温湿度下典型金属材料腐蚀电流来计算它们的不同组合对应的折算系数,同时,测定不同浓度的盐、酸溶液与水介质下的腐蚀电流,计算折算系数。以这些通用的折算系数为基础,计算各种结构以及不同的地面停放(局部)环境谱、加速腐蚀试验环境谱之间的折算系数。

2. 实施步骤

(1)编制地面停放(局部)环境谱,选定加速试验环境谱。

(2)将每年的地面停放(局部)环境谱作用折算为温度 $T=40℃$、湿度 RH = 90%的标准潮湿空气的作用时间 t_1。

(3)将每小时的加速腐蚀试验环境谱作用折算为温度 $T=40℃$、湿度 RH = 90%的标准潮湿空气的作用时间 t_2。

(4) $\dfrac{t_2}{t_1}$ 即为当量加速关系 β,即加速试验环境谱作用 1h 相当于地面停放 β 年。

4.1.3　各种典型环境之间的折算系数

1. 不同温度和湿度下潮湿空气之间的折算系数

陈跃良等测定了铝合金和结构钢在不同温度、湿度下的腐蚀电流,得到了对应的折算系数 α,为应用方便,取标准潮湿空气(温度 $T=40℃$,湿度 RH = 90%)的 $\alpha=1$。表 4-1 中给出了不同温度、湿度组合对应的 α 值。

表 4-1 潮湿空气与标准潮湿空气的折算系数

材料	RH	$T/℃$				
		20	25	30	35	40
铝合金	70%	0.16380	0.24440	0.32500	0.62526	0.92552
	80%	0.16707	0.29053	0.42600	0.73177	1.03753
	90%	0.11045	0.20700	0.29995	0.64997	1.0
钢	70%	0.09836	0.01454	0.17077	0.24143	0.55212
	80%	0.08934	0.10057	0.31608	0.42364	0.73048
	90%	0.05837	0.22919	0.40647	0.70959	1.0

2. 不同浓度 NaCl 溶液与水介质之间的折算系数

陈跃良等通过测量铝合金与结构钢在不同浓度 NaCl 溶液与水介质中的腐蚀电流,给出了对应的折算系数,见表 4-2。

表 4-2 不同浓度 NaCl 溶液与水介质的折算系数

NaCl 浓度	铝合金	钢
0.35%	0.643	0.558
0.5%	0.612	0.485
1.72%	0.335	0.417
3.5%	0.121	0.32
7%	0.0969	0.31

3. 不同浓度酸与水介质之间的折算系数

陈跃良等给出了铝合金与结构钢在不同浓度 HNO_3、HCl、H_2SO_4 水溶液与水介质之间的折算系数,见表 4-3。

表 4-3 不同浓度酸与水介质的折算系数

材料	酸浓度/(mg/L)	HNO_3	HCl	H_2SO_4
铝合金	0.1	0.267	0.454	0.635
	1	0.318	0.235	0.348
	2	0.353	0.110	0.302
钢	0.1	0.571	—	—
	1	0.467	0.368	0.467
	1	0.233	0.292	—

4.2　铝-钛电偶腐蚀行为与当量加速关系

沿海服役飞机的腐蚀受盐雾影响很大,与陆基飞机相比,腐蚀问题严重,更容易提前进入"老龄化"。有些飞机在设计过程中对防腐蚀设计考虑不足,导致在较短服役期内暴露出严重的腐蚀问题,需要返厂专检、维护甚至大修。随着飞机腐蚀问题引起越来越多的行业重视,对飞机结构寿命、维护、修理等提出了更高的要求。为探究腐蚀发生的原因和规律,工程上一般采用建立加速腐蚀试验环境谱,进行加速腐蚀试验的方法,使模拟件在较短的时间内达到与地面停放较长年限相同的腐蚀效果。再通过当量折算关系推算出实验室加速的时间当量实际地面停放环境下的腐蚀时间,以此作为飞机防腐蚀设计的依据,或者作为飞机维修间隔、结构寿命、大修时间等的判断依据。

本节在已有的单一金属折算关系的基础上,对飞机典型异种金属 2A12-T4 铝合金和 TA15 钛合金在不同浓度 NaCl 溶液中的电化学行为的试验和测量,并利用 Comsol 有限元软件对两种材料耦合时的电偶电流进行仿真计算,最终根据当量折算法求得两种材料耦合后在不同浓度 NaCl 溶液与水介质中的当量折算系数,并对常用的单一铝合金不同浓度 NaCl 溶液与水介质的当量折算系数进行讨论分析,在此基础上,对存在电偶腐蚀时的当量折算关系进行探究和计算。

4.2.1　不同 NaCl 浓度对当量折算系数的影响

1. 极化曲线

采用 2.5.2 节中所介绍的试验设备和试验方法测量得到 2A12-T4 铝合金与 TA15 钛合金在不同浓度 NaCl 溶液中的极化曲线如图 4-1 和图 4-2 所示。

从不同浓度 NaCl 溶液中 2A12-T4 铝合金的极化曲线(图 4-1)可以发现,2A12-T4 铝合金的自腐蚀电位随着 NaCl 浓度增加而不断降低,由 NaCl 浓度为 0.35% 时的 -480mV 下降到 7% 时的 -590mV,这是由于 NaCl 浓度增加,溶液中的 Cl⁻ 含量增多,对铝合金表面钝化膜的破坏作用加剧,使裸露的金属面积增加。另外,随着 NaCl 浓度的增加,溶液电导率增大,导电性能更好,从而使腐蚀速率增大,自腐蚀电位负移。其中,NaCl 浓度分别为 0.35% 和 0.5% 时的极化曲线很接近,主要是因为溶液中 NaCl 浓度变化很小,实际表现出来的电位差值也很小。在 NaCl 浓度比较高(浓度分别为 3.5%、5%、7%)时,三者的极化曲线也很接近,这是由于溶液中的 Cl⁻ 在铝合金表面呈饱和状态,随着浓度的增加,自腐蚀电位负移不大。

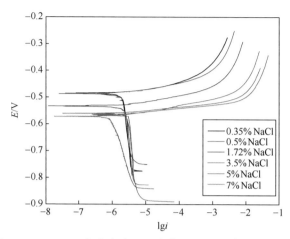

图 4-1 2A12-T4 铝合金在不同浓度 NaCl 溶液中的极化曲线

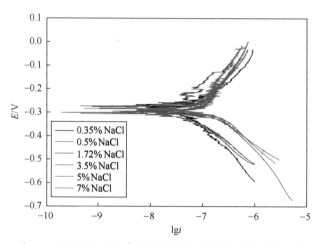

图 4-2 TA15 钛合金在不同浓度 NaCl 溶液中的极化曲线

从不同浓度 NaCl 溶液中 TA15 钛合金的极化曲线(图 4-2)可以发现,TA15 钛合金的自腐蚀电位几乎不受溶液浓度的影响,稳定在 −280~−300mV 之间,这说明 TA15 钛合金在 NaCl 溶液中是相对稳定的,符合钛合金的耐腐蚀特点。

为比较两种金属之间的电位差值,将 TA15 钛合金自腐蚀电位较低的极化曲线和 2A12-T4 铝合金自腐蚀电位较高的极化曲线放到同一幅图中,如图 4-3 所示。可见,TA15 钛合金的自腐蚀电位明显高于 2A12-T4 铝合金的自腐蚀电位,即两种材料相互接触时,存在较大的电位差,容易形成电偶腐蚀,且电位较高者(钛合金)为阴极,电位较低者(铝合金)为阳极。

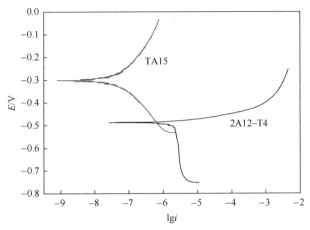

图 4-3 2A12-T4 铝合金和 TA15 钛合金的极化曲线对比

在拟合自腐蚀电流密度的过程中经常会由于阳极极化区难以找到理想的 Tafel 区而不易直接求得,此时自腐蚀电流密度将主要利用阴极极化区(数据不充分时,个别体系也会利用阳极弱极化区数据)求解。通过观察图 4-1 或图 4-3 均可发现,2A12-T4 铝合金在 NaCl 溶液中的极化曲线的阳极极化区十分平稳,即无明显 Tafel 区,故只能通过阴极极化区来求解 2A12-T4 铝合金的自腐蚀电流密度。拟合过程利用 Cview 软件,对图 4-1 中的极化曲线进行处理,选取电极电位以下 100~150mV 的电位区间,求得不同浓度 NaCl 溶液中 2A12-T4 铝合金的自腐蚀电流密度,列于表 4-4。

表 4-4 不同浓度 NaCl 溶液中 2A12-T4 铝合金的自腐蚀电流密度

溶液浓度	0.35%	0.50%	1.72%	3.50%	5%	7%
自腐蚀电流密度/($\mu A/cm^2$)	2.0590	2.1044	2.5814	3.2228	2.7521	1.0920

根据表 4-4 中数据可以发现,2A12-T4 铝合金的自腐蚀电流密度总体趋势:随着 NaCl 溶液浓度的增加,自腐蚀电流密度先增大后减小。通过分析可知,由于 NaCl 浓度较小时,对溶液中溶解氧浓度影响不大,但当溶液中 NaCl 浓度进一步增大时,溶解氧浓度降低,抑制了阴极的还原反应,从而导致自腐蚀电流密度减小。

2. 电偶电流

电偶腐蚀试验共进行了 36 组,包括 NaCl 浓度,阴极与阳极面积比两种因素,每种因素设置 6 个水平,组与组之间特点基本相同,在本节中,为便于说明问题,选取阴极与阳极面积比为 3:1 时的测量结果,列于图 4-4 和表 4-5 中,分析其变化规律,其他面积比下的测量结果列于表 4-6 中。

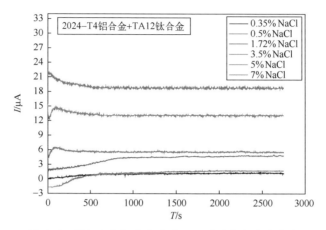

图 4-4   阴极与阳极面积比为 3∶1 时的电偶电流曲线

表 4-5   阴极与阳极面积比为 3∶1 时的电偶电流

溶液浓度	0.35%	0.5%	1.72%	3.5%	5%	7%
电偶电流/μA	1.272	1.665	4.720	5.269	13.410	18.752

由图 4-4 可以发现,在测量初期,阴极、阳极处的电极反应过程不稳定,导致电偶电流变化过程不一致,随着测量进行,大约 750s,反应逐渐达到平衡,电偶电流趋于稳定。另外,电偶电流随 NaCl 浓度的增加而变大。对图 4-4 中曲线进行拟合,可得到两种金属在不同浓度 NaCl 溶液中的电偶电流,如表 4-5 所示。

表 4-6   试验测量得到不同阴极与阳极面积比条件下的电偶电流

电偶电流/μA 溶液浓度 面积比	0.35%	0.5%	1.72%	3.5%	5%	7%
0.5∶1	0.167	0.286	0.665	1.061	2.262	3.885
1∶1	0.509	0.620	1.394	1.759	4.318	6.943
3∶1	1.272	1.665	4.720	5.269	13.410	18.752
5∶1	1.823	2.808	6.329	9.369	20.718	32.293
10∶1	4.445	5.464	10.719	18.444	40.918	58.207
20∶1	7.159	11.180	16.187	37.032	74.587	110.140

3. 仿真计算与验证

根据第 2 章中的电偶腐蚀模型,设置 TA15 钛合金和 2A12-T4 铝合金面积比为 3∶1(与上一节一致),通过仿真计算得到其在不同浓度 NaCl 溶液中的电偶电流,如表 4-7 所示。

表 4-7 仿真所得阴极与阳极面积比为 3∶1 时的电偶电流

溶液浓度	0.35%	0.5%	1.72%	3.5%	5%	7%
电偶电流/μA	1.115	1.723	4.183	5.605	12.807	19.189

将表 4-5 和表 4-7 中的两组电偶电流结果绘成折线,如图 4-5 所示。由图可以看出,当 NaCl 浓度较小时,电偶电流变化不大,当浓度大于 1.72% 时,电偶电流变化较大,可见较高的 NaCl 浓度对电偶电流影响较大。试验和仿真两种方法得到的电偶电流及变化趋势基本一致,说明仿真结果良好。在此基础上,又经仿真计算了不同阴极与阳极面积比条件下的电偶电流,结果如表 4-8 所示。

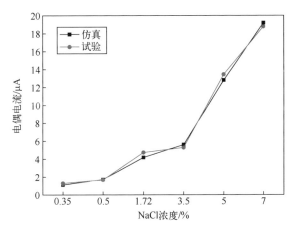

图 4-5 两种方法得到的电偶电流关系曲线

表 4-8 数值仿真计算不同阴极与阳极面积比条件下的电偶电流

电偶电流/μA　　溶液浓度　　面积比	0.35%	0.5%	1.72%	3.5%	5%	7%
0.5∶1	0.187	0.293	0.795	0.978	2.332	3.595
1∶1	0.436	0.609	1.549	1.820	4.762	7.044
3∶1	1.115	1.723	4.183	5.605	12.807	19.189
5∶1	1.901	2.791	5.683	9.446	21.518	32.410
10∶1	3.940	5.421	9.593	18.394	41.018	59.019
20∶1	7.207	10.174	15.454	36.832	75.806	111.080

比较表 4-7 与表 4-5 中数据发现,两者吻合良好,进一步证明了在研究电偶腐蚀的过程中,可以利用计算机进行仿真。考虑到试验测量过程中,由于操

作、试验设备、室内温度变化等因素均可能对试验结果产生影响,故接下来直接利用电偶电流仿真数据计算折算系数。

4. 加速腐蚀当量折算系数

1）当量折算系数

工程上广泛应用的单一金属在 NaCl 溶液与水介质中的当量折算关系,一般按照水介质中的自腐蚀电流 $0.8346\mu A$ 进行计算。故式(4-23)中水介质的自腐蚀电流取 0.8346A。表 4-9 给出了无电偶腐蚀时 2A12-T4 铝合金在不同浓度 NaCl 溶液中与水介质的当量折算系数。而将表 4-3 和表 4-4 中数据代入式(4-24)计算即可得到有电偶腐蚀时阴极与阳极面积比为 3∶1 时的当量折算系数,如表 4-10 所示。

表 4-9　无电偶腐蚀时 2A12-T4 铝合金不同浓度 NaCl 溶液与水介质的当量折算系数

溶液浓度	0.35%	0.5%	1.72%	3.5%	5%	7%
折算系数	0.4053	0.3966	0.3233	0.2590	0.3033	0.7643

表 4-10　电偶腐蚀时 2A12-T4 铝合金不同浓度 NaCl 溶液与水介质的当量折算系数

溶液浓度	0.35%	0.5%	1.72%	3.5%	5%	7%
折算系数	0.2630	0.2181	0.1234	0.0945	0.0536	0.0412

通过对比表中的数据可以发现,溶液浓度越高,腐蚀速率越快;电偶腐蚀对金属腐蚀的加速作用明显,在阴极与阳极面积比为 3∶1 条件下,加速了 2~6 倍。当 NaCl 浓度较大时,加速现象更加明显,这是由于溶液中氧气溶解度下降的缘故。故异种金属组合结构加速谱当量折算关系应考虑电偶效应。

2）不同面积比下的当量折算系数

根据仿真数据,针对不同阴极与阳极面积比的情况,对存在电偶腐蚀时不同浓度 NaCl 溶液与水介质的当量折算系数进行计算,结果如表 4-11 所示。

通过对比可以发现,电偶腐蚀加速作用明显。把表 4-11 中的数据转换成图 4-6 中的曲线,能够更加直观地发现在同一阴极与阳极面积比 η 时,NaCl 溶液浓度的增大,对当量折算系数影响很大。浓度越大,加速作用越明显,腐蚀速率越快。当浓度增大到一定程度时,腐蚀速率继续增加,但趋势明显减弱。同样,当 NaCl 浓度一定时,阴极与阳极面积比 η 对当量折算系数的影响也很大。大致规律是,面积比 η 越大,加速作用越明显,腐蚀速率越快,折算系数越小。不同阴极与阳极面积比的当量折算系数的差别随 NaCl 浓度的增加逐渐减小。可见,存在电偶腐蚀时,阴极与阳极面积比和 NaCl 浓度是当量折算关系的重要影响因素。所以在确定存在电偶腐蚀的当量折算关系时要考虑这两种因素的影响。另外,在实际飞机结构设计中应避免使用电位差较大的金属相接触和金属接触时的大阴极小阳极的现象,以及在飞机日常维护中应避免盐雾的大量沉积。

表 4-11　不同阴极与阳极面积比时的当量折算系数

折算系数 / 溶液浓度 / 面积比	0.35%	0.5%	1.72%	3.5%	5%	7%
0.5 : 1	0.3716	0.3481	0.2472	0.1987	0.1642	0.1781
1 : 1	0.3345	0.3075	0.2021	0.1655	0.1111	0.1026
3 : 1	0.2630	0.2181	0.1234	0.0945	0.0536	0.0412
5 : 1	0.2107	0.1705	0.1010	0.0659	0.0344	0.0249
10 : 1	0.1391	0.1109	0.0686	0.0386	0.0191	0.0139
20 : 1	0.0901	0.0680	0.0463	0.0208	0.0106	0.0074

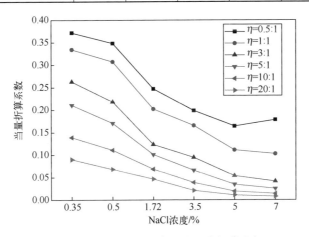

图 4-6　不同 NaCl 浓度时的当量折算系数

4.2.2　不同 NaCl 浓度、不同 pH 值对当量折算关系影响

一般情况下,当 pH 值为 4~9 时,铝合金表面钝化膜相对稳定,又考虑到实验室加速腐蚀环境谱中通常使用酸性溶液,因此,在本节研究过程中取溶液 pH 值为 1、2、3、4。另外,考虑到目前大多的污染海洋大气环境的主要酸性污染物为 SO_2,故溶液 pH 值的调节采用 98% 浓硫酸。

1. 极化曲线

根据电化学试验测量结果,2A12-T4 铝合金在三种浓度 NaCl、不同 pH 值溶液中的极化曲线如图 4-7 所示。

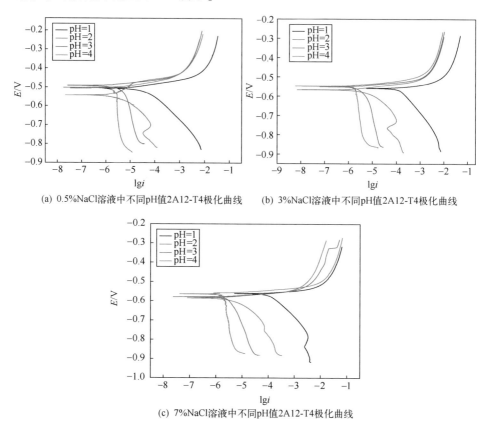

(a) 0.5%NaCl溶液中不同pH值2A12-T4极化曲线   (b) 3%NaCl溶液中不同pH值2A12-T4极化曲线

(c) 7%NaCl溶液中不同pH值2A12-T4极化曲线

图 4-7   2A12-T4 铝合金在不同浓度 NaCl、不同 pH 值溶液中的极化曲线

通过观察对比图 4-7(a)~(c)可以发现,在不同浓度 NaCl 溶液中,2A12-T4 铝合金自腐蚀电位随着 NaCl 浓度的增加而下降:在图 4-7(a)中自腐蚀电位在 -500mV 左右;在图 4-7(b)中自腐蚀电位下降到-550mV 左右;在图 4-1(c)中自腐蚀电位则继续下降到-570mV 左右。这与 2A12-T4 铝合金在不同浓度 NaCl 溶液中的现象一致,主要原因是溶液中不断增加的 Cl⁻ 对铝合金表面钝化膜破坏作用加剧;同时,NaCl 溶度增加,溶液电导率增大,导电性能良好,自腐蚀电位负移。

另外,酸性较大的溶液也可以溶解铝合金的钝化膜,但是通过图 4-7(a)~(c)可以发现,在相同 NaCl 溶液中 pH 值对 2A12-T4 铝合金自腐蚀电位几乎没有影响,但对于 2A12-T4 铝合金的自腐蚀电流密度影响明显。在图 4-7(a)~(c)中都容易发现:溶液 pH 值越小,2A12-T4 铝合金自腐蚀电流密度越大。在图 4-7(a)~(c)中均是 pH 为 4 时自腐蚀电流密度最小,pH 为 1 时自腐蚀电流密度最大。这是由于酸性溶液中存在大量 H⁺,氢的还原成为主要的阴极反应过程,此时氧的还原反应可以忽略,因此酸性越强,电流密度越大。

通过这两种情况可以发现,2A12-T4 铝合金自腐蚀电位的主要影响因素是 NaCl 的含量,而 pH 值的大小对自腐蚀电位的影响不大,对自腐蚀电流密度影响显著。

图 4-8 给出 TA15 钛合金在不同浓度 NaCl、不同 pH 值溶液中的极化曲线。

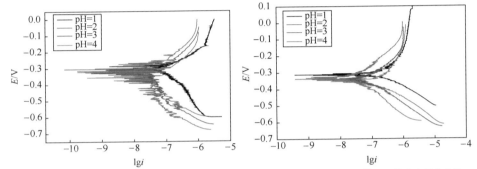

(a) 0.5%NaCl溶液不同pH值TA15钛合金极化曲线　　(b) 3.5%NaCl溶液不同pH值TA15钛合金极化曲线

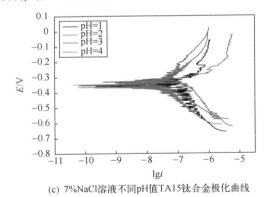

(c) 7%NaCl溶液不同pH值TA15钛合金极化曲线

图 4-8 TA15 钛合金在不同浓度 NaCl、不同 pH 值溶液中的极化曲线

由图 4-8(a)~(c)可以发现,在不同浓度 NaCl、不同 pH 值溶液中,TA15 钛合金的自腐蚀电位受 NaCl 浓度和 pH 值同时作用时的波动较小,波动范围稳定在-300~-370mV,均明显高于 2A12-T4 铝合金在此溶液中的自腐蚀电位,因此,当两种金属在这种电解质环境中相互接触时,同样存在较大的电位差,容易形成电偶腐蚀,电位较高的钛合金为阴极,电位较低的铝合金为阳极。

通过对比图 4-8(a)~(c)中不同 pH 值条件下的曲线还可以发现,其对自腐蚀电位没有影响,但对自腐蚀电流密度还是有一定影响的,pH 值越小,自腐蚀电流密度越大。但是与 2A12-T4 铝合金的极化曲线相比,不难发现,相同条件下 TA15 钛合金的自腐蚀电流密度要小 2~3 个数量级。这进一步说明了TA15 钛合金在溶液中相对稳定且具有优良的耐腐蚀特点。

相比于图 4-2 中 TA15 钛合金极化曲线,本节 TA15 钛合金极化曲线并没有太过明显的变化,只有其自腐蚀电位存在一定的负移。可能是由于当存在酸和 Cl^- 同时作用时,促进了阳极的电极反应,使钛合金的自腐蚀电位负移,导致在发生电偶腐蚀时,铝合金与钛合金之间的电位差与 3.2.3 相比有所减小,电偶加速作用减弱,这解释了本节中与 4.2.1 节 2. 电偶电流中,NaCl 浓度相同条件下,pH 值较小时电偶电流比只有 NaCl 作用的溶液中的电偶电流小的现象。

在计算 2A12-T4 铝合金在不同浓度 NaCl、不同 pH 值溶液中自腐蚀电流密度的过程中,依然存在极化曲线的阳极区十分平稳,无明显 Tafel 区间的现象,故仍通过阴极极化区来拟合 2A12-T4 铝合金的自腐蚀电流密度。同样,利用 Cview 软件拟合,过程与 4.2.1 节 1. 极化曲线中的一致。求得的 2A12-T4 铝合金在不同浓度 NaCl、不同 pH 值溶液中自腐蚀电流密度如表 4-12 所示。

表 4-12 不同浓度 NaCl、不同 pH 值溶液中 2A12-T4 铝合金的自腐蚀电流密度

电流密度/($\mu A/cm^2$) 溶液浓度 pH	0.5%	3.5%	7%
1	53.488	139.36	140.84
2	10.3861	14.813	11.731
3	5.9904	6.5990	3.9648
4	2.4598	3.6268	1.5981

根据表 4-12 中数据可以发现,当 pH 值的范围为 2~4 时,自腐蚀电流密度随 pH 值变化较为规律,pH 值越小,自腐蚀电流密度越大;NaCl 浓度越大,自腐蚀电流密度越大。而 7% 溶液中的腐蚀速率仍受水中溶解氧含量的影响,使阴极电极反应受到抑制,腐蚀速率有所减小。当 pH 值小于 2 时,自腐蚀电流增长了近 1 个数量级,这可能是当 pH 值小于某个值时,2A12-T4 铝合金钝化膜在溶液中的化学溶解速率过快,使其在溶液中难以自我修复而完全被破坏,腐蚀速率明显变大而导致的。

为进一步说明问题,又进行了 2A12-T4 铝合金在不含 NaCl、只有 H_2SO_4 的溶液中极化曲线的测量试验,对测量得到的极化曲线通过 Tafel 外推法,得到这种条件下的自腐蚀电流密度,列于表 4-13。

表 4-13 2A12-T4 铝合金在不同 pH 值溶液中的自腐蚀电流密度

pH	1	2	3	4
电流密度/($\mu A/cm^2$)	12.212	6.6954	3.1353	0.8607

从表4-13可以看出,pH值对自腐蚀电流密度确实有很大的影响,当溶液 pH为4时,此时与水介质中的自腐蚀电流密度相当,而在相同浓度的NaCl溶液中,pH值为4时的自腐蚀电流密度也相差不大,这是由于此时铝合金表面钝化膜刚刚开始溶解,且溶解速率很小。随着pH值的进一步减小,自腐蚀电流密度的变化明显增大。另外,对比表4-1、表4-12和表4-13不难发现,Cl⁻对腐蚀速率影响的重要程度,而当Cl⁻和酸性溶液同时作用时,会使腐蚀速率成倍的增长。对于pH为1时的溶液,大量H⁺的存在,会加速钝化膜溶解,而使酸溶液与金属基体相互接触,加快了析氢反应的进行,从而导致自腐蚀电流密度的迅速增加。

2. 电偶电流

2A12-T4铝合金与TA15钛合金电偶电流测量试验分为三种不同浓度 NaCl溶液,每种浓度溶液对应1、2、3、4四种pH值,共12组,每组测量又存在六种不同的阴极与阳极面积比。为简单、方便说明问题,本小节给出面积比为3:1 时的十二种条件下测量得到的电偶电流曲线图,分别如图4-9~图4-11所示。

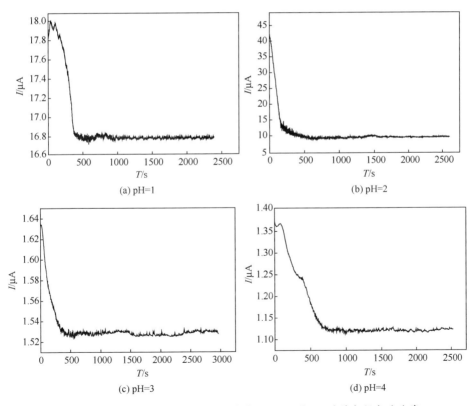

图4-9 试验测得0.5%NaCl、面积比为3:1、不同pH时的电偶电流曲线

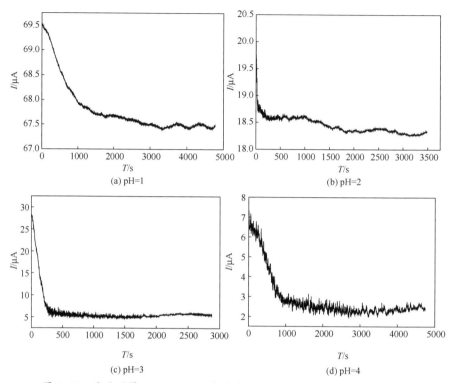

图 4-10　试验测得 3.5%NaCl、面积比为 3∶1、不同 pH 时的电偶电流曲线

本节中试验测量得到的电偶电流曲线数量较多,稳定时间差异比较明显,这是由于在酸性 NaCl 溶液作用下,除了存在 Cl^- 对氧化膜层的破坏作用,还有 H^+ 对氧化膜的溶解作用,以及钝化膜的自修复功能,可能还存在金属基体外露,金属中第二相与 H^+ 反应从而影响平衡,多种因素共同作用,所以每种情况的平衡时间有所不同。

根据图中电偶电流稳定阶段的曲线,拟合得到不同条件时的电偶电流值,如表 4-14 所示。

表 4-14　试验测得不同浓度 NaCl、不同 pH 值在阴极与阳极面积比为 3∶1 时的电偶电流

电偶电流/μA　溶液浓度 pH	0.5%	3.5%	7%
1	16.785	67.465	172.173
2	9.473	18.300	25.470
3	1.530	5.495	7.051
4	1.121	2.367	6.227

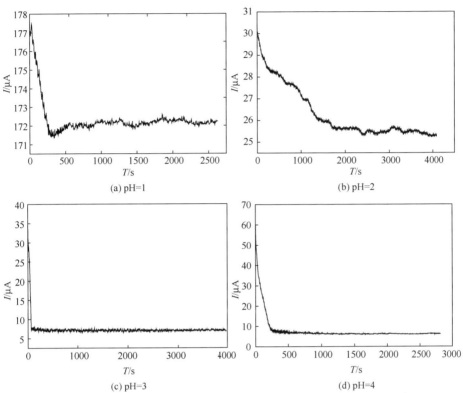

图 4-11 试验测得 7%NaCl、面积比为 3∶1、不同 pH 时的电偶电流曲线

通过观察以上三组不同浓度、不同 pH 值的电偶电流曲线可以发现,在试验初期,电极反应速率不同导致电偶电流变化不稳定,同时还存在试件自身差异对电偶电流变化过程的影响,从而每组试验的稳定时间不完全一致。在后期稳定平衡阶段,综合图 4-9~图 4-11 和表 4-14 可以看出,电偶电流变化规律为随浓度的增加而变大,随 pH 值的增加而减小。当 pH 值大于 2 时,对电偶电流的变化影响明显,其原因是 H^+ 的大量增加,加速了阳极反应,使金属在酸溶液中的溶解反应速率与电化学反应速率相比更为剧烈。

其他面积比时的变化规律基本一致,这里仅列出稳定阶段的拟合结果,如表 4-15~表 4-17 所示。

表 4-15 试验测得 0.5%NaCl 溶液不同 pH 值、不同阴极与阳极面积比时的电偶电流

电偶电流/μA \ 面积比 \ pH	0.5∶1	1∶1	3∶1	5∶1	10∶1	20∶1
1	4.563	6.001	16.785	27.389	45.064	67.780

（续）

电偶电流/μA pH \ 面积比	0.5:1	1:1	3:1	5:1	10:1	20:1
2	3.186	3.979	9.473	12.533	19.787	30.090
3	0.1895	0.4977	1.530	3.375	6.023	7.911
4	0.1963	0.3951	1.121	2.738	4.916	7.020

表4-16 试验测得3.5%NaCl溶液不同pH值、不同阴极与阳极面积比时的电偶电流

电偶电流/μA pH \ 面积比	0.5:1	1:1	3:1	5:1	10:1	20:1
1	19.632	23.727	67.465	115.019	208.011	425.812
2	3.894	7.135	18.300	28.172	52.093	97.195
3	1.212	2.247	5.495	8.333	13.379	25.584
4	0.461	0.799	2.367	4.042	8.265	15.936

表4-17 试验测得7%NaCl溶液不同pH值、不同阴极与阳极面积比时的电偶电流

电偶电流/μA pH \ 面积比	0.5:1	1:1	3:1	5:1	10:1	20:1
1	28.434	64.951	172.173	339.958	420.056	571.481
2	8.132	12.798	25.47	35.852	63.099	112.980
3	3.001	3.782	7.051	13.496	23.553	41.346
4	1.927	2.978	6.227	8.877	14.372	24.426

3. 仿真计算与验证

电偶腐蚀模型的建立与3.2.1中所介绍的一致。根据电偶腐蚀模型，在软件中设置TA15钛合金面积比2A12-T4铝合金和为3:1，通过仿真计算得到不同浓度NaCl、不同pH值溶液中的电偶电流，如表4-18所示。

表4-18 数值仿真计算得到不同浓度NaCl、不同pH值在阴极与阳极面积比为3:1时的电偶电流

电偶电流/μA pH \ 溶液浓度	0.5%	3.5%	7%
1	17.801	66.880	175.560

（续）

电偶 电流/μA 溶液浓度 pH	0.5%	3.5%	7%
2	8.441	17.423	23.679
3	1.772	5.788	7.930
4	1.253	1.976	6.731

对比试验和数值仿真两种方法得到的电偶电流,并将其绘制成折线图进行分析,如图4-12所示。

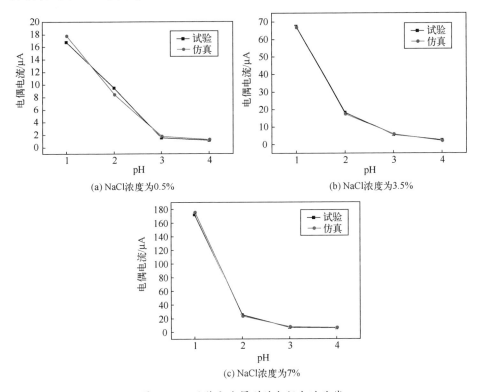

图 4-12　两种方法得到的电偶电流曲线

从图4-12中可以发现,在每种溶液浓度下,不同pH值时,两种方法得到的结果均比较接近。同时还能更明显地看出,当pH值大于2时,电偶电流变化显著,此时试验和仿真两种方法都很好地体现出了其变化规律,再一次验证了研究电偶腐蚀过程中可以利用计算机进行模拟。

4. 加速腐蚀当量折算系数

1）当量折算关系

本小节以阴极与阳极面积比为 3∶1 时情况为例,给出在不同浓度 NaCl 不同 pH 值溶液中,无电偶腐蚀和有电偶腐蚀时的当量折算系数(表 4-19 和表 4-20),并分析此种条件下的电偶加速作用。

表 4-19　无电偶腐蚀时 2A12-T4 铝合金不同浓度 NaCl、不同 pH 值溶液与水介质的当量折算系数

折算系数 pH ＼ 溶液浓度	0.5%	3.5%	7%
1	0.0156	0.0060	0.0059
2	0.0804	0.0563	0.0711
3	0.1389	0.1259	0.2111
4	0.3385	0.2031	0.5223

表 4-20　有电偶腐蚀时 2A12-T4 铝合金不同浓度 NaCl、不同 pH 值溶液与水介质的当量折算系数

折算系数 pH ＼ 溶液浓度	0.5%	3.5%	7%
1	0.0117	0.0041	0.0026
2	0.0443	0.0259	0.0236
3	0.1079	0.0674	0.0701
4	0.2248	0.1490	0.1001

由表中数据可以发现:当量折算系数随 NaCl 浓度的增加而减小,腐蚀速率加快;随 pH 值的增加而增大,腐蚀速率加快。即浓度越大,酸性越强,当量折算系数越小,腐蚀速率越快。当存在电偶的加速作用时,当量折算系数均小于不存在电偶腐蚀的情况,也就是说电偶腐蚀可以加快腐蚀进程。

2）不同面积比下的当量折算系数

在 4.3.1 节的基础上,又根据仿真数据,针对不同阴极与阳极面积比的情况,对存在电偶腐蚀时不同浓度 NaCl、不同 pH 值溶液与水介质的折算系数进行计算,结果如表 4-21~表 4-23 所示。

表 4-21　0.5%NaCl、不同 pH 值不同阴极与阳极面积比时的当量折算系数

折算系数＼pH ＼面积比	1	2	3	4
0.5∶1	0.0142	0.0643	0.1341	0.3194
1∶1	0.0138	0.0556	0.1267	0.2880
3∶1	0.0117	0.0443	0.1075	0.2248
5∶1	0.0105	0.0389	0.0961	0.1819
10∶1	0.0086	0.0294	0.0736	0.1219
20∶1	0.0068	0.0200	0.0561	0.0936

表 4-22　3.5%NaCl、不同 pH 值不同阴极与阳极面积比时的当量折算系数

折算系数＼pH ＼面积比	1	2	3	4
0.5∶1	0.0053	0.0460	0.1111	0.2106
1∶1	0.0052	0.0395	0.1005	0.1912
3∶1	0.0040	0.0259	0.0674	0.1490
5∶1	0.0033	0.0199	0.0580	0.1161
10∶1	0.0024	0.0127	0.0393	0.0780
20∶1	0.0015	0.0076	0.0247	0.0452

表 4-23　7%NaCl、不同 pH 值不同阴极与阳极面积比时的当量折算系数

折算系数＼pH ＼面积比	1	2	3	4
0.5∶1	0.0049	0.0443	0.1331	0.2149
1∶1	0.0040	0.0361	0.1172	0.1666
3∶1	0.0026	0.0236	0.0702	0.1002
5∶1	0.0017	0.0181	0.0500	0.0847
10∶1	0.0015	0.0114	0.0316	0.0554
20∶1	0.0012	0.0066	0.0187	0.0329

对比工程上应用较多的表 4-2 和表 4-3 可以看出,在酸和盐同时作用的情况下,电偶腐蚀的加速作用依然明显。同样,将当量折算系数表转换成曲线图来观察,如图 4-13 所示。在图 4-13(a)~(c)中,仅有三种浓度,为能使图层反映更多

问题,在图中主要给出 pH 值、阴极与阳极面积比和当量折算系数三者间的关系。

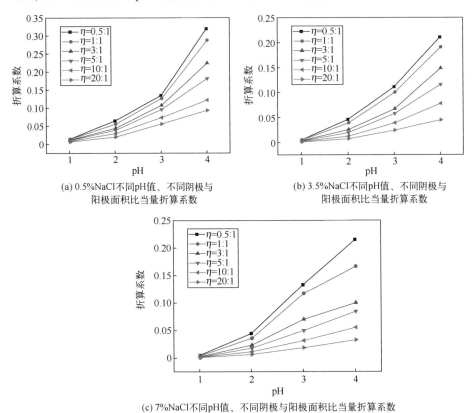

(a) 0.5%NaCl不同pH值、不同阴极与阳极面积比当量折算系数

(b) 3.5%NaCl不同pH值、不同阴极与阳极面积比当量折算系数

(c) 7%NaCl不同pH值、不同阴极与阳极面积比当量折算系数

图 4-13 不同 NaCl 浓度、不同 pH 值、不同阴极与阳极面积比折算系数曲线

由图 4-13(a) ~ (c)容易看出,折算系数随着 pH 值的增大而增大,加速作用减弱;而当 pH 值一定时,阴极与阳极面积比的增加引起当量折算系数的减小,加速作用增强;在图中虽看不出 NaCl 浓度与当量折算系数的关系,但是从 4.2.1 节中的结论及本节中的当量折算系数表中均可以看出溶液中 NaCl 浓度越大,当量折算系数越小,加速作用越明显。另外,由图 4-13(a) ~ (c)还有一个共同的特点,当 pH 值为 1 时,折算系数值都很小,在图中几乎重合,这种情况虽在实验室加速腐蚀试验中很少应用,但从另一方面反映了飞机服役过程中必须做好酸性环境中的保护工作;而且有研究表明,在大气缝隙腐蚀过程中,随着时间的推移,缝隙内部腐蚀介质的 pH 值是不断降低的,也就是说腐蚀速率是随着时间不断加快的,这应引起相关工作者的重视。

对于 pH 值为 1 时的情况,在实际实验室加速腐蚀试验过程中很少采用,而且通过 4.2.2 节的试验可以发现,在 pH 值为 1 时,自腐蚀电流密度、电偶电流大小等与其他 pH 值情况有较大区别。这可能是由于溶液中酸性过强,影响了本来金属在溶液中的氧化还原反应,析氢腐蚀取代了吸氧腐蚀而成为主要反应过程。而在实际环境中,除书中提到的时间较长的大气缝隙腐蚀外,强酸性环境并不多见,因而 pH 值为 1 时的当量折算系数的工程意义要小于其他情况下。

4.3　铝-钢电偶腐蚀行为与当量加速关系

4.3.1　电偶效应对当量折算系数的影响

本节在已有的单一铝合金和钢的当量折算系数的基础上,以飞机上常用的 7B04 铝合金和 30CrMnSiA 高强钢作为研究对象,通过电化学实验、周期浸润试验、数值模拟等方法对耦合后的当量折算系数进行研究,得到与 30CrMnSiA 钢耦合的 7B04 铝合金在不同浓度 NaCl 溶液与水介质中的折算系数。

1. 极化曲线

在不同浓度 NaCl 溶液以及水介质中,7B04 铝合金的动电位极化曲线如图 4-14 所示,横坐标为试件腐蚀电流的常用对数,纵坐标为电极电位。在 NaCl 溶液中,极化曲线的阳极区均存在一段电流密度急剧增大区,无理想的 Tafel 区。因此,采用对阴极进行拟合的方法得到自腐蚀电流密度,将各电化学参数列于表 4-24 中,表中 i_{corr} 为试样的自腐蚀电流密度,E_{corr} 为自腐蚀电位。可见,随着 NaCl 浓度的升高,Cl^- 含量增加,对 7B04 铝合金表面钝化膜的破坏作用增强,电极表面的有效反应面积增大,自腐蚀电位明显负移,自腐蚀电流密度变大。然而,钝化膜可吸附 Cl^- 的含量是一定的,使得自腐蚀电流密度和自腐蚀电位趋于稳定。而水介质中的铝合金试件阳极反应没有明显的点蚀区,自腐蚀电位较高,接近 -400mV。

表 4-24　不同浓度 NaCl 溶液中 7B04 铝合金的电化学参数

参　　数	水	NaCl 浓度			
		0.35%	0.5%	3.5%	7%
$i_{corr}/(\mu A/cm^2)$	0.3824	0.8243	0.9941	1.5577	1.6692
E_{corr}/V	-0.4145	-0.6711	-0.6794	-0.7251	-0.7469

在不同浓度 NaCl 溶液中,30CrMnSiA 钢的动电位极化曲线如图 4-15 所示。利用 Tafel 直线外推法得到相关的各电化学参数列于表 4-25 中。在试验

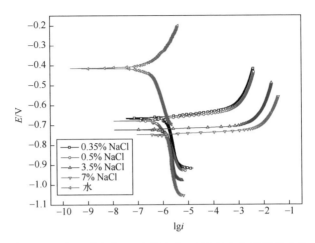

图 4-14　在不同浓度 NaCl 溶液中 7B04 铝合金的极化曲线

过程中可以观察到,30CrMnSiA 钢是活性很高的金属,在电解质溶液中极易发生腐蚀,2min 左右就会产生肉眼可见的明显锈斑。另外,随着 Cl⁻ 浓度升高,30CrMnSiA 钢的自腐蚀电流密度变大,自腐蚀电位负移,腐蚀速率增大。将3.5%NaCl 溶液中两种金属的极化曲线列于图 4-16 中,可以发现,30CrMnSiA 钢的自腐蚀电位明显比 7B04 铝合金的自腐蚀电位高,因此,当二者接触时易发生电偶腐蚀,以低电位的铝合金为阳极,其表面主要发生 Al 的失电子过程,即氧化反应;以电位较高的钢作为阴极,其表面主要发生 O_2 的还原反应,电化学反应式为

$$Al-3e^- \longrightarrow Al^{3+}$$
$$O_2+2H_2O+4e^- \longrightarrow 4OH^-(aq)$$

表 4-25　不同浓度 NaCl 溶液中 30CrMnSiA 钢的电化学参数

参　数	水	NaCl 浓度			
		0.35%	0.5%	3.5%	7%
$I_{corr}/(\mu A/cm^2)$	1.2023	4.8749	5.2325	6.3316	8.8949
E_{corr}/V	-0.3754	-0.4108	-0.4136	-0.4353	-0.4636

　　根据陈跃良等研究得到铝合金在水介质中的自腐蚀电流密度为0.8346μA/cm²。但是,不同牌号的合金组分不同,电化学反应过程也会有所不同。因此,在进行当量折算时,选用试验测得的 7B04 铝合金在水介质中的自腐蚀电流密度作为参考。

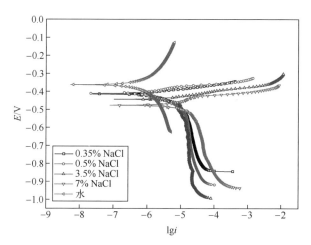

图 4-15 在不同浓度 NaCl 溶液中 30CrMnSiA 钢的极化曲线

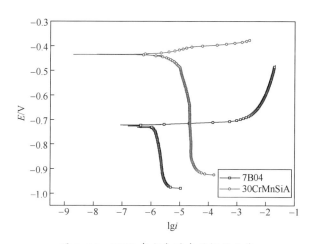

图 4-16 7B04 在水介质中的极化曲线

2. 电偶电流及电偶电位

不同浓度 NaCl 溶液中 7B04 铝合金和 30CrMnSiA 钢接触后的电偶电流以及电偶电位随时间的变化如图 4-17 和表 4-26 所示,两电极的面积比为 1∶1,表中 I_g 为电偶电流,E_g 为电偶电位。可以发现,电流经过初期迅速下降后基本保持稳定,在浓度低于 3.5% 时,电偶电流随 NaCl 浓度的升高而增大,这个阶段活性阴离子 Cl^- 具有较强的反应能力,铝合金在电偶电池中处于较高的活化状态,其电偶电流也较大。在低浓度区间电偶电流变化不大,几乎处于平台区。当浓度大于 3.5% 时,Al^{3+} 进入溶液的速度减慢,抑制了铝合金的阳极极化;O_2 的溶解度降低,阴极反应受到抑制,导致电偶电流减小。此外,随着 NaCl 浓度的升高,电偶电位不断负移,但始终位于 30CrMnSiA 钢和 7B04 铝合金的自腐蚀电位之间,且更靠近铝合金的参数。

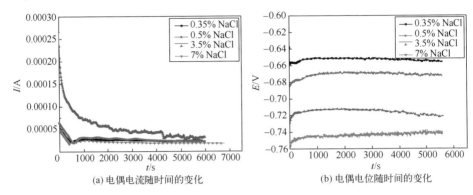

(a) 电偶电流随时间的变化　　　　　　(b) 电偶电位随时间的变化

图 4-17　不同浓度 NaCl 溶液中电偶电流和电偶电位随时间的变化

(阴极与阳极面积比为 1:1)

表 4-26　电偶电位与电偶电流的试验结果

阴极与阳极面积比	NaCl 浓度							
	0.35%		0.5%		3.5%		7%	
	E_g/mV	I_g/μA	E_g/mV	I_g/μA	E_g/mV	I_g/μA	E_g/mV	I_g/μA
1:1	-665.20	19.260	-673.30	22.109	-720.66	23.185	-742.68	17.872

3. 微观形貌及腐蚀坑测量

利用周期浸润箱进行腐蚀试验。取部分电化学试件均分成 A、B 两组,A 组中铝合金试件与钢试件两两耦合,B 组所有试件相互独立。将 A、B 两组试件按照 GB/T 19746—2005《金属和合金的腐蚀 盐溶液周浸试验》要求,在 ZJF-09G 型干湿周浸试验箱中进行周浸试验。试验介质为 5%(质量分数)NaCl 溶液,由于箱体工作室和溶液温度应该高于(25±2)℃,故而此处设定试验箱工作温度为(40±2)℃。试验以 60min 为一个周期,包括 10min 浸渍和 50min 干燥,浸渍时保证试件完全浸入腐蚀溶液中,干燥时用设备远红外线灯照射烘干试件,并调节远红外线灯的功率使试件在临近浸入溶液时恰好被烘干,总试验时间为 720h。参照 GB/T 16545—2015《金属和合金的腐蚀 腐蚀试样上腐蚀产物的清除》方法,去除铝合金和钢试件表面的腐蚀产物,采用 KH-7700 光学显微镜观测试样表面腐蚀坑深度,随机取均布在表面上的 5 个点进行测量,将数据列于表 4-27 中并计算其平均值,利用 Zeiss Ultra 55 型热场发射扫描电镜观测微观腐蚀形貌。

表 4-27　周浸试验后试件表面的腐蚀坑深度（μm）

试　　样	1#	2#	3#	4#	5#
未与 30CrMnSiA 钢耦合的 7B04 铝合金	11	15	10	14	15
与 30CrMnSiA 钢耦合的 7B04 铝合金	21	16	18	19	16
未与 7B04 铝合金耦合的 30CrMnSiA 钢	27	24	22	27	25
与 7B04 铝合金耦合的 30CrMnSiA 钢	20	19	19	20	17

已去除腐蚀产物的 7B04 铝合金和 30CrMnSiA 钢的微观腐蚀形貌如图 4-18 所示。可见,图 4-18(a)中的铝合金试样表面发生了明显的点蚀,蚀孔较少且大多孤立,极少数区域有蚀孔连通,经测量,蚀孔的平均深度约为 13μm;图 4-18(b)中的铝合金表面蚀孔增多,密度变大,有明显的大面积蚀坑,蚀孔的平均深度增大到约为 18μm。通过对比图 4-18(c)和(d)可以发现,30CrMnSiA 钢表面粗糙不平,大型凹槽腐蚀坑较多,蚀孔深度约为 25μm;与铝合金耦合后,钢表现为腐蚀作用减缓,腐蚀后的表面圆包状或点状腐蚀坑较多,蚀坑较浅,平均深度约为 19μm。从微观形貌及腐蚀坑的测量可得,电偶腐蚀对铝合金和钢均会产生一定程度的影响,作为阳极的 7B04 铝合金腐蚀加重,这是因为两者耦合后会在电极表面产生稳定的电偶电流,这与电化学试验一致,故而推测耦合后的当量折算系数比单一铝合金的应有所减小。

4. 数值模拟分析

1）模型计算

基于稳态腐蚀场,建立 7B04 铝合金与 30CrMnSiA 钢的电偶腐蚀模型,计算得到两种金属耦合后电极表面电偶电位分布和电偶电流值,此处以 NaCl 浓度为 3.5% 时的电偶电位分布为例,如图 4-19 及表 4-28 所示。对比可得,计算结果与试验数据较为接近,为保证模型可靠准确,需进一步验证。

表 4-28　不同浓度 NaCl 溶液中电偶电流的计算结果

电偶电流/μA ╲ NaCl 浓度 ╲ 阴极与阳极面积比	0.35%	0.5%	3.5%	7%
1:1	18.520	21.588	22.333	17.923

2）模型验证

在实际情况中,飞机上耦合的铝合金和钢的面积比有很多可能,为了深入验证上述模型的准确性,在阴极与阳极面积比为 2:1 和 5:1 条件下,测量电偶腐蚀的相关数据（图 4-20 和图 4-21）,将相应阴极与阳极面积比下电偶电流和

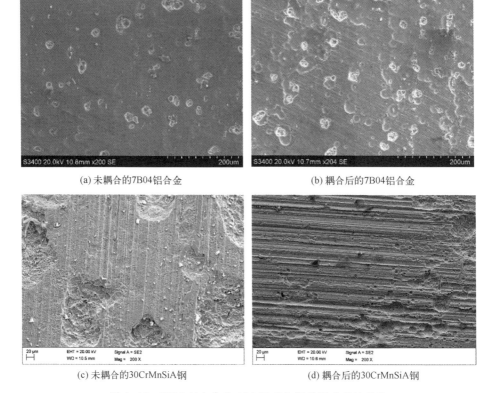

(a) 未耦合的7B04铝合金   (b) 耦合后的7B04铝合金

(c) 未耦合的30CrMnSiA钢   (d) 耦合后的30CrMnSiA钢

图 4-18   7B04 铝合金和 30CrMnSiA 钢的微观腐蚀形貌

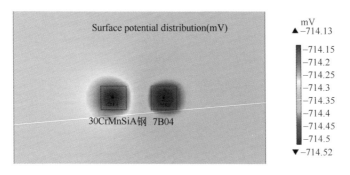

图 4-19   电极表面电偶电位分布

电偶电位的计算结果列于表 4-29 中,并对实测结果与计算结果进行对比。可以发现,当阴极面积增大时,电偶电位稍有升高,但是,电偶电流明显增大。这是由于增大阴极与阳极面积比,使得 7B04 铝合金阳极极化值升高,更接近其点蚀电位,较小的电位变化就会引起电流密度的剧变。

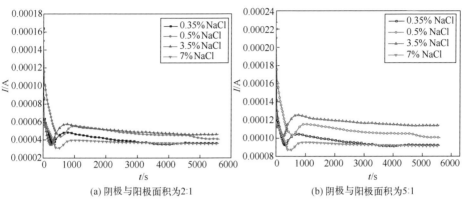

(a) 阴极与阳极面积为2:1　　　　　　(b) 阴极与阳极面积为5:1

图 4-20　不同浓度 NaCl 溶液中电偶电流的试验结果

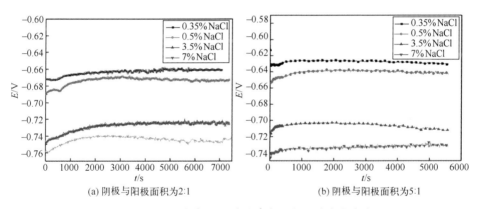

(a) 阴极与阳极面积为2:1　　　　　　(b) 阴极与阳极面积为5:1

图 4-21　不同浓度 NaCl 溶液中电偶电位的试验结果

表 4-29　不同浓度 NaCl 溶液中电偶电位和电偶电流的计算结果

阴极与阳极面积比	NaCl 浓度							
	0.35%		0.5%		3.5%		7%	
	E_g/mV	$I_g/\mu A$	E_g/mV	$I_g/\mu A$	E_g/mV	$I_g/\mu A$	E_g/mV	$I_g/\mu A$
2:1	-661.11	35.998	-672.45	42.302	-720.05	45.111	-740.74	35.984
5:1	-632.17	90.463	-642.94	102.850	-711.25	111.550	-736.97	89.330

　　以折线图的形式对比实测数据和计算数据(图 4-22),通过观察发现,利用模型计算得到的数据与试验测得的情况基本一致。这说明溶液中建立的电偶腐蚀模型具有很高的精度,有利于腐蚀预测的进一步进行。在此基础上,利用

模型计算得到了多种阴极与阳极面积比条件下的电偶电流,如表4-30所示。可见,同一种阴极与阳极面积比下,随着 Cl⁻ 浓度升高,电偶电流先逐步增大,到达一定区间后电偶电流反而减小;同一浓度下,随着阴极面积的增大,电偶电流随之增大。考虑到将理论模型与试验数据相结合取得了较好的效果,因此在计算多种面积比的当量折算系数时继续沿用这一方法。

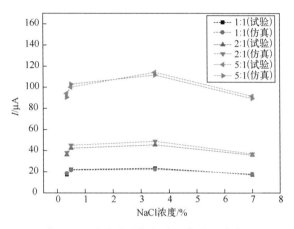

图 4-22　试验结果与数值仿真结果的对比

表 4-30　溶液中不同阴极与阳极面积比下电偶电流的计算结果

电偶电流/μA ＼ NaCl 浓度 ＼ 阴极与阳极面积比	0.35%	0.5%	3.5%	7%
0.5∶1	18.538	21.736	22.231	18.252
1∶1	18.520	21.588	22.333	17.923
2∶1	36.966	42.511	44.739	36.861
3∶1	54.840	62.938	66.573	53.498
5∶1	90.463	102.850	111.550	89.330
10∶1	176.620	194.880	223.790	180.250

5. 当量折算系数

基于在电化学试验中试件的工作面积为 $1cm^2$,所以自腐蚀电流在数值上与所测得的自腐蚀电流密度相等。将无电偶腐蚀时 7B04 铝合金和 30CrMnSiA 钢在不同浓度 NaCl 溶液与水介质中的折算系数列于表 4-31 中。

表 4-31　无电偶腐蚀时 7B04 铝合金和 30CrMnSiA 钢在不同浓度 NaCl 溶液与水介质中的当量折算系数

当量折算系数 NaCl 浓度	7B04 铝合金	30CrMnSiA 钢
0.35%	0.463909	0.246631
0.5%	0.38467	0.229775
3.5%	0.24549	0.189889
7%	0.229092	0.135167

　　通过对比表 4-31 和表 4-1、表 4-2 和表 4-3 数据可以看出,同类合金不同牌号的折算系数并不是完全相同的。由于钢处于被保护状态,腐蚀程度有所减轻,但仍然发生一定程度的自腐蚀,因此不能直接通过自腐蚀电流和电偶电流来量化钢表面的腐蚀电流。根据数值仿真数据得到多种阴极与阳极面积比的情况下 7B04 铝合金在不同浓度 NaCl 溶液与水介质中的当量折算系数,结果见表 4-32。考虑电偶腐蚀之后,当量折算系数明显减小,铝合金加速腐蚀,这与微观腐蚀形貌的变化保持一致。

表 4-32　有电偶腐蚀时 7B04 铝合金在不同浓度 NaCl 溶液与水介质中的当量折算系数

折算系数 阴极与阳极面积比	0.35%	0.5%	3.5%	7%
0.5:1	0.01975	0.016824	0.016075	0.019196
1:1	0.019768	0.016934	0.016006	0.019518
2:1	0.010119	0.00879	0.00826	0.009925
3:1	0.00687	0.005981	0.005613	0.006932
5:1	0.004189	0.003682	0.003381	0.004202
10:1	0.002155	0.001952	0.001697	0.002102

　　需要注意的是,基于电化学腐蚀规律的当量折算法只适用于金属基体,通过分析可知,修正后的当量折算理论主要用于异种金属搭接件中作为阳极金属的当量折算系数的计算。由于不同牌号铝合金第二相组分差异较大,腐蚀反应随之不同,加之与不同金属相耦合,因而当量折算系数需具体分析。

4.3.2　腐蚀产物对当量折算系数的影响

　　根据前文可知,当量折算法是以电化学原理作为基础,通过腐蚀电流的比值得到当量折算系数。在 4.3.1 节中给出与 30CrMnSiA 钢耦合的 7B04 铝合金在不同浓度 NaCl 溶液与水介质中的当量折算系数,此时铝合金和钢试件的工作面均为打磨光滑的新鲜表面;但在实际工程中,金属材料在海洋环境中服役一段时间后表面往往带有腐蚀产物,这会对其本身的电化学性能产生不可避免的影响,经调查表明,锈层下腐蚀是金属持续时间最长的腐蚀形态。目前,国内外已开展大量铝合金、钢腐蚀破坏的相关研究,但关于锈层下存在电偶效应的铝合金当量关系的研究相对较少。为此,本节中通过中性盐雾暴露试验对试件进行预处理,探究不同锈蚀状态下 7B04 铝合金和 30CrMnSiA 钢的电化学性能,进而获得在不同腐蚀程度的初始状态下与 30CrMnSiA 钢耦合后的 7B04 铝合金在不同浓度 NaCl 溶液与水介质中的当量折算系数。

1. 试验结果与分析

1) 腐蚀增失重结果

参照 GB/T 10125—2012《人造气氛腐蚀试验—盐雾试验》在 DCTC-1200P 型盐雾机中进行中性盐雾试验,试验介质为 5%NaCl 溶液连续喷雾,箱内 pH 为 6.5~7.2,温度约为 35℃,试件放置在盐雾箱中时应保持工作面与垂直方向成 20°。经过 12h、96h、168h、240h 后,取出 10mm×10mm×3mm 尺寸试件进行电化学试验,30mm×20mm×3mm 试件用于形貌观测和增失重的测量,铝合金-钢搭接件用于进行当量关系的验证试验。取出试件后借助高精度天平测量铝合金试件在不同腐蚀周期前后的质量变化,通过增重和失重定性地分析铝合金试样的腐蚀快慢。增重法主要表征试样在腐蚀前后的质量变化,而失重法是试样在经过腐蚀并去除表面腐蚀产物后与腐蚀前的质量差异。为去除铝合金表面的腐蚀产物,参照 GB/T 16545—2015《金属和合金的腐蚀 腐蚀试样上腐蚀产物的清除》,将 7B04 铝合金试样在分析纯级别的 HNO_3 中静置 3min,经无水乙醇、去离子水超声并烘干后进行称重。为了避免天平自身的系统误差,每次测量重复一次。首先同样将试片分成 A、B 两组,A 组中铝合金试件与钢试件两两耦合,B 组所有试件相互独立。对试验前的 A 组 7B04 铝合金试件进行两次测量(质量为 A_{11},A_{12}),对 B 组 7B04 铝合金试件进行两次测量(质量为 B_{11}、B_{12}),经过盐雾试验后,重复测量(质量分别为 A_{21}、A_{22}、B_{21}、B_{22}),则有

$$\Delta m_1 = \frac{(B_{21}-B_{11})+(B_{22}-B_{12})}{2} \tag{4-25}$$

$$\Delta m_2 = \frac{(A_{21}-A_{11})+(A_{22}-A_{12})}{2} \tag{4-26}$$

上式中：Δm_1 为试件自腐蚀产生的质量变化；Δm_2 为耦合后试件总体上的质量变化。可得电偶效应引起的质量变化 $\Delta m = \Delta m_2 - \Delta m_1$。试验每个周期均设立三个平行试件，对其取平均值进而分别得到铝合金试件增重和失重随腐蚀时间的变化图。称量不同预腐蚀时间后铝合金（未与30CrMnSiA钢耦合以及与30CrMnSiA钢耦合的两组试件分别称重）的质量差异，图4-23即为铝合金试件在盐雾箱中腐蚀12h、96h、168h、240h后的质量变化结果。可见，随着腐蚀时间增长，腐蚀失重量逐渐增大，以质量损失为例，铝合金自腐蚀引起的失重 Δm_1 由 11.667μg/cm² 增至 96.667μg/cm²，加以电偶效应后铝合金试件失重 Δm_2 由 48.333μg/cm² 增至 111.667μg/cm²。通过铝合金自腐蚀失重的变化趋势可以看出，铝合金的自腐蚀速率随着腐蚀时间先增大后减小，而电偶效应引起的质量变化 Δm 随着腐蚀时间的延长而减小，从而推测电偶效应逐渐减弱。

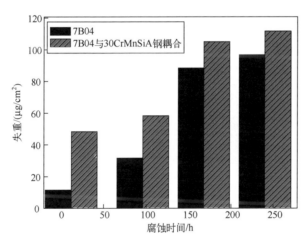

图 4-23　腐蚀增失重结果

2）微观腐蚀形貌表征

图4-24为7B04铝合金试样在不同腐蚀时间后借助扫描电镜观察得到的微观图像。可见，12h后，试样表面腐蚀不均匀，局部产生大量腐蚀小点，并出现极少的腐蚀孔；随着时间延长，试样表面粗糙度上升，腐蚀点增多并汇聚成小型腐蚀坑，蚀坑深度明显加深，互相黏连成胞状腐蚀带，在较大的腐蚀坑内部继续有新的腐蚀点生成；第三周期时，腐蚀进一步加剧，有不规则白色腐蚀产物堆叠扩展，腐蚀区域继续相互连接成片，半球状腐蚀坑较多，且有向均匀腐蚀转变的趋势；在腐蚀的最后一个周期，试样腐蚀面基体层层剥落，质地疏松，整体粗糙

不平,表面完全被腐蚀坑覆盖。

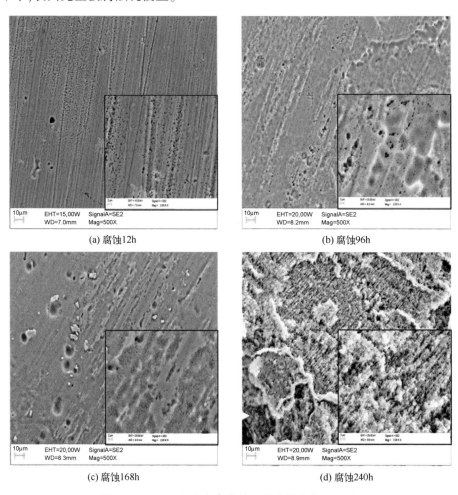

(a) 腐蚀12h

(b) 腐蚀96h

(c) 腐蚀168h

(d) 腐蚀240h

图 4-24　7B04 铝合金在腐蚀不同时间后的 SEM 图

图 4-25 为 30CrMnSiA 钢试样在四个不同腐蚀时间后借助扫描电镜观察得到的微观图像。从图中可看出:在腐蚀初期,试样表面散布深浅不一的小型针状和大型圆包状腐蚀坑;盐雾腐蚀试验进行 96h 后,腐蚀坑直径增大,互相连通形成新的腐蚀通道;168h 后,试样表面布满形状不规则的腐蚀坑,蚀坑内部存有大量块状或片状腐蚀产物,同时在蚀坑内壁伴有小球型腐蚀产物不断生成;最后,腐蚀剧烈,腐蚀坑明显加深腐蚀产物发生龟裂后腐蚀介质由裂纹渗入基体,腐蚀仍在继续,腐蚀产物显现出伞状或网状的特点。结合图 4-24 和图 4-25 的微观腐蚀形貌可以看出,7B04 铝合金和 30CrMnSiA 钢的腐蚀形态有很大的差

异:7B04 铝合金的电化学腐蚀表现为点蚀,蚀坑逐渐扩大增多,直至铝合金基体变得疏松,腐蚀产物堆积于晶界,在晶界处形成楔形应力,从而使铝合金表层剥离,也就是剥蚀行为;30CrMnSiA 钢的腐蚀坑始终散布于整个腐蚀表面,以均匀腐蚀为主。

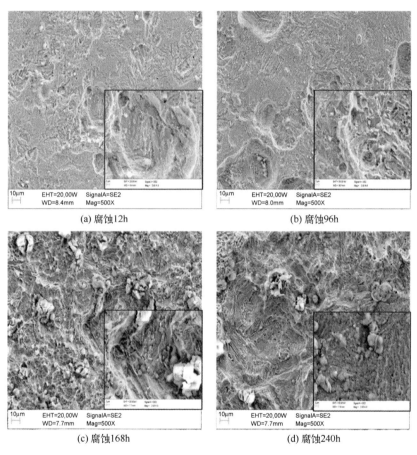

(a) 腐蚀12h

(b) 腐蚀96h

(c) 腐蚀168h

(d) 腐蚀240h

图 4-25　30CrMnSiA 钢在不同腐蚀时间后的 SEM 图

2. 电化学性能分析

1)极化曲线

结合 4.3.1 节的内容,将预腐蚀时间为 0h、12h、96h、168h、240h 后,7B04 铝合金分别在浓度为 0.5%、3.5%、7%(质量分数)的 NaCl 溶液以及去离子水中测得的动电位极化曲线绘制于图 4-26。考虑到在当量折算系数的计算时需要用到自腐蚀电流密度的数值,因此,现将 7B04 铝合金的自腐蚀电流密度与自腐

蚀电位列于表 4-33 中。根据图 4-26 和表 4-33 可得,随着腐蚀时间的延长,
7B04 铝合金的自腐蚀电位逐渐负移,在同一腐蚀时间下,随着 NaCl 浓度的上
升,自腐蚀电位也是表现为负移的特点。经分析,腐蚀电位的变化原因主要:
①η 相($MgZn_2$)是 7B04 铝合金的主要析出强化相,其电位明显负于合金基体,
而腐蚀电位表现的是整个表面的混合电位,η 相的析出会对腐蚀电位产生影
响;②铝合金试样表面氧化膜的破坏以及腐蚀产物的生成导致腐蚀电位的变
化。此外,在不同浓度 NaCl 溶液中自腐蚀电流密度随着腐蚀时间延长均为先
增大后减小,表现出明显的点蚀特征。腐蚀初期,点蚀坑导致试样表面凹凸不
平,从而增大反应接触面积,此时 i_{corr} 增大。随着腐蚀不断进行,铝合金表面腐
蚀产物堆积扩展,阻碍了腐蚀介质和 O_2 等促进电化学反应的物质渗入,导致腐
蚀速率降低,i_{corr} 减小,这与腐蚀失重的变化相吻合。

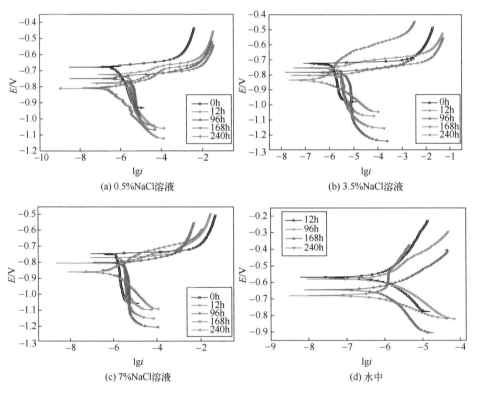

图 4-26 不同预腐蚀时间后 7B04 铝合金在不同浓度 NaCl
溶液中的极化曲线

表 4-33 不同预腐蚀时间后 7B04 铝合金在不同浓度 NaCl 溶液
中的电化学参数

实验结果	$i_{corr}/(\mu A/cm^2)$				E_{corr}/mV			
NaCl 浓度 / 预腐蚀时间/h	0.5%	3.5%	7%	水	0.5%	3.5%	7%	水
12	2.106	2.200	2.578	1.242	−724.55	−755.58	−772.46	−571.55
96	3.751	4.179	4.380	1.667	−750.43	−784.83	−803.48	−580.03
168	1.963	2.197	2.400	1.103	−780.34	−805.82	−810.60	−646.30
240	0.906	1.280	1.454	0.515	−812.27	−839.63	−853.01	−685.57

将预腐蚀时间为 0h、12h、96h、168h、240h 后，30CrMnSiA 钢分别在质量分数为 0.5%、3.5%、7% 的 NaCl 溶液中测得的极化曲线列于图 4-27 中。观察可得，腐蚀后的 30CrMnSiA 钢自腐蚀电位负移，但随着腐蚀时间的延长，电位变化并不明显，在 −630～−700mV 范围波动，而自腐蚀电流则逐步减小，这表明在腐蚀过程中腐蚀产物加厚，对溶解氧的阻碍增强，导致腐蚀速率降低。

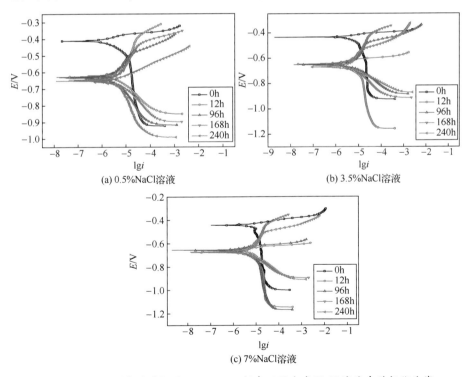

(a) 0.5%NaCl溶液

(b) 3.5%NaCl溶液

(c) 7%NaCl溶液

图 4-27 不同预腐蚀时间后 30CrMnSiA 钢在不同浓度 NaCl 溶液中的极化曲线

2）电偶电流

电偶电流及电位的测量需考虑不同阴极与阳极面积比的影响,本节中主要针对 6 种不同阴极与阳极面积比进行研究,此处列出钢的测试面积是铝合金面积 2 倍情况下不同腐蚀时间后的实验结果,如图 4-28 所示。从图 4-28 可以看出,电偶电流均呈现出先迅速下降后逐渐趋于稳定的变化趋势,这与未腐蚀的铝合金-钢电偶对测得的曲线保持一致。随着耦合时间的延长,电偶电流逐渐减小,和腐蚀质量变化结果相呼应,这主要与阴极、阳极表面腐蚀产物的堆积有关。为了更直接地对比预腐蚀时间长短对电偶效应的影响,现结合 4.3.1 节的内容将腐蚀前后阴极与阳极面积比为 2:1 情况下试件分别在 0.5%、3.5%、7% NaCl 溶液中测量的电偶电流数据列于表 4-34。可见,在同一腐蚀周期,电偶电流随着 NaCl 浓度的增大表现为先增大后减小,在腐蚀时间延长后依然遵循相同的规律。

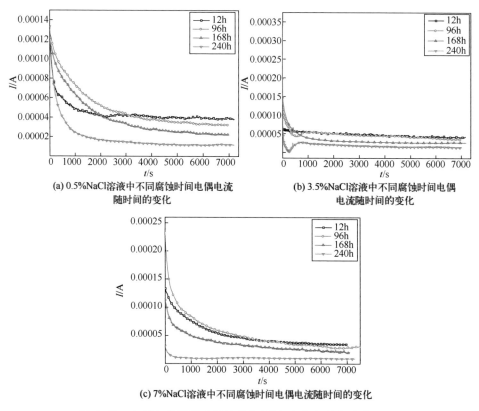

(a) 0.5%NaCl溶液中不同腐蚀时间电偶电流
随时间的变化

(b) 3.5%NaCl溶液中不同腐蚀时间电偶
电流随时间的变化

(c) 7%NaCl溶液中不同腐蚀时间电偶电流随时间的变化

图 4-28　电偶电流随预时间的变化(阴极与阳极面积比为 2:1)

表 4-34　不同预腐蚀时间在不同浓度 NaCl 溶液中电偶电流的试验结果

电偶电流/μA　　溶液浓度 腐蚀时间/h	0.5%	3.5%	7%
0	40.438	46.055	35.607
12	38.252	42.831	34.255
96	32.523	34.677	29.909
168	22.362	25.719	20.241
240	11.658	13.471	8.468
注:阴极与阳极面积比为 2:1			

3. 数值模拟分析

以预腐蚀后 7B04 铝合金和 30CrMnSiA 钢的极化曲线作为边界条件,设置铝合金和钢的面积比为 1:2 进行计算后与上述试验结果比对,将计算结果列于表 4-35 中。

表 4-35　不同腐蚀时间在不同浓度 NaCl 溶液中电偶电流的计算结果

电偶电流/μA　　溶液浓度 腐蚀时间/h	0.5%	3.5%	7%
0	42.302	45.111	35.984
12	36.073	40.423	34.801
96	32.874	35.976	30.449
168	21.667	23.108	19.753
240	10.165	12.560	8.866
注:阴极与阳极面积比为 2:1			

将同种条件下的试验结果和计算结果绘制成折线图,以期更形象地表现两种数据之间的差异,如图 4-29 所示。

通过图 4-29 可以看出,仿真结果与试验结果相吻合,再次说明此模型正确可用。因此,可进一步通过仿真获得阴极与阳极面积比为 0.5:1、1:1、3:1、5:1以及 10:1 情况下的电偶电流,并将包括阴极与阳极面积比为 2:1 时的 6 种面积比下的电偶电流仿真结果列于表 4-36~表 4-38 中。

飞机结构电偶腐蚀数值模拟

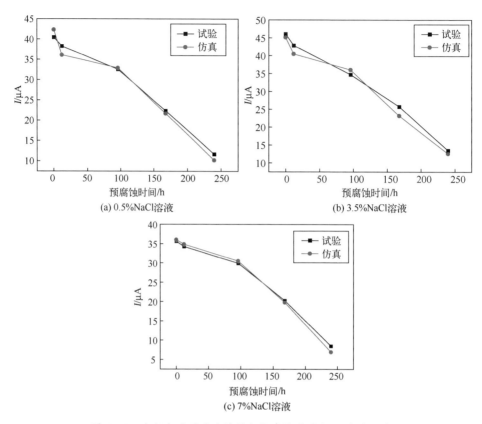

图 4-29 电偶电流的试验结果与仿真结果对比(阴极与阳极面积比为 2:1)

表 4-36 不同预腐蚀时间、不同阴极与阳极面积比下试件在 0.5% NaCl 溶液中电偶电流的仿真结果

电偶电流/μA \ 面积比 预腐蚀时间/h	0.5:1	1:1	2:1	3:1	5:1	10:1
12	18.479	19.413	36.073	54.001	95.571	188.439
96	15.036	16.702	32.874	48.152	80.572	160.797
168	11.241	12.148	21.667	35.375	62.188	137.556
240	7.393	7.978	10.165	22.309	35.643	80.378

132

表4-37 不同预腐蚀时间、不同阴极与阳极面积比下试件在3.5% NaCl溶液中电偶电流的仿真结果

电偶电流/μA \ 面积比 \ 预腐蚀时间/h	0.5:1	1:1	2:1	3:1	5:1	10:1
12	19.219	19.887	40.423	56.375	97.337	191.481
96	16.433	17.010	35.976	51.111	85.279	168.346
168	12.846	14.579	23.108	40.856	69.661	142.782
240	7.977	8.207	12.560	24.641	40.914	83.007

表4-38 不同预腐蚀时间、不同阴极与阳极面积比下试件在7% NaCl溶液中电偶电流的仿真结果

电偶电流/μA \ 面积比 \ 预腐蚀时间/h	0.5:1	1:1	2:1	3:1	5:1	10:1
12	17.367	17.728	34.801	51.465	89.910	173.212
96	14.265	15.135	30.449	45.980	75.632	150.141
168	10.051	10.350	19.753	31.936	54.375	110.189
240	6.053	6.542	8.866	18.011	30.738	60.473

4. 当量折算系数

在4.3.1节的基础上,根据数值仿真数据针对不同预腐蚀时间、不同阴极与阳极面积比情况下,存在电偶效应时7B04铝合金在不同浓度NaCl溶液中的当量折算系数进行计算,并将结果列于表4-39~表4-41中。

表4-39 不同面积比、不同预腐蚀时间下试件在0.5% NaCl溶液与水介质中的当量折算系数

折算系数 \ 面积比 \ 预腐蚀时间/h	0.5:1	1:1	2:1	3:1	5:1	10:1
12	0.060335	0.057716	0.032531	0.022136	0.012715	0.006518
96	0.088732	0.081504	0.045515	0.032118	0.019769	0.010131
168	0.083535	0.078166	0.046678	0.029541	0.017194	0.007906
240	0.062056	0.057969	0.046518	0.022184	0.014091	0.006336

表 4-40 不同面积比、不同预腐蚀时间下试件在 3.5% NaCl 溶液与
水介质中的当量折算系数

折算系数 \ 面积比 预腐蚀时间/h	0.5:1	1:1	2:1	3:1	5:1	10:1
12	0.057986	0.056232	0.029139	0.021204	0.012478	0.006413
96	0.080875	0.078673	0.041514	0.03015	0.018634	0.009662
168	0.073323	0.065749	0.043588	0.02562	0.01535	0.007608
240	0.055634	0.054285	0.037211	0.019868	0.012206	0.00611

表 4-41 不同面积比、不同预腐蚀时间下试件在 7% NaCl 溶液与
水介质中的当量折算系数

折算系数 \ 面积比 预腐蚀时间/h	0.5:1	1:1	2:1	3:1	5:1	10:1
12	0.062271	0.061164	0.033227	0.022982	0.013429	0.007065
96	0.089407	0.085421	0.047862	0.033102	0.020834	0.010788
168	0.088587	0.08651	0.04979	0.032124	0.019428	0.009797
240	0.068603	0.064407	0.061899	0.026458	0.015998	0.008316

同样地，为了更直观地得到折算系数与腐蚀产物堆积、阴极与阳极面积比以及 NaCl 浓度之间的关系，现将表 4-36~表 4-38 的数据以及 4.3.1 节的内容绘制成折线图的形式，观察与 30CrMnSiA 钢耦合的 7B04 铝合金在不同浓度 NaCl 溶液与水介质中当量折算关系的动态变化，如图 4-30 所示。可以看出，在三种不同浓度的 NaCl 溶液中当量折算系数的走向基本一致，随着阴极面积增大，电偶电流增大，当量折算系数逐渐减小，腐蚀加速。在腐蚀初期，电偶电流的数值远大于自腐蚀电流，当量折算系数的变化主要由电偶电流的大小主导，经过腐蚀后电偶电流减小，在当量折算关系上表现为当量折算系数明显增大，随着盐雾腐蚀时间增长，电偶电流减小，当量折算系数逐渐平缓或稍有减小，阴极面积越大当量折算系数越容易稳定。

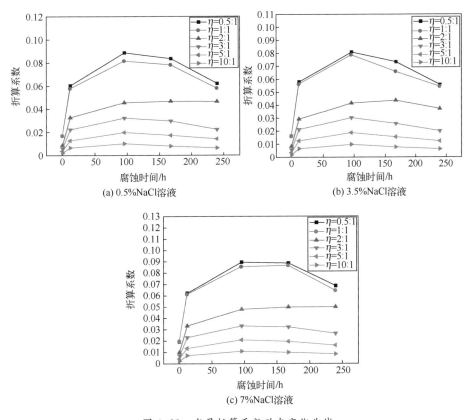

(a) 0.5%NaCl溶液

(b) 3.5%NaCl溶液

(c) 7%NaCl溶液

图 4-30　当量折算系数动态变化曲线

4.4　铝-复合材料腐蚀老化行为与电偶腐蚀当量折算

4.4.1　海洋环境下 G827/3234 复合材料老化机制及当量加速关系

　　碳纤维增强环氧树脂基复合材料(CFRP)比强度和比模量高,抗疲劳和耐腐蚀性能好,具有优良的透波、透声和介电性能,易于整体设计和成型,可实现结构减重 20%~30%,因此在飞机上应用广泛。然而,飞机在苛刻的海洋环境下服役,高温、高湿、高盐雾和强紫外的环境特点势必对 CFRP 性能产生重要影响,因此全面而系统地研究 CFRP 在海洋环境下的老化行为至关重要。当务之急是:一方面,从机制上分析海洋环境下 CFRP 老化对其性能的影响和预测其使用寿命方面的研究还比较欠缺;另一方面,目前尚无有效方法确定 CFRP 的实验室加速老化与其在典型海域自然老化之间的当量关系,故应更多地在这些领域开展深入研究。本研究借助万能试验机、疲劳机、扫描电镜、动态热机械分析仪及傅立叶红外光谱分析仪等设备,以 G827/3234 复合材料为研究对象,开展了 CFRP 在加速老化和南中国海海域自然老化试验,旨在探索其在海洋环境下的老化机制,确定加速老化对自然老化的当量加速关系,为 CFRP 的进一步应用提供技术基础,同时为飞机 CFRP 结构的腐蚀防护提供参考。

1. G827/3234 复合材料老化试验及性能测试

1）材料及试件设计

G827/3234 复合材料为热固性单向顺排层压板,铺层方式$[0°]_{13}$,厚 2mm;增强体为 G827 碳纤维,体积分数 59.49%,基体为 3234 环氧树脂,150℃下固化6h。图 4-31 为试件的形状及尺寸。试件两端贴有长为 50mm 的 EW100 无碱纤维布垫片,以防止夹具造成损伤;端部倒角 15°,以避免剪应力和剥离应力集中。

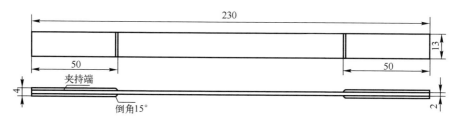

图 4-31 G827/3234 试件的形状及尺寸(mm)

2）加速老化试验

日光照射和海洋湿热环境(RH≥70%,T≥15℃)对 CFRP 老化行为影响最大,根据实测的某型直升机服役环境计算出两个因素全年的作用时间比约 2:5。在实验室加速试验中,采用紫外光照模拟日光照射,控制波长 340nm,辐照度$(1.55±0.02)W/(m^2 \cdot nm)$,黑板温度计温度为 60℃,照射时长 24h,期间保持QUV 紫外线耐气候试验箱(美国 Q-LAB 公司)内始终干燥;用 5%NaCl 溶液模拟湿热,浸泡时长 60h,使用 SHHW 21.600A Ⅱ型电热恒温水箱(天津泰斯特公司)保持恒温 60℃;紫外—湿热交替循环共 8 次,即加速老化时长约 1 个月。

3）自然老化试验

在南中国海海域开展 G827/3234 试件的实海随舰自然暴露(老化)试验,共进行 6 个批次,每批次时长为 6 个月。试件无载荷悬挂,期间接受日照、盐雾和湿热等多种自然因素的共同作用。

4）性能测试

观测并记录老化前后 G827/3234 试件的力学性能、微观形貌、重量和成分等。使用 CTM 8010 微控电子万能试验机（协强仪器制造有限公司）和 MTS 810 疲劳试验机（美国美特斯工业系统）测试力学性能；使用 KH-7700 光学显微镜（日本 HIROX 公司）和 ZEISS ULTRA55 型扫描电镜（德国 Carl 公司）观察微观形貌，加速电压 10kV；使用 KEYI 电子天平称重（常州科源电子仪器有限公司），精确度 0.001g；使用 LMR-1 型低频力学弛豫谱测试机（北京赛思蒙公司）测试动态力学性能，固定频率 1Hz，升温速度 2℃/min，振幅 0.6mm，测量前，应将老化后的 G827/3234 试件置于 DZ-2BE 真空干燥箱（天津泰斯特公司）中室温干燥 24h；使用 Magna IR 560 型傅里叶变换红外光谱仪（美国 Nicolet 公司）测定红外光谱，分辨力为 4cm^{-1}，扫 40 次，频谱范围为 400~4000cm^{-1}。

2. G827/3234 试件的加速老化研究结果及分析

1）G827/3234 试件的弯曲性能

表 4-42 为加速老化前后 G827/3234 试件的弯曲强度值和弯曲模量值，有效试件各 5 件。表 4-42 中各组试验数据的离散系数 c 值均较小，表明试验结果较为稳定，平均值具有较好代表性。对比 $\bar{S}$ 发现，老化后弯曲强度和弯曲模量均有所下降，前者下降为 1.43%，后者下降为 4.45%。陆峰等将 CFRP 的弯曲断口划分为压痕区、压缩断裂区和拉伸断裂区，其中拉伸断裂区占比很大，故断口通常表现为拉断形貌，碳纤维对此起主导作用；碳纤维稳定性极强，在加速老化中基本不腐蚀，因此，虽然老化后 G827/3234 试件界面有一定程度破坏且表面树脂也有龟裂，但弯曲性能下降并不明显。

表 4-42 加速老化前后 G827/3234 试件的弯曲强度及弯曲模量

试件编号		01	02	03	04	05	S	σ	c
挠曲强度 /MPa	老化前	1209.92	1237.39	1165.11	1253.40	1160.02	1205.17	41.92	3.48%
	老化后	1127.62	1183.40	1190.26	1226.42	1211.67	1187.87	37.78	3.18%
挠曲模量 /MPa	老化前	92316.06	87609.57	89606.1	87927.07	92717.21	90035.20	2393.09	2.55%
	老化后	84193.62	88343.97	84693.42	87753.53	85181.16	86033.14	1884.43	2.19%
注：S—中值；σ—标准偏差；c—离散系数；$c=\sigma/\bar{S}\times100\%$，$\bar{S}$ 为均值									

图 4-32 为加速老化前后 G827/3234 试件的表面形貌及弯曲断口的拉断区形貌。老化前，试件表面平整，树脂将碳纤维完全裹覆；老化后，表面变得粗糙不平，树脂部分脱落、龟裂，不少位置碳纤维已裸露。断口形貌图中，老化前碳纤维成束断裂，并被大量环氧树脂附着、包裹，表明碳纤维/树脂界面结合十分

牢固;老化后碳纤维被单根拔出,表面比较光滑,呈现参差不齐的毛刷状,并伴有大块树脂脱落,表明界面遭到破坏,界面结合强度降低,裂纹于此起源。

(a) 老化前表面　　　(b) 老化后表面　　　(c) 老化前弯曲断口　　　(d) 老化后弯曲断口

图 4-32　加速老化前后 G827/3234 试件的表面及弯曲断口形貌

2）G827/3234 试件的层间剪切性能

表 4-43 为加速老化前后 G827/3234 试件的层间剪切强度,有效试件共 5 件,降幅为 8.80%,远大于弯曲性能的降幅。层间剪切强度是由树脂基体及碳纤维/树脂界面共同主导的力学性能,而水分子对基体和界面的破坏作用明显。在浸泡阶段,G827/3234 试件吸入水分子使基体塑化,在一定程度上破坏了碳纤维/树脂界面;在紫外光照阶段,吸入的水分子部分析出,难以继续向内部渗透,使其破坏作用有限,加之碳纤维对层间剪切强度也有一定贡献,而加速老化期间其基本不腐蚀,故层间剪切强度的降幅也有限。

表 4-43　加速老化前后 G827/3234 试件的层间剪切强度

试件编号		01	02	03	04	05	S	σ	$c/\%$
层间剪切强度/MPa	老化前	85.62	81.03	80.46	82.26	83.33	82.54	2.05	2.48
	老化后	78.69	73.61	73.24	75.68	75.16	75.28	2.17	2.88

图 4-33 为加速老化前后 G827/3234 试件的层间剪切断口形貌。老化前,碳纤维基本被成束拔出,如图 4-33(a)所示,局部放大得图 4-33(b),在被拔出的纤维束上附着有大量环氧树脂,说明碳纤维/树脂界面结合良好;老化过程中,碳纤维几乎不吸水,基体因溶胀产生的应力直接作用在界面处,致使界面遭到破坏,结合力降低,加上外应力作用,使得老化后的层间剪切断口形貌与老化后的弯曲断口拉断区形貌表现基本一致,如图 4-33(c)和(d)所示。

3）G827/3234 试件的疲劳性能

先对 G827/3234 试件的空白试件静拉伸,测定其断裂载荷 P,结果为 $P = 30\text{kN}$。按照 GB/T 16779—2008《纤维增强塑料层合板拉-拉疲劳性能试验方法》确定疲劳应力比 $R = P_{min}/P_{max} = 0.1$,频率为 15Hz,室温。根据文献及大量试验数据,选定 50% 应力水平进行疲劳试验,即 $P_{max} = 50\%P = 15(\text{kN})$。将空白试

| (a) 老化前断口 | (b) 局部放大 | (c) 老化后断口 | (d) 局部放大 |

图 4-33　加速老化前后 G827/3234 试件的层间剪切断口形貌

件和加速老化试件分别在该应力水平下循环 $3.0×10^5$ 次,测量并对比剩余强度,有效试件共 5 件。表 4-44 为加速老化前后 G827/3234 试件的剩余强度值,降幅仅 0.289%,几乎保持不变,且疲劳后两类试件表面均未见明显疲劳裂纹,限于篇幅不再列图。结果表明:①G827/3234 试件的抗疲劳性能良好;②加速老化试验对其抗疲劳性能影响很小。这是因为疲劳拉伸方向顺延碳纤维铺设方向,力学性能由碳纤维主导,而其性能在老化试验中几乎不变。

表 4-44　加速老化前后 G827/3234 试件的剩余强度

试件编号		01	02	03	04	05	S	σ	$c/\%$
剩余强度/MPa	老化前	1370.40	1330.44	1364.80	1350.55	1361.65	1355.57	15.80	1.17
	老化后	1368.27	1331.23	1362.75	1346.34	1349.68	1351.65	14.56	1.08

4) G827/3234 试件的动态热机械性能

图 4-34 为加速老化前后 G827/3234 试件的热机械性质曲线。由于环氧树脂是黏弹性材料,同时具有黏性流体和弹性固体的某些特性,当其发生形变时,一部分以位能形式储存,另一部分以热能形式耗散,而 CFRP 内耗大多归结于界面的不完善和树脂基体的能量耗散。图 4-34(a) 中,玻璃化转变温度 T_g 在加速老化前后分别为 155.6℃ 和 149.4℃,降幅为 6.2℃,水分子对 T_g 影响显著,它渗入树脂基体中会增大高分子链间距,使链段运动更加容易,有增塑作用,使 T_g 降低;若界面黏结不牢,纤维与基体产生摩擦,则内耗增加,内耗峰高度增加。图 4-34(a) 中老化试件的内耗峰较高,表明其界面已经遭受一定程度破坏。

紫外光照对 T_g 的影响过程比较复杂:紫外光照下,CFRP 表面的环氧树脂层可能会由于光氧化作用发生化学反应,分子链会断裂或重新交联,这会影响到基体中链段间的作用力和链段运动的难易程度,从而使 T_g 变化。值得注意的是紫外光照并无穿透性,它只能影响表层树脂的性能,而 T_g 反映的是 CFRP 的整体性能,因此短时间光照对 T_g 的影响不大。

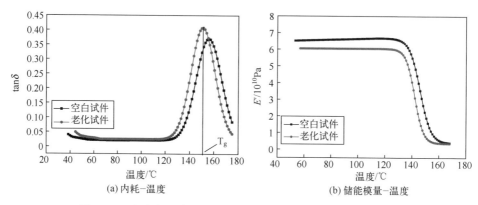

图 4-34 加速老化前后 G827/3234 试件的动态热机械性能曲线

CFRP 的储能模量主要与物理老化和交联密度有关。室温模量一般反映物理老化结果,高温模量则取决于交联密度,而交联密度的变化多与后固化有关。图 4-34(b)中,老化后 G827/3234 试件的储能模量(包括室温模量和高温模量)有所下降,降幅约为 5GPa,说明加速老化既改变了其结构,也降低了其交联密度。

5)G827/3234 试件的增重率—时间曲线

图 4-35 为 G827/3234 试件在加速老化过程中的增重率—时间曲线,所示数据为 5 个平行试件的均值。首次光照后,试件质量损失了 0.0054%,这是制造时树脂内残留的水分在高温下蒸发流失造成的;第一次浸泡后,溶液进入试件内部,增重率为 0.204%;第二次光照使得水分子部分逸出,增重率下降至 0.0637%;老化时长在 200~672h 时,光照后的增重率趋于稳定,甚至出现轻微下降,曲线斜率逐渐变小最终趋于 0,而浸泡后的曲线则保持原有斜率,致使两曲线间距逐渐增大,表明随老化时间的延长,每次光照的去湿量或每次浸泡的吸湿量逐渐增大,即溶液进出 G827/3234 试件更加容易,原因在于试件表面树脂的龟裂加重,溶液更易进出。

3. 当量加速关系

1)改进的回归分析

在自然老化过程中,由于多种环境因素反复耦合作用,致使老化后 CFRP 的性能数据分散性大、规律性弱。换言之,若想获得其自然老化规律,必须投放大量试件,延长试验时间。但是,这必将使试验费用高且无法满足飞机的设计周期要求。针对该情况,提出确定自然老化方程中参数的小子样方法,通过回归分析对不同时间的自然老化数据进行整体推断,充分开发不同周期自然老化数据间提供的"横向信息",在试件数量一定、老化周期一定的条件下,保证了预测精度。

Г. М. 古尼耶夫等给出了在无载荷条件下暴露于自然环境中的热固性

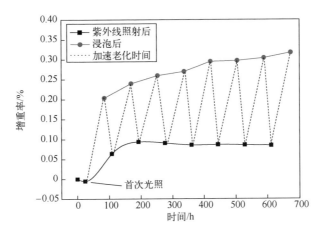

图 4-35　加速老化周期内 G827/3234 试件的增重率—时间曲线

CFRP 的强度中值老化方程：

$$S=S_0+\eta(1-e^{-\lambda t})-\beta\ln(1+\theta t) \tag{4-27}$$

式中：η、β、λ 和 θ 均为待定系数；S 为 CFRP 老化 t 时间后的强度值；S_0 为 CFRP 的初始强度值。

在数据量较大时，该方程能够较好地描述 CFRP 的自然老化规律。

传统方法中，先对每个自然老化周期的试验数据单独处理，得到各周期的强度均值，再利用式(4-27)对强度均值拟合，得到待定系数 η、β、λ 和 θ。该方法对试验数据挖掘不足，致使所得方程与实际误差较大。下面给出一种能够充分利用各个周期试验数据来确定式(4-15)中待定参数的回归分析方法。

令

$$x=1-e^{-\lambda t} \tag{4-28}$$

$$y=\ln(1+\theta t) \tag{4-29}$$

将式(4-28)和式(4-29)代入式(4-27)可得

$$S=S_0+\eta x-\beta y \tag{4-30}$$

设 $(t_i,S_i)(i=0,1,\cdots,n)$ 为一组老化试验数据，则由式(4-16)和式(4-17)可得

$$x_i=1-e^{-\lambda t_i} \tag{4-31}$$

$$y_i=\ln(1+\theta t_i) \tag{4-32}$$

求得一组数据 $(x_i,y_i,S_i)(i=0,1,\cdots,n)$。

令

$$Q=\sum_{i=1}^{n}(S_0+\eta x_i-\beta y_i-S_i)^2 \tag{4-33}$$

分别求 Q 对 S_0、η、β、λ 和 θ 的偏导数并令其为 0,得到在约束

$$\begin{cases} S_0>0 \\ \eta>0 \\ \beta>0 \\ \lambda>0 \\ \theta>0 \end{cases} \qquad (4-34)$$

条件下解得使 Q 最小的参数 S_0、η、β、λ 和 θ 的值,将这些值代入式(4-27),即可得到老化中值曲线方程。

2) 自然老化强度中值回归方程

分别测定 G827/3234 复合材料试件($t=0$)及其在南中国海某海域暴露 1~6 个周期(共 3 年,即 t 为 0.5,1,…,3 年)试件的层间剪切强度,结果列于表4-45。

根据改进的回归分析方法,利用表4-45 中 $t=0\sim2.5$ 时的强度数据进行拟合,得到中值曲线方程如下:

$$S=81.4446+4.202(1-e^{-0.0466t})$$
$$-9.0926\sqrt{2}\ln(1+2.0442t) \qquad (4-35)$$

令 $t=3$,由式(4-35)可预测自然老化 3 年后的剩余层间剪切强度 $S_6=56.73$。表4-45 中,$\bar{S}_6=59.29$,则预测的相对误差为

$$\frac{|S_6-\bar{S}_6|}{\bar{S}_6}\times100\%=4.32\%$$

可见,用改进方法预估的中值寿命与试验结果吻合度较高。

表 4-45 自然老化前后 G827/3234 试件的层间剪切强度

自然老化时间 t/年	0	0.5	1	1.5	2	2.5	3
层间剪切强度/MPa	78.95	71.08	69.33	66.78	64.71	62.59	61.33
	84.27	74.27	68.12	63.84	61.52	59.07	60.12
	80.07	69.84	66.35	63.13	60.32	63.27	58.54
	78.61	72.02	70.03	64.91	62.46	60.08	62.03
	82.02	73.59	63.75	61.06	59.05	58.84	56.36
	83.59	68.61	67.06	63.47	63.33	61.02	59.06
	82.89	72.89	64.28	66.11	64.03	57.61	56.38
	83.16	73.16	66.69	65.49	59.40	62.16	58.73
	79.84	70.07	68.72	60.52	60.49	61.89	60.76
	81.08	68.95	67.99	64.77	63.61	57.95	59.61
中值/MPa	81.45	71.45	67.23	64.01	61.89	60.45	59.29

运用上述方法,对表4-45中的所有试验数据拟合,求得

$$\begin{cases} S_0 = 81.4395 \\ \eta = 21.1659 \\ \beta = 0.0264 \\ \lambda = 10.4514 \\ \theta = 1.7135 \end{cases} \qquad (4-36)$$

将式(4-36)中的值代入式(4-35),得到最终的中值曲线方程为

$$S = 81.4395 + 21.1659(1 - e^{-0.0264t})$$
$$-10.4514\sqrt{2}\ln(1 + 1.7135t) \qquad (4-37)$$

将式(4-37)用曲线表示在图4-36中。同时图4-36还给出了层间剪切强度的自然老化数据和用传统方法拟合的中值曲线。可见,尽管用传统方法拟合的中值曲线对3年内自然老化数据的拟合精度较高($R^2 = 0.99945$),但自然老化数据少,使得该曲线参数无法最优化,以至于在自然老化4年后,强度的预测值反而增大,不符合客观规律;而改进后的拟合方法克服了数据量少的缺点,既保证了参数的正确性,又不失预测精度。

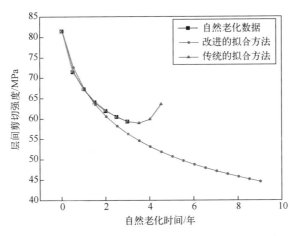

图4-36 自然老化后G827/3234层间剪切强度值及拟合曲线

3)当量加速系数

在飞机结构常用材料中,对于铝合金、高强钢等金属材料加速腐蚀与外场自然腐蚀之间的当量加速关系研究较多,常用的方法有基于电化学原理的腐蚀电流法和环境严酷度指数法、基于物理参量的失重法和等级评定法、基于等力学损伤的损伤变量法和疲劳强度法等。这些方法以金属的腐蚀损伤规律为基

础,较为精确地描述了其加速老化时间与自然老化时间之间的当量关系。而目前,在该领域针对 CFRP 的研究很少。CFRP 老化不同于金属腐蚀,其本质是环境因素对树脂基体的破坏作用,此间,基体不会得失电子,也不会产生易量化的外在腐蚀形貌,因而无法像金属那样基于电化学原理或物理参量确定当量加速系数。陆峰等提出将力学性能保持率 f 作为 CFRP 环境性能老化等级评定的量化指标:

$$f = \frac{S_{\text{after}}}{S_{\text{before}}} \times 100\% \qquad (4-38)$$

式中:S_{before}、S_{after} 分别为试验前和试验后的力学性能。

因此,可基于等力学损伤原理,以力学性能保持率为指标确定当量加速系数,并且考虑 G827/3234 复合材料是层压板,故以层间剪切强度作为力学参数。

由表 4-43 可知,加速老化后 G827/3234 试件层间剪切强度的保持率为 75.28/82.54=91.20%;通过式(4-37)得出,当强度保持率为 91.20% 时,自然老化时间 $t=0.3771$ 年。因此,对于单排碳纤维环氧复合材料层压板而言,加速老化 1 个月相当于自然老化约 4.52 个月,当量加速系数为 4.52。

4)当量加速关系验证

根据当量加速系数,开展了实验室加速老化约 80 天(与自然老化 1 年相当)的加速试验,对比两种方式下 G827/3234 试件老化后的微观形貌和 FTIR 结果,用以验证加速关系。

图 4-37 为使用两种方法老化后 G827/3234 试件的表面形貌。加速老化 80 天后,材料表面最初的"交织"结构逐渐消失,表层树脂明显龟裂,部分碳纤维裸露,并且出现了很多蚀坑,表明表面树脂开始剥落;自然老化 1 年的试件表面也出现类似的现象。

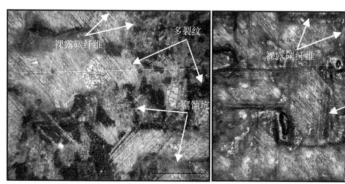

(a) 加速老化80天　　　　　　　　(b) 自然老化1年

图 4-37　两种方法老化时间相当后 G827/3234 试件的微观形貌

对加速老化 80 天和自然老化 1 年前后的 G827/3234 试件层间剪切断口形貌进行 SEM 观察,结果如图 4-38 所示。老化前的碳纤维/树脂界面结合良好,试件断裂时,纤维基本为成束拔出,在被拔出纤维束上附有大量环氧树脂。而老化后,基本为单根拔出,在被拔出的单根纤维上仅残留少量树脂,说明碳纤维/树脂界面遭到破坏,黏着力下降。老化时间越长,纤维表面附着的树脂量越少。两种老化方法下的断口形貌表现一致。

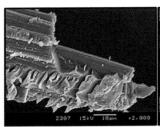  

　　(a) 老化前　　　　　　　　　(b) 加速老化80天　　　　　　　(c) 自然老化1年

图 4-38　两种方法老化时间相当后 G827/3234 的层间剪切断口形貌

图 4-39 为老化前后 G827/3234 试件的 FTIR 图。可见,无论是加速老化还是自然老化,FTIR 总体变化不大,只有个别吸收峰增强或减弱;所有曲线在 3430cm^{-1} 处有一个很强的吸收峰,可能是羟基或氨基的吸收峰,也可能是二者的混合吸收峰,环氧树脂开环聚合时产生羟基,而其固化剂中很可能含有氨基,由于 G827/3234 试件的具体成分未知,故无法准确判断该吸收峰为何种基团导致;所有曲线在 2960cm^{-1} 处也都有一个吸收峰,此处对应着亚甲基;空白试件在 2160cm^{-1} 处有一个吸收峰,老化后该峰基本消失,而在 2360cm^{-1} 处则出现了一个新的吸收峰,查阅波谱数据表可知,2160cm^{-1} 处是氨基的吸收峰,这可能是胺类固化剂在老化过程中发生氧化所致,而 2360cm^{-1} 处则是空气中 CO_2 峰;当波数低于 1500cm^{-1} 时,相应的吸收峰也发生了细微变化,但鉴于"指纹区"吸收峰的复杂性,在这里不过多分析。可见,加速老化与自然老化对 G827/3234 复合材料成分的影响几乎一致。

上述关于试件显微形貌和 FTIR 结果的对比表明:当老化时间相当时,无论是加速老化还是自然老化,G827/3234 复合材料的老化行为及机制相似,建立的实验室加速老化方法对外场自然老化具有较好的仿真性和重现性,给出的当量加速系数有效、可用。

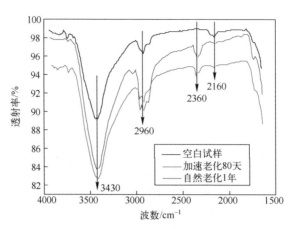

图 4-39 老化前后 G827/3234 试件表面的 FTIR 图谱

4.4.2 7B04 铝合金-CF8611/AC531 复合材料电偶腐蚀当量折算

1. 研究方法与结果规律分析

CF8611/AC531 复合材料的原始表面试件(Front Surface,FS)和机械加工断面试件(Side Surface,SS)在恒温 35℃ 的标准自来水、0.5% NaCl 溶液、2.0% NaCl 溶液、3.5% NaCl 溶液、5.0% NaCl 溶液中的动电位极化曲线测量结果如图 4-40 所示。已知 CFRP 阴极性质良好,自腐蚀电位通常为正,主体材料为惰性的碳纤维和环氧树脂,极难得失电子,不会像金属一样发生溶解,但由于碳纤维中存在少量碱金属,故阳极区在 CF8611/AC531 复合材料的极化曲线中确实存在,但占比很小,0.4~-1.7V(相对参比电极)的极化区间基本落在阴极区;FS 试件表面碳纤维被树脂覆盖,SS 试件表面碳纤维裸露,而碱金属对电解质浓度变化较为敏感,因此,随着 NaCl 浓度的改变,FS 试件的阳极段基本重合,分散性很小,SS 试件的阳极段则出现轻微波动。

在标准自来水中,FS 试件和 SS 试件极化曲线的阴极段受 NaCl 浓度变化的影响较小,表明其阴极性质相对稳定。此时,复合材料电极的表面一般发生两种还原反应,即吸氧反应和析氢反应:

$$O_2 + 2H_2O + 4e^- = 4OH^- \tag{4-39}$$

$$2H_2O + 2e^- = H_2 + 2OH^- \tag{4-40}$$

故两试件极化曲线的阴极段有明显的浓差极化区(区域 1)和活化极化区(区域 2)。在区域 1 中,吸氧反应占据主导,阴极电流密度变化率随极化电位的降低而减小,阴极反应速率由溶解氧的扩散过程控制;区域 2 中,极化电位进一步增大,阴极电流密度随之增大,变化率为逐步变大,表明溶解氧对阴极反应的

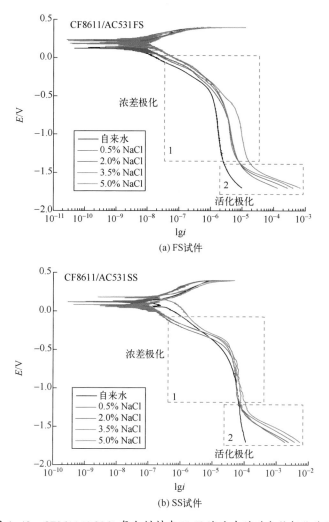

(a) FS试件

(b) SS试件

图 4-40 CF8611/AC861 复合材料在 NaCl 溶液中的动电位极化曲线

控制作用减弱,析氢反应逐渐占据主导,表现为活化过程控制。

对比两组曲线阴极段,在区域 1 末端,FS 试件极化曲线斜率较小而 SS 试件斜率较大,表明前者对溶解氧的消耗较慢而后者较快,在反应相同时间后,溶解氧扩散尚能满足 FS 试件的阴极反应,但已不能维持 SS 试件表面的阴极反应。因此,当极化电压低于-1.17V 时,SS 试件即进入活化极化区,而 FS 试件进入该区时极化电压已低于-1.35V,表现为 FS 试件的浓差极化区较大而 SS 试件的浓差极化区较小。由于标准自来水中带电粒子极少,严重限制复合材料电极表面的电化学反应进程,阴极吸氧反应速率极慢,故 FS 试件和 SS 试件在其中的极化曲线没有明显活化极化区。

7B04-T74 铝合金在恒温 35℃ 的标准自来水、0.5% NaCl 溶液、2.0% NaCl 溶液、3.5% NaCl 溶液、5.0% NaCl 溶液中的动电位极化曲线测量结果如图 4-41 所示。图中,极化曲线的阳极段存在明显的活性溶解区和钝化区;在活性溶解区,曲线斜率较小,电流密度随极化电位的升高而快速增大,溶解反应方程式为

$$Al \rightarrow Al^{3+} + 3e^- \tag{4-41}$$

在钝化区,曲线斜率增大,虽极化电位继续升高,但电流密度无明显增加。在标准自来水中,该型铝合金的自腐蚀电位较高,腐蚀电流密度极小,与在 NaCl 溶液中时差别较大,这是因为自来水中的带电粒子极少,极大阻碍了电流交换,控制着电极反应速率。随着 NaCl 的加入,电解质导电性增强,7B04-T74 铝合金的极化曲线发生移动,自腐蚀电位降低,相同的阳极极化电位所对应的腐蚀电流密度随 NaCl 浓度的增加而增大,腐蚀的热力学倾向和动力学表现均有所增强,表明该型铝合金的阳极性质对电解质中带电粒子浓度的变化表现敏感。注意到,图中极化曲线的阴极段线型和斜率基本保持一致,未出现如 CFRP 极化曲线那样显著的浓差极化区和活化极化区,表明 7B04-T74 铝合金的阴极性质远不如 CF861/AC531 复合材料。

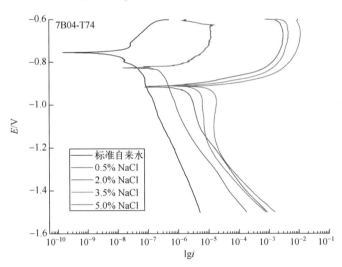

图 4-41 7B04-T74 铝合金在 NaCl 溶液中的动极化曲线

将图 4-40 和图 4-41 所示的极化曲线的拟合结果列于表 4-46 中。表 4-46 中:E_{corr} 为自腐蚀电位,反映材料的腐蚀倾向,i_{corr} 为自腐蚀电流密度,反映实际

的腐蚀情况。经对比发现：随着 NaCl 浓度的升高，CF8611/AC531 复合材料和 7B04-T74 铝合金两种材料的 E_{corr} 逐渐降低，i_{corr} 逐渐增大，表明 NaCl 的浓度越高，二者的电化学活性也就越强。

表 4-46　两种材料极化曲线的拟合结果

参　数	FS		SS		7B04-T74	
电解质	E_{corr}/V	$i_{corr}/(A/cm^2)$	E_{corr}/V	$i_{corr}/(A/cm^2)$	E_{corr}/V	$i_{corr}/(A/cm^2)$
标准自来水	0.285	1.87×10^{-8}	0.168	2.27×10^{-7}	-0.677	2.21×10^{-8}
0.5% NaCl	0.332	2.95×10^{-8}	0.188	1.48×10^{-6}	-0.819	3.32×10^{-7}
2.0% NaCl	0.288	3.00×10^{-8}	0.164	1.51×10^{-6}	-0.830	1.71×10^{-6}
3.5% NaCl	0.246	3.34×10^{-8}	0.162	1.56×10^{-6}	-0.855	4.32×10^{-6}
5.0% NaCl	0.197	3.47×10^{-8}	0.136	1.62×10^{-6}	-0.867	5.09×10^{-6}

根据表 4-46 中数据，在相同电解质中，SS 试件的 E_{corr} 低于 FS 试件，i_{corr} 比 FS 试件高出 1~2 个数量级，表明极化过程中 SS 试件表面还原反应更剧烈，其电化学活性远高于 FS 试件；7B04-T74 铝合金的 E_{corr} 远低于 CF8611/AC531 复合材料，差值不小于 0.845V，可见，当二者耦合时，一旦条件具备，铝合金将作为阳极加速溶解。在标准自来水和 0.5% NaCl 溶液中，SS 试件的 i_{corr} 高于 7B04-T74 铝合金，有两个原因二：一是复合材料的阴极性质较铝合金好，便于耗氧反应的发生；二是电解质中带电粒子少，阻碍了铝合金的极化溶解。当 NaCl 浓度高于 2.0% 时，大量带电粒子保证了 Al 的阳极溶解，7B04-T74 铝合金的 i_{corr} 增大，并超过 SS 试件的 i_{corr}。

在设计电偶试件时，采用平板对接形式，CFRP 电极与铝合金电极的间距为 3mm，工作面积均为 100mm²，即阴极与阳极面积比为 1∶1。在恒温 35℃ 的标准自来水、0.5% NaCl 溶液、2.0% NaCl 溶液、3.5% NaCl 溶液、5.0% NaCl 溶液等电解质中，测得 FS/7B04-T74 偶对和 SS/7B04-T74 偶对的电偶电位和电偶电流密度随时间的变化曲线如图 4-42 所示。

图 4-42 中，FS/7B04-T74 偶对和 SS/7B04-T74 偶对的电偶电位及电偶电流密度曲线具有如下变化特征：

（1）电解质中的带电粒子，如 Na^+、Cl^- 等浓度的增加，改变了欧姆降，使电极活性增强，最终表现为电偶电位的降低和电偶电流密度的增大，表明电偶腐蚀趋于剧烈；电偶电流密度值经历了由大到小的变化过程，即初始值较大，1600s 后稳定在较小值；由于 FS 试件表面活性阴极区面积小，FS/7B04-T74 偶对的电偶电流密度值也较小。

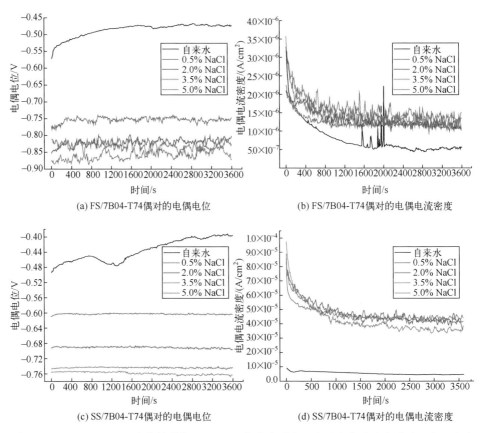

图 4-42　CF8611/AC531 复合材料与 7B04-T74 铝合金的电偶电位与电流密度随时间变化曲线

（2）在同一电解质中,SS/7B04-T74 偶对的电偶电流密度总是高于 FS/7B04-T74 偶对的电偶电流密度,这是因为 SS 试件表面活性阴极区面积大,为阴极反应的进行提供了充足的场地,电化学活性高,故对铝合金的电偶效应强于 FS 试件。

（3）SS/7B04-T74 偶对的电偶电位及电偶电流密度与时间的关系曲线,其平滑性总是好于 FS/7B04-T74 偶对,表明 SS 试件表面的活性阴极区电化学性能相对稳定,而在 FS 试件表面,随着测量的进行,携带溶解氧的电解质可能向惰性阴极区内部渗透,O_2 抵达碳纤维表面并发生还原反应,由于这种渗透不是全面的、均匀的,因此导致了 FS/7B04-T74 偶对曲线的剧烈波动。

按照 HB 5374—1987《不同金属电偶电流测定方法》中的求积法,对图 4-42 中的曲线求均值,得到在测量时间区间内 FS/7B04-T74 偶对和 SS/7B04-T74 偶对的电偶电位均值与电偶电流密度均值,列于表 4-47 中。可见:电偶电位和电偶电流密度随 NaCl 浓度的改变是非线性的, NaCl 浓度越高, 其变化越小; 在同一电解质中, FS/7B04-T74 偶对的电偶电位低于 SS/7B04-T74 偶对, 二者差值分别为 0.063V、0.15V、0.125V、0.089V、0.09V; 在标准自来水中, SS/7B04-T74 偶对的电偶电流密度是 FS/7B04-T74 偶对的 8.5 倍, 而在加入 NaCl 以后, 前者是后者的 24 倍以上, 这是由电解质中带电粒子浓度及 CFRP 试件表面活性阴极区的面积决定的; 值得注意的是, SS/7B04-T74 偶对在 5.0% NaCl 溶液中的电偶电流密度有大幅下降, 这是因为足够的带电粒子维持了 SS 表面较快的还原反应速率, 前期溶解氧被快速消耗, 初始电偶电流密度较大, 后期腐蚀受到氧扩散过程控制, 反应剧烈程度被大幅削弱。

表 4-47　电偶腐蚀参数均值

参数均值	FS/7B04-T74 偶对		SS/7B04-T74 偶对	
电解质	电偶电位/V	电偶电流密度/(A/cm²)	电偶电位/V	电偶电流密度/(A/cm²)
标准自来水	−0.476	5.59×10^{-7}	−0.413	4.74×10^{-6}
0.5% NaCl	−0.752	1.16×10^{-6}	−0.602	4.32×10^{-5}
2.0% NaCl	−0.817	1.20×10^{-6}	−0.692	4.43×10^{-5}
3.5% NaCl	−0.833	1.31×10^{-6}	−0.744	4.62×10^{-5}
5.0% NaCl	−0.851	1.52×10^{-6}	−0.761	3.71×10^{-5}

本节以 CF8611/AC531 复合材料与 7B04-T74 铝合金偶对在 3.5% NaCl 溶液中的电偶腐蚀仿真结果为例开展分析, 在其余电解质中的电偶腐蚀仿真分析参照该方法, 不再重复。

图 4-43 为在 3.5% NaCl 溶液中, CFRP/7B04-T74 偶对表面的电位分布云图。可见, FS/7B04-T74 偶对与 SS/7B04-T74 偶对表面的电位变化趋势一致, 即与分离面的距离越近, 电位变化越剧烈, 极化程度越强, 距离越远, 电位变化越平和, 极化程度越弱; 两偶对中的阳极、阴极表面受到极化影响的区域面积分别相同; SS/7B04-T74 偶对表面电位高于 FS/7B04-T74 偶对约 0.125V, 表明 SS 试件对 7B04-T74 铝合金的电偶效应强于 SS 试件。

为了直观地反映电极表面电偶参数的数值分布规律, 在模型的 x-y 面上截取一条线段 l_{AB}, l_{AB} 的两个端点 A、B 的坐标分别为 $(-10,5,0)$ 和 $(13,5,0)$, 如图 4-44 所示。由此得到不同偶对中电极表面电位沿 l_{AB} 的分布曲线, 如图 4-45 所示, 曲线的始段和末段对应着阳极左部和阴极右部, 此处曲线的斜率较小, 表明电位变化较为平缓; 曲线中段近似直线, 斜率较大, 表明电位变化剧烈; FS/7B04-T74 偶对和 SS/7B04-T74 偶对表面的电位变化量分别为 4×10^{-4}V、1.5×10^{-3}V, 后者的变化量较大,电偶腐蚀更为剧烈。

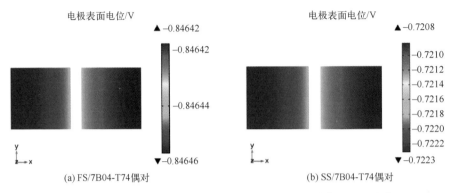

(a) FS/7B04-T74偶对   (b) SS/7B04-T74偶对

图 4-43   在 3.5% NaCl 溶液中 CFRP/7B04-T74 偶对表面电位分布

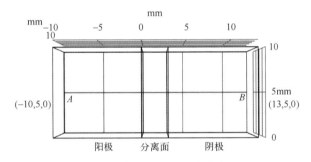

图 4-44   在 x-y 平面上的截线 l_{AB}

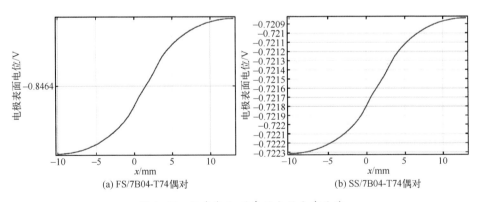

(a) FS/7B04-T74偶对   (b) SS/7B04-T74偶对

图 4-45   沿截线 l_{AB} 的表面电位分布曲线

图 4-46 为在 3.5% NaCl 溶液中,CFRP/7B04-T74 偶对表面的电流密度分布云图。为方便表述,已对图中的电流密度取绝对值。虽然电位分布云图显示

两偶对中的阳极、阴极受极化影响的区域面积分别相同,但是易见,在电流密度分布云图中,7B04-T74 电极表面的电流密度在 FS/7B04-T74 偶对中变化较小,在 SS/7B04-T74 偶对变化较大,表明 SS/7B04-T74 偶对的电偶腐蚀过程更加剧烈,大大提高了铝合金的腐蚀敏感性,造成了铝合金尤其是分离面附近铝合金的快速腐蚀。

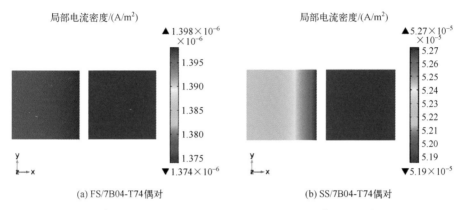

(a) FS/7B04-T74偶对　　　　　　　　　(b) SS/7B04-T74偶对

图 4-46　在 3.5% NaCl 溶液中 CFRP/7B04-T74 偶对表面电流密度分布

在电极表面,沿截线 l_{AB} 的电流密度分布曲线如图 4-47 所示。图 4-47(a)中曲线的初始电流密度为 $1.33×10^{-6}\,A/cm^2$,后逐渐升高,在与分离面的接触位置达到最大值 $2.53×10^{-6}\,A/cm^2$;在分离面的中部位置,电流密度骤降至 $1.98×10^{-6}\,A/cm^2$;在阴极面与分离面的接触位置,电流密度升至 $2.57×10^{-6}\,A/cm^2$,后逐渐降低至 $1.33×10^{-6}\,A/cm^2$。图 4-47(b)中曲线的分析方法同上,可见,SS/7B04-T74 偶对表面电流密度的跨度更大,电偶腐蚀更加剧烈。

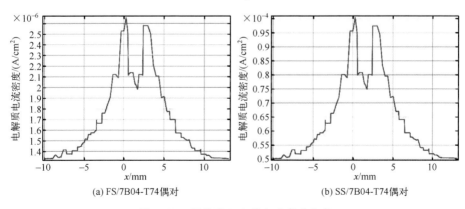

(a) FS/7B04-T74偶对　　　　　　　　　(b) SS/7B04-T74偶对

图 4-47　沿截线 IAB 的电流密度分布

参照 CF8611/AC531 复合材料与7B04-T74 偶对在 3.5% NaCl 溶液中的电偶腐蚀仿真方法,分别对偶对在标准自来水、0.5% NaCl 溶液、2.0% NaCl 溶液、5.0% NaCl 溶液中的电偶腐蚀进行仿真。在仿真完成后,对阳极 7B04-T74 铝合金,按照下式求表面电流密度的面积分,得到总电偶电流;求表面电位的均值,得到电偶电位。

$$I_g = \iint i_{\text{loc,a}} dA \tag{4-42}$$

式中:I_g 为总电偶电流(A);A 为铝合金阳极的面积(cm^2);$i_{\text{loc,a}}$ 为铝合金阳极局部电流密度(A/cm^2)。

按照下式求表面电位的均值,得到电偶电位:

$$E_g = \frac{1}{k} \sum_{i=1}^{k} E_i \tag{4-43}$$

式中:E_g 为电偶电位(V);k 为电极表面网格顶点数量(无量纲);E_i 为第 i 个网格顶点对应的电位值(V)。

将计算得到的上述偶对在不同电解质和不同阴极与阳极面积比下的电偶参数值列于表4-48 中。

表4-48　不同条件下 CFRP/7B04-T74 偶对的电偶参数计算结果

电解质	参数值	面积比					
		0.5:1	1:1	3:1	5:1	10:1	20:1
标准自来水	$I_{g,\text{FS}}$/A	2.903×10^{-7}	5.562×10^{-7}	1.550×10^{-6}	2.487×10^{-6}	4.677×10^{-6}	8.529×10^{-6}
	$E_{g,\text{FS}}$/V	-0.53992	-0.50561	-0.45126	-0.42616	-0.39262	-0.36072
	$I_{g,\text{SS}}$/A	2.519×10^{-6}	4.725×10^{-6}	1.250×10^{-5}	1.914×10^{-5}	3.164×10^{-5}	4.351×10^{-5}
	$E_{g,\text{SS}}$/V	-0.42548	-0.39207	-0.34044	-0.31786	-0.29129	-0.27451
0.5% NaCl	$I_{g,\text{FS}}$/A	6.344×10^{-7}	1.201×10^{-6}	3.420×10^{-6}	5.561×10^{-6}	1.072×10^{-5}	2.052×10^{-5}
	$E_{g,\text{FS}}$/V	-0.77389	-0.74707	-0.69464	-0.66913	-0.6344	-0.59997
	$I_{g,\text{SS}}$/A	2.180×10^{-5}	4.159×10^{-5}	1.138×10^{-4}	1.791×10^{-4}	3.150×10^{-4}	4.821×10^{-4}
	$E_{g,\text{SS}}$/V	-0.59674	-0.56246	-0.50904	-0.48497	-0.45509	-0.43264
2.0% NaCl	$I_{g,\text{FS}}$/A	6.902×10^{-7}	1.272×10^{-6}	3.625×10^{-6}	5.968×10^{-6}	1.163×10^{-5}	2.212×10^{-5}
	$E_{g,\text{FS}}$/V	-0.81935	-0.81068	-0.78097	-0.75971	-0.72708	-0.69373
	$I_{g,\text{SS}}$/A	2.422×10^{-5}	4.644×10^{-5}	1.294×10^{-4}	2.070×10^{-4}	3.847×10^{-4}	6.731×10^{-4}
	$E_{g,\text{SS}}$/V	-0.68896	-0.65458	-0.60024	-0.57528	-0.5424	-0.51272
3.5% NaCl	$I_{g,\text{FS}}$/A	7.238×10^{-7}	1.397×10^{-6}	4.883×10^{-6}	7.067×10^{-6}	1.309×10^{-5}	2.548×10^{-5}
	$E_{g,\text{FS}}$/V	-0.85056	-0.84645	-0.82639	-0.81535	-0.79109	-0.75929
	$I_{g,\text{SS}}$/A	2.712×10^{-5}	5.034×10^{-5}	1.458×10^{-4}	2.344×10^{-4}	4.421×10^{-4}	8.037×10^{-4}
	$E_{g,\text{SS}}$/V	-0.75614	-0.72216	-0.66808	-0.64288	-0.60921	-0.57748

（续）

电解质	参数值	面积比					
		0.5:1	1:1	3:1	5:1	10:1	20:1
5.0% NaCl	$I_{g,FS}$/A	9.685×10^{-7}	1.609×10^{-6}	4.163×10^{-6}	8.225×10^{-6}	1.351×10^{-5}	2.681×10^{-5}
	$E_{g,FS}$/V	-0.86196	-0.85864	-0.84584	-0.82776	-0.80886	-0.77695
	$I_{g,SS}$/A	2.009×10^{-5}	3.927×10^{-5}	1.116×10^{-4}	1.820×10^{-4}	3.486×10^{-4}	6.573×10^{-4}
	$E_{g,SS}$/V	-0.79095	-0.75762	-0.70291	-0.67702	-0.64252	-0.60886
注:$I_{g,FS}$和$E_{g,FS}$、$I_{g,SS}$和$E_{g,SS}$分别表示 FS/7B04-T74 偶对、SS/7B04-T74 偶对的总电偶电流和电偶电位							

使用 Origin Lab 8.0 软件将表 4-48 所列的 FS/7B04-T74 偶对、SS/7B04-T74 偶对的电偶参数绘制于图 4-48 中,可见,总电偶电流、电偶电位随着 NaCl 浓度的升高或阴极与阳极面积比的增大而分别增大、降低;对于在 5.0%NaCl 溶液中的 SS/7B04-T74 偶对,由于仿真时加入了极限电流密度这一约束条件,得到的总电偶电流小于在一些低浓度电解质中的总电偶电流,与实测结果相符;在标准自来水中,由于受到其中带电粒子数量的限制,总电偶电流随阴极与阳极面积比的变化相对平缓,提高 NaCl 浓度后,曲线斜率增大,总电偶电流随阴极与阳极面积比的变化趋于剧烈;在不同电解质中,电偶电位随阴极与阳极面积比的变化趋势一致,基本呈正线性相关,但当阴极与阳极面积比一定时,随着 NaCl 浓度的升高,电偶电位的变化量越来越小。

2. 仿真结果的验证

上述工作针对 CF8611/AC531 复合材料与 7B04-T74 铝合金偶对在不同条件下的电偶腐蚀,仿真得到了偶对表面电流密度、电位等的分布规律,同时得到了偶对的总电偶电流、电偶电位及其随试验条件的变化趋势等,然而,电偶腐蚀的仿真结果是否与实测结果相符尚有待验证。实测阴极与阳极面积比为 1:1 时,CFRP/7B04-T74 偶对在不同浓度电解质中的电偶电流和电偶电位与时间的关系曲线,并求取均值,列于表 4-48 中,故考虑将对应的仿真值与其展开对比,以证明模型的有效性、可用性。

将 CFRP/7B04-T74 偶对电偶参数的实测值和仿真值绘制于图 4-49 中。仿真误差由下式计算,并注于图中:

$$e = \left| \frac{n_{sim} - n_{mea}}{n_{mea}} \right| \times 100\% \qquad (4-44)$$

式中:e 为相对误差,无量纲;n_{sim}、n_{mea} 分别为电偶参数的仿真值、实测值,单位与对应的参数相同。

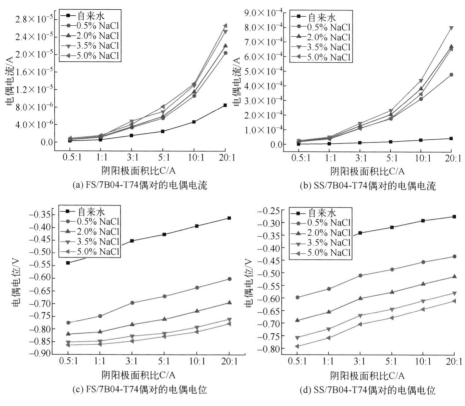

图 4-48　不同条件下 CFRP/7B04-T74 偶对的电偶参数变化曲线

在图 4-49 中,两类电偶参数的仿真值与实测值变化趋势基本一致;电偶电流的最大误差为 6.76%,出现在对处于 3.5% NaCl 溶液中的 SS/7B04-T74 偶对的电偶腐蚀仿真中,最小误差为 0.50%,出现在对处于标准自来水中的 FS/7B04-T74 偶对的电偶腐蚀仿真中;电偶电位的最大误差为 6.57%,出现在对处于 0.5% NaCl 溶液中的 SS/7B04-T74 偶对的电偶腐蚀仿真中,最小误差为 0.44%。可见,电偶参数的仿真值和实测值吻合较好,所建立的仿真模型能够用于模拟复合材料与铝合金的电偶腐蚀,且精度较高。

3. 当量折算系数

若依靠外场监测或实验室试验等方法获取 7B04-T74 铝合金和 CF8611/AC531 复合材料耦合结构在不同腐蚀环境中、不同面积比和表面状态下的电偶参数,则测量因素多、水平多,极可能导致费时费力、效率低下,而经电偶腐蚀模型计算得到的电偶电流精度较高,可直接用于改进后的 7B04-T74 铝合金当量折算系数的计算。

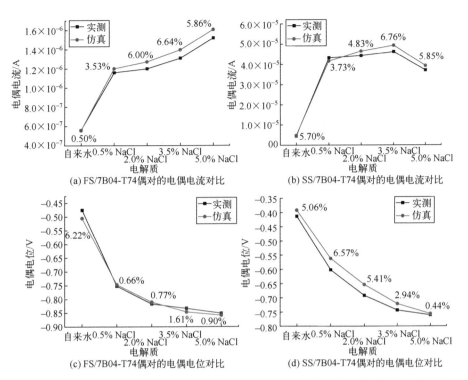

图 4-49 阴极与阳极面积比为 1∶1 时 CFRP/7B04-T74 偶对电偶参数实测值与仿真值对比

由表 4-48 可知,7B04-T74 铝合金在标准自来水中的自腐蚀电流密度为 2.21×10^{-8}A/cm^2,而测量用的电极面积恰为 1cm^2,那么,I_w 的值即为 2.21×10^{-8}A;同理可得到,该型铝合金在其他电解质中的自腐蚀电流 I_s;电偶电流 I_g 已列于表 4-48 中,可直接使用;将上述参数逐一代入式(4-24)中计算;将得到的改进后的当量折算系数列于表 4-49 中。由式(4-24)可知,折算系数与电偶电流密切相关,电偶腐蚀越剧烈,电偶电流也就越大,折算系数就越小,加速作用就越强。另外,对比单一金属的折算系数可知,电偶腐蚀对阳极金属的腐蚀加速作用极强,试验中不可忽略,故计算并丰富电偶腐蚀影响下金属的当量折算系数十分必要。

表 4-49 与 CF8611/AC531 复合材料耦接时
7B04-T74 铝合金的当量折算系数

折算系数		电解质				
面积比	偶对	标准自来水	0.5% NaCl	2.0% NaCl	3.5% NaCl	5.0% NaCl
0.5∶1	α_{FS}	0.070742638	0.022868851	0.009207413	0.004381643	0.003647786
	α_{SS}	0.008698733	0.000998374	0.000852262	0.000702971	0.000877541

（续）

折算系数		电解质				
面积比	偶对	标准自来水	0.5% NaCl	2.0% NaCl	3.5% NaCl	5.0% NaCl
1:1	α_{FS}	0.038216781	0.014420881	0.007412128	0.003866002	0.003299197*
	α_{SS}	0.00465518	0.000527207	0.000458982	0.000404332	0.000498197
3:1	α_{FS}	0.014058524	0.005889721	0.004142533	0.002401495	0.002388363
	α_{SS}	0.001765021	0.000193686	0.000168612	0.000147245	0.000189407
5:1	α_{FS}	0.008809695	0.003750212	0.002878316	0.001940759	0.001659845
	α_{SS}	0.001153258	0.000123153	0.000105883	9.25771×10^{-5}	0.00011815
10:1	α_{FS}	0.004703028	0.001999276	0.001656672	0.001269167	0.0011883
	α_{SS}	0.000697907	7.00826×10^{-5}	5.71976×10^{-5}	4.95061×10^{-5}	6.2477×10^{-5}
20:1	α_{FS}	0.002584493	0.001059952	0.000927402	0.000741685	0.000692899
	α_{SS}	0.00050773	4.58086×10^{-5}	3.2749×10^{-5}	2.73505×10^{-5}	3.3366×10^{-5}

注：α_{FS}、α_{SS} 分别为在 FS/7B04-T74 偶对、SS/7B04-T74 偶对中的 7B04-T74 铝合金的当量折算系数

4.5 不同液膜厚度下铝-钛电偶腐蚀当量折算

飞机长期在高温、高湿、高盐雾环境中服役,腐蚀类型主要以大气腐蚀为主,其本质上就是不同厚度液膜下电化学腐蚀,与溶液中的腐蚀有很大区别,这主要是由于薄液膜厚度的变化会影响电极反应的传质过程,如溶解氧的扩散、腐蚀产物的积聚等,进而对大气腐蚀的速度产生显著的影响。目前,国内外对于液膜状态下金属的腐蚀电化学行为的研究较为深入,但由于液膜厚属微米级,其准确控制与测量仍是研究的难题。当量折算是基于金属电化学等电量原则建立当量关系,从而使试件能够在可控的实验室环境下达到与原环境下相同的腐蚀效果,目前不同 Cl⁻ 浓度对腐蚀影响的当量折算已有相关研究,而对大气腐蚀仍停留在单一金属不同温度和湿度下折算为标准潮湿空气(温度40℃,湿度RH＝90%)的研究,未见将液膜环境与本体溶液进行电偶腐蚀当量折算的研究,而准确的液膜与本体溶液之间的当量关系可以避开液膜厚度控制的难题,从而为探究复杂结构件液膜状态下腐蚀行为提供了可能。

本研究以飞机承力结构使用的 2024 铝合金和 TA15 钛合金作为研究对象,液膜厚度采用自制的由铂丝、千分尺、高精度电流表等组成的液膜测量装置进行,采用动电位极化测量方法研究 2024 铝合金和 TA15 钛合金在不同厚度液膜下的腐蚀电化学行为,并建立与本体溶液当量折算关系。

4.5.1　液膜条件下电化学测试方法

1. 试件制备

将 2024 铝合金和 TA15 钛合金线切割成 10mm×10mm×3mm 长方体试样,其中一个 10mm×10mm 面为工作面,并在另一 10mm×10mm 面引出一根铜导线用于电化学测量。除工作面外,其余部分利用环氧树脂封装在 PVC 管中。待环氧树脂完全固化后,用水砂纸将外露工作面逐级打磨至 3000#,无水乙醇和丙酮清洗、除油,吹干后置于干燥皿内待用。为降低液膜较大欧姆降对于试验结果影响,试验采用微距参比电极倒置的方法,即在试件工作面上方 1mm 处钻出 1mm 左右的小孔,小孔中充满饱和 KCl 琼脂,试件底部连接装满饱和 KCl 溶液的 U 形管作为盐桥。由于薄液膜一般是微米级别的,在测量同一液膜厚度下 2024 铝合金和 TA15 钛合金的极化曲线很容易由于液膜厚度难以准确达到一致厚度而引起误差,故本试验将两种金属同时封装在 PVC 管中,试件如图 4-50 所示。

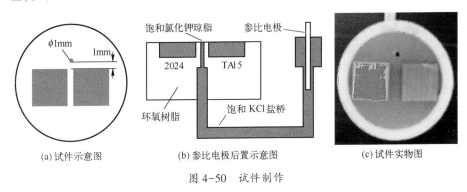

(a) 试件示意图　　　(b) 参比电极后置示意图　　　(c) 试件实物图

图 4-50　试件制作

2. 液膜厚度测量

本研究中液膜厚度测量装置由前端装有铂针的千分尺和高灵敏度欧姆表组成,如图 4-51 所示。在进行厚度测量时,转动千分尺使铂针下移,一旦铂针与液膜接触,电流就会发生突变,而当铂针接触到铝合金表面时,电流又有一突变,两次电流突变间铂针移动的距离即为液膜厚度。

3. 试验方法

将试件、饱和甘汞电极和铂电极按照图 4-52 进行装置,构成三电极体系,接入 PARSTAT4000 电化学工作站。采用动电位扫描法,扫描范围为 -250 ～ 250mV,扫描速率为 1mV/s,并利用 VersaStudio 软件对试验数据进行采集测量,得到极化曲线。

将同时嵌有 2024 铝合金、TA15 钛合金 2 种材料试件放置于图 4-53 所示

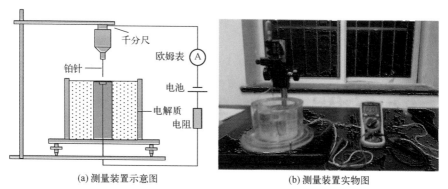

(a) 测量装置示意图　　　　　　　　(b) 测量装置实物图

图 4-51　薄液膜厚度测量装置

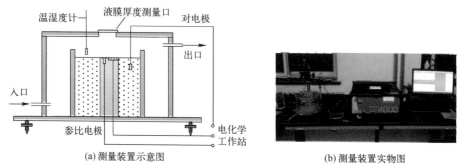

(a) 测量装置示意图　　　　　　　　(b) 测量装置实物图

图 4-52　薄液膜下极化曲线电化学测量装置

的装置中,接入电化学工作站,进行电偶电流测量。

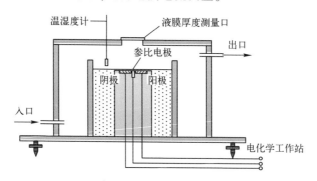

图 4-53　薄液膜下电偶电流电化学测量装置

4.5.2　不同液膜厚度下铝-钛腐蚀规律分析

1. 极化曲线

研究中,向试验装置中添加 3.5% NaCl 溶液,用 1mL 微量注射器缓慢调整液膜厚度并多次进行厚度测量,直到液膜厚度达到预定值,整个液膜厚度调整过程中为防止液膜挥发使得液膜不稳定,需利用加湿器不断向装置内通入湿气,待达到气液两相平衡,液膜稳定后进行极化曲线测量,结果如图 4-54 和图 4-55 所示。虽然本试验对阳极极化曲线也进行了测量,但在薄液膜的阳极极化中,金属离子平行于电极表面扩散,使得阳极电流集中在电极边缘,电流密度分布不均匀对电解质层的阳极极化有很大的影响,给试验带来较大误差,而在阴极,O_2 垂直于电极表面扩散通过薄的电解质层,电荷转移可以发生在整个电极表面,因此阴极电流密度将在整个电极均匀分布,所以本研究利用 Cview 对阴极极化曲线进行拟合得到电化学动力学参数,如表 4-50 和表 4-51 所示。

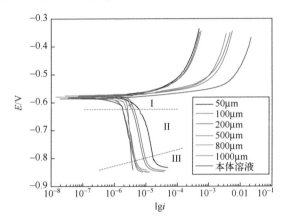

图 4-54　2024 铝合金在溶液和薄液膜下的极化曲线

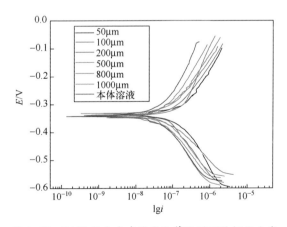

图 4-55　TA15 钛合金在溶液和薄液膜下的极化曲线

表 4-50　2024 铝合金不同液膜厚度下电化学动力学参数

参 　 数	50μm	100μm	200μm	500μm	800μm	1000μm	solution
E_{corr}/mV	−576.16	−576.91	−581.13	−577.75	−582.54	−586.42	−588.66
I_{corr}/(μA·cm^{-2})	4.5868	3.4897	3.0582	2.0643	1.7429	1.5564	1.5214
β_c/mV	−512.3	−530.3	−514.22	−525.61	−547.26	−516.87	−522.61

表 4-51　TA15 钛合金不同液膜厚度下电化学动力学参数

参 　 数	50μm	100μm	200μm	500μm	800μm	1000μm	solution
E_{corr}/mV	−334.94	−349.99	−344.29	−335.07	−345.65	−339.84	−345.00
I_{corr}/(μA·cm^{-2})	1.639×10^{-1}	8.301×10^{-2}	7.523×10^{-2}	5.597×10^{-2}	5.116×10^{-2}	4.995×10^{-2}	4.972×10^{-2}
β_c/mV	−245.03	−143.34	−189.19	−174.12	−174.08	−204.13	−193.45

由图 4-54 和表 4-50 不难看出,2024 铝合金自腐蚀电位在液膜状态和本体溶液状态下相差不大,液膜状态下的自腐蚀电位比溶液状态下略高,基本分布在−570~−590mV 之间,其阴极极化曲线存在明显的扩散平台,可分为三个区域:Ⅰ为弱极化区,Ⅱ为 O_2 扩散控制区,Ⅲ为 H^+ 的还原过程。

区域Ⅰ,阴极反应主要为 O_2 的还原反应,即

$$O_2+2H_2O+4e^-\rightarrow4OH^-$$

而对于区域Ⅲ,起始电位为 −0.83~0.86mV 显然是 H^+ 发生析氢反应,即

$$2H_2O+2e^-\rightarrow H_2+2OH^-$$

对于区域Ⅱ,结合表 4-50 可以看出液膜越薄,自腐蚀电流越大,50μm 液膜下的自腐蚀电流相当于本体溶液的 3 倍,随着液膜厚度的增加,阴极极化行为越来越接近于本体溶液,当液膜厚度达到 1000μm 时与本体溶液基本一致。其原因是:由于扩散系数 D 的取值取决于扩散物质的粒子大小、溶液的黏度和热力学温度,室温下,在没有搅拌只有溶液自然对流情况下,达到定常态时扩散层厚度约为 100μm,由 Nernst-Fick 公式相同试验环境条件下,对于一维扩散来说,金属在薄液膜下的极化行为中阴极电流密度主要与扩散层表面 O_2 浓度有关,当液膜厚度小于或等于 100μm 时,O_2 直接进入扩散层不经本体溶液,扩散层的浓度梯度很大,提高了 O_2 的还原速度,从而产生较大的阴极电流,随着液膜厚度的升高,O_2 通过液膜扩散到电极表面越来越困难,导致 c_b 和 c_s 减小,当 $c_s=0$ 时,扩散层浓度梯度达到最大,即 O_2 一扩散到电极表面立即被阴极还原掉,形成极限扩散电流密度。

$$i_{O_2}=\frac{nFD_{O_2}(c_b-c_s)}{\delta} \tag{4-45}$$

式中:n 为转移电子数目;F 为法拉第常数;δ 为扩散层厚度;D_{O_2} 为扩散系数;c_b、c_s 分别为扩散层和电极表面 O_2 浓度。

对于不同液膜下,其阴极 Tafel 斜率大体一致,原因是:由阴极 Tafel 斜率 β_c(式(4-46))知,β_c 与温度 T、传递系数 α 有关,而 α 主要反映双电层中电场强度对反应速度的影响,取决于电极反应的类型,与温度有关,与反应物和产物的浓度关系不大。本研究相界区即为双电层,其厚度一般是纳米级,而考量的液膜厚度最小值为 $50\mu m$,所以对于传递系数 α 的影响也很小。研究中试验都是室温条件下,所以阴极 Tafel 斜率基本一致。

$$\beta_c = \frac{2.3RT}{\alpha nF} \tag{4-46}$$

式中:n 为转移电子数目(无量纲);F 为法拉第常数(c/mol);α 为传递系数;T 为热力学温度(K);R 为理想气体常数(J/(mol·k))。

由图 4-55 和表 4-51 可以看出:TA15 钛合金自腐蚀电位稳定在 $-345 \sim -355mV$ 之间,相比于 2024 铝合金自腐蚀电位高,故可以形成电偶对,发生电偶腐蚀。由于钛合金与铝合金阴极极化过程中都发生 O_2 的还原反应,而且环境条件一致,因此其阴极极化行为类似,但相比于 2024 铝合金,TA15 钛合金极化行为受液膜厚度的影响相对较小,这可能是由于钛合金相对于铝合金稳定且表面易钝化造成的。

2. 电偶电流

利用与极化曲线测量类似方法进行 2024 铝合金与 TA15 钛合金不同液膜厚度下电偶电流测量。为保证电极表面薄液膜的稳定及减少腐蚀产物沉积对测量结果的影响,适当缩短电偶电流测量时间,总时间为 3600s,每 10s 记录一个电偶电流值,试验结果如图 4-56 所示。

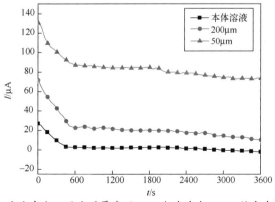

图 4-56　溶液中和不同液膜厚度下 2024 铝合金与 TA15 钛合金电偶电流

由图 4-56 可以看出:溶液和不同液膜厚度下的电极间电偶电流在 500～700s 趋于稳定,随后上下波动但变化不大;但随着反应的进行,液膜状态下的电偶电流逐渐出现下降趋势,这是由于液膜影响了传质过程,导致产生的腐蚀产物积聚在电极表面,使得腐蚀速率降低造成的。

4.5.3 数值模拟与试验对比分析

本研究以表 4-50 和表 4-51 中的电化学动力学参数以及铝合金极化曲线阳极段的分段插值函数作为边界条件,电解质电导率利用 DDSJ-308A 电导率仪测得,其值为 5.6S/m,利用基于薄壳电流分布建立的 Comsol 仿真模型对液膜下电偶腐蚀进行仿真并与基于二次电流分布建立的溶液电偶腐蚀仿真模型的仿真结果进行对比,如图 4-57 所示。

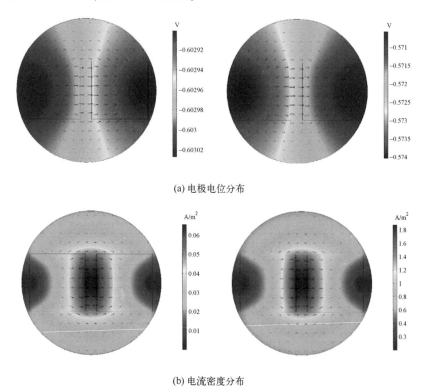

(a) 电极电位分布

(b) 电流密度分布

图 4-57 溶液和液膜(50μm)下电极电位及电流密度分布

由图 4-57 可以看出,薄液膜下的电极表面的电位分布范围为 -571～-574mV,相比于溶液电位分布区间要高,电位自 2024 试件右侧边缘向 TA15

试件左侧边缘递增,对应的阴极、阳极最大电流密度出现在两试件靠近的中间边缘。这是由于虽然液体的电导率 σ_l 相同,但微米级的液膜厚度极大地增加了液体的电阻,使得电极表面液膜电解质出现较大的 IR 降,导致电位分布较广。

对 2024 铝合金表面电流密度 i 进行面积分,即

$$I_g = \iint i dA \tag{4-47}$$

获得 TA15 与 2024 之间的电偶电流 I_g,如表 4-52 所示。

表 4-52　不同液膜厚度下电偶电流仿真结果

	50μm	100μm	200μm	500μm	800μm	1000μm	溶液
$I_g / \mu A$	82.054	68.640	20.882	8.4600	4.6314	3.1738	3.1527

将仿真结果与试验值对比如图 4-58 所示。

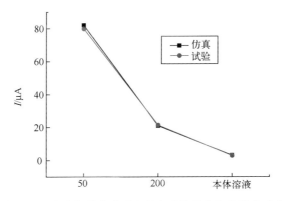

图 4-58　溶液与薄液膜下电偶电流试验值与计算值对比

可以看出,电偶电流试验值与仿真值吻合较好,误差在 6% 以内,证明了通过仿真计算得到对于不同液膜厚度下 TA15 与 2024 之间的电偶电流的可行性。

4.5.4　不同液膜厚度下铝-钛当量折算规律

不同液膜厚度与溶液状态下电偶腐蚀当量折算系数变化如图 4-59 所示。由图可以看出,当液膜厚度越薄时,折算系数下降速率越大,到 1000μm 时无论有无电偶腐蚀其折算系数均基本趋于 1。

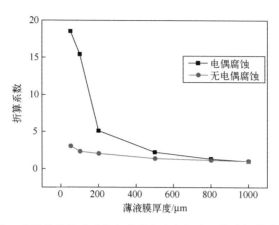

图 4-59　不同液膜厚度下电偶腐蚀与无电偶腐蚀当量折算系数变化

4.6　多电极耦合体系下电偶腐蚀行为与当量折算

　　飞机在服役环境中面临各种复杂、严酷的自然环境,腐蚀问题不容忽视,而服役在沿海一带的飞机由于经常面对高温、高湿、高盐的海洋大气环境,大气腐蚀问题更为突出。搭接或连接结构是飞机主要的异种金属连接形式,连接在一起的异种金属或金属与非金属,由于基材电位差不同而极易发生电偶腐蚀。目前,国内外对于电偶腐蚀研究较为深入,但对于电偶腐蚀的研究主要集中在双电极的腐蚀行为研究,由于飞机搭接或连接结构中铆钉、螺栓、垫圈等一般采用标准件,选材往往与基体材料不一致,易形成多电偶对,所以在研究两种金属耦合的基础上探讨多电极体系中各电极腐蚀行为是必要的。

　　由于大气腐蚀本质就是不同厚度液膜下的电化学腐蚀,所以本研究以TC18 钛合金、30CrMnSiNi2A 高强钢、2A12 铝合金作为研究对象,搭建薄液膜的控制与测量装置,采用动电位极化方法测量三种材料在 100μm 液膜厚度下的腐蚀电化学行为,建立基于薄壳电流分布的多电极有限元仿真模型并将仿真结果与试验结果进行对比分析。

4.6.1　三电极耦合体系下电偶腐蚀行为与当量折算

1. 三电极体系腐蚀试验方法

1）试件制备

将 TC18 钛合金、30CrMnSiNi2A 高强钢、2A12 铝合金三种材料分别线切割成 10mm×10mm×3mm 长方体试件,除预留的一个 10mm×10mm 工作面外,其余面用环氧树脂密封在 PVC 管中,待环氧树脂完全固化后,用水磨砂纸将外露工作面逐级打磨至 3000#,无水乙醇和丙酮清洗、除油,吹干后置于干燥皿内待用。

　　将三种材料电极同时密封在同一圆形区域内构成多电极体系,如图 4-60 所示。

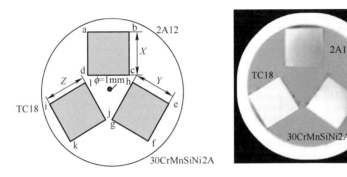

图 4-60　多电极分布图

　　2）电化学试验

　　将试件、饱和甘汞电极和铂电极按照图 4-61 所示进行装置,构成三电极体系,接入 PARSTAT4000 电化学工作站。为降低液膜较大欧姆降对于试验结果影响,试验采用微距参比电极后置的方法,即在试件工作面中央钻出直径 1mm 左右的小孔(图 4-60),小孔中充满饱和 KCl 琼脂,试件底部连接装满饱和 KCl 溶液的 U 形管作为盐桥。电解质溶液采用 3.5% NaCl 溶液,用 1mL 微量注射器缓慢调整液膜厚度并多次进行厚度测量,直到液膜厚度达到预定值 100μm,整个液膜厚度调整过程中为防止液膜挥发使得液膜不稳定,需利用加湿器不断向装置内通入湿气,直到达到气液两相平衡。采用动电位扫描法,扫描范围为 -500~500mV,扫描速率为 0.5mV/s,并利用 VersaStudio 软件对试验数据进行采集,得到极化曲线。将同时嵌有三种材料的多电极试件接入电化学工作站,依次断开三个电极中的任意一个电极,通过电化学工作站测量这个电极与其他两个电极之间的电偶电流。

　　2. 三电极体系腐蚀规律分析

　　1）极化曲线

　　利用动电位极化测量得到三种材料的极化曲线结果如图 4-62 所示。由图可以看出,2A12 铝合金自腐蚀电位最低,30CrMnSiNi2A 高强钢次之,TC18 钛合金最高。利用 Cview 拟合各电极的极化曲线得到其电化学动力学参数中自腐蚀电位 E_{corr}、自腐蚀电流密度 i_{corr} 见表 4-53。

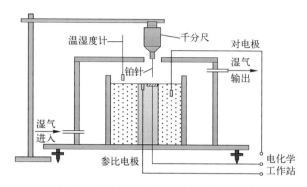

图 4-61　薄液膜下极化曲线电化学测量装置

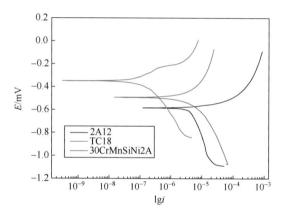

图 4-62　100μm 薄液膜下的极化曲线

表 4-53　各电极 100μm 液膜厚度下电化学动力学参数

材料	E_{corr}/mV	$i_{corr}/(\mu A/cm^2)$
30CrMnSiNi2A	−498.09	6.5119
2A12	−585.09	4.3609
TC18	−353.55	0.16582

　2）电偶电流

　　为保证电极表面薄液膜的稳定并减少腐蚀产物沉积对测量结果的影响,适当缩短电偶电流测量时间,总时间为 7200s,每 10s 记录一个电偶电流值,试验结果如图 4-63 所示。由图可以看出,当 2A12、30CrMnSiNi2A、TC18 的面积比为 1∶1∶1 时,2A12 作阳极,TC18 和 30CrMnSiNi2A 作阴极,且各电极电偶电流符合 $|I_{2A12}| \approx |I_{TC18}| + |I_{30CrMnSiNi2A}|$。薄液膜电极间电偶电流在 1200~1500s 趋于稳定,随后上下波动但变化不大;但随着反应的进行,2A12 的电偶电流逐渐出现

下降趋势(由于液膜影响了传质过程产生的腐蚀产物积聚在电极表面,使得腐蚀速率降低),30CrMnSiNi2A 高强钢表面电偶电流也呈下降趋势,下降幅度较小(因为 30CrMnSiNi2A 高强钢自腐蚀速率较快,产生的腐蚀产物对于电偶电流的影响相比于 2A12 铝合金要大,所以在不达到其表面阴极反应极限电流密度的前提下,其电偶电流会有所减小,但波动较小)。

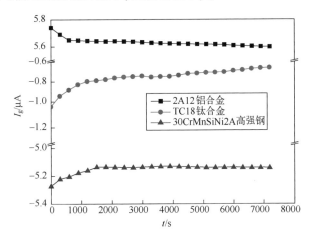

图 4-63　薄液膜状态下多电极耦合体系的电偶电流

3) 腐蚀形貌

将 2A12、30CrMnSiNi2A 和 TC18 耦合后置于厚度为 100μm 的 3.5% NaCl 液膜下,每隔 24h 取样,清洗烘干后用 KH-7700 体式显微镜对其腐蚀形貌进行观察,如图 4-64 所示。由图可以看出,在多电极体系中,2A12 铝合金、30CrMnSiNi2A 高强钢表面腐蚀分别以 c、f 点为中心呈不规则弧状向外扩展,TC18 表面变化较小。这是由于在耦合体系中,从各电极表面电偶电流正、负性(图 4-64)可以看出,2A12 铝合金作阳极,30CrMnSiNi2A 高强钢作阴极,30CrMnSiNi2A 高强钢表面 h 点是距离 2A12 铝合金最近的点,其表面主要发生去极化剂还原反应,而 2A12 铝合金表面 c 点是距离阴极最近的点,阳极溶解较电极表面的其他点更为剧烈,TC18 钛合金为钝性金属且在耦合体系中作阴极,其表面的阳极溶解很小。

3. 数值模拟机理与结果分析

1) 仿真原理

液膜状态下,由于电极表面液膜相比于整个液面面积较小,故对模型进行简化。假设不考虑离子扩散影响,电位梯度 $\nabla\varphi_1$、电导率、电流密度满足欧姆定律,即

$$i_1 = -\sigma_1 \nabla\varphi_1 \tag{4-48}$$

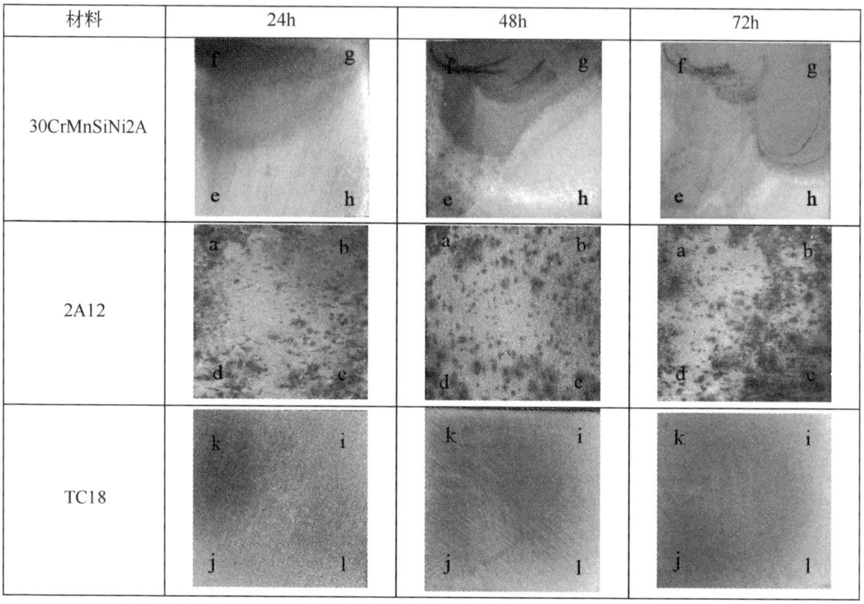

材料	24h	48h	72h
30CrMnSiNi2A			
2A12			
TC18			

图 4-64　多电极体系各电极微观腐蚀形貌

式中:i_1 为电解质电流分布矢量(A/m^2);σ_1 为电解质电导率(S/m)。

在电流密度为 i_1 的空间中,从任一闭合面 S 流出的总电流为

$$\oint_s \boldsymbol{i}_1 \cdot \mathrm{d}\boldsymbol{S} = -\frac{\partial q}{\partial t} = -\frac{\partial}{\partial t}\int_V \rho \mathrm{d}V = -\int_V \frac{\partial \rho}{\partial t}\mathrm{d}V \tag{4-49}$$

式中:$\frac{\partial q}{\partial t}$ 为由 S 包围的体积 V 中单位时间里电荷的减少量(C/s);ρ 为电荷密度(C/m^3)。

整理式(4-49)可知

$$\int_V \left(\boldsymbol{\nabla} \cdot \boldsymbol{i}_1 + \frac{\partial \rho}{\partial t} \right) \mathrm{d}V = 0 \tag{4-50}$$

假设溶液中电荷空间分布不随时间变化,即

$$\frac{\partial \rho}{\partial t} = 0 \tag{4-51}$$

由于液膜的厚度一般非常小,往往是微米级,其电解质法向电流分布梯度接近于0,可以简化为二维分布,利用三维空间中的立方体网格是无法对该结构进行剖分的,因此采用溶液状态下的模型显然是不合适的。薄壳电流分布通过在电极表面建立无厚度薄壳结构来代替电解液,同时假设该壳体结构沿法向方向电流变化忽略不计,仅考虑沿边界切向离子流的传导,即

$$\nabla \cdot (s\boldsymbol{i}_1) = 0 \qquad\qquad (4\text{-}52)$$

式中：s 为液膜厚度（μm）。

2）边界条件

仿真模型以三种材料在 100μm 薄液膜下的极化曲线（图 4-62）分别作为模型的边界条件。耦合体系中，电位最高的 TC18 钛合金确定作阴极，电位最低的 2A12 铝合金确定作阳极，分别利用其电化学动力学参数或整条阴极、阳极极化曲线作为边界条件，对介于两者之间的 30CrMnSiNi2A 高强钢来说，其可能作阴极也可能作阳极，采用分段线性插值函数表示其整条极化曲线并作为边界条件。

3）仿真与试验结果对比分析

电解质电导率利用 DDSJ-308A 电导率仪测得，其值为 5.6S/m，利用基于薄壳电流分布建立的 Comsol 仿真模型对 100μm 液膜下电偶腐蚀进行仿真，得到耦合体系表面电位及电流密度分布，结果如图 4-65 所示。

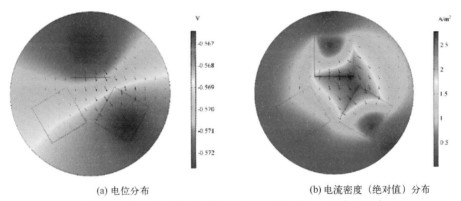

(a) 电位分布　　　　　　　　　　(b) 电流密度（绝对值）分布

图 4-65　薄液膜下多电极耦合体系表面电位及电流密度分布

可以看出薄液膜下的电极表面的电位分布范围为 $-567 \sim -572\text{mV}$，介于阳极 2A12 铝合金与阴极 30CrMnSiNi2A 高强钢/TC18 钛合金自腐蚀电位之间，而阴极、阳极最大电流密度主要集中在 30CrMnSiNi2A 高强钢与 2A12 铝合金之间，在 TC18 钛合金上较少。这是由于虽然液体的电导率 σ_1 相同，但微米级的液膜厚度极大地增加了液体的电阻，使得电极表面液膜电解质出现较大的欧姆电位降，导致其电位分布较广。虽然 TC18 钛合金与 2A12 铝合金电位差相差最大，但 TC18 钛合金阴极极限电流密度较小，耦合体系中 TC18 钛合金阴极反应速率主要受 O_2 扩散控制，在混合电极体系中各电极耦合电流应符合 $\sum_{i=1}^{3} I_i = 0$，而 2A12 铝合金表面阳极电偶电流较大，故电偶电流主要集中在 30CrMnSiNi2A 高强钢与 2A12 铝合金之间。

对各电极表面电流密度进行派生值面积分,获得各电极表面电偶电流 I_g,与试验值对比如图 4-66 所示。

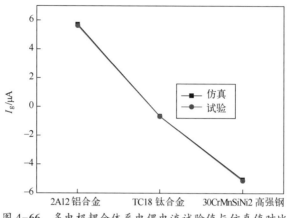

图 4-66　多电极耦合体系电偶电流试验值与仿真值对比

由图 4-66 可以看出:电偶电流试验值与仿真值吻合较好,误差基本维持在 5% 以内,证明了通过仿真计算得到多电极体系中各电极电偶电流的可行性。

4)不同面积比对多电极影响

一般情况下,多电极体系往往出现在飞机材料搭接或连接部分,各电极面积比一般不会是 1∶1,不同面积比对于多电极的影响通过试验进行研究其工作量和成本很大,所以本研究利用提出的仿真模型通过对各材料 X、Y、Z 三边分别进行参数化扫描,扫描步长为 1mm,扫描范围为 [1, 100] mm,从而计算 30CrMnSiNi2A 高强钢、2A12 铝合金、TC18 钛合金在不同面积比状态下的电偶电流,其结果如图 4-67 所示。由图可见:2A12 铝合金、30CrMnSiNi2A 高强钢面积增大时,30CrMnSiNi2A 高强钢、2A12 铝合金电极表面电偶电流值绝对值的对数均与其对应面积的对数呈线性关系,而 TC18 钛合金电偶电流的绝对值变化幅度较小;当 TC18 钛合金面积增大时,TC18 钛合金、2A12 铝合金表面电偶电流绝对值呈线性增长,但 2A12 铝合金增长幅度较小,30CrMnSiNi2A 高强钢电偶电流基本不变。这是由于如果不考虑浓差极化,而且在溶液电阻很小情况下,2A12 铝合金/30CrMnSiNi2A 高强钢/TC18 钛合金短接后都极化到同一电位耦合电位 E_g。2A12 铝合金作阳极,其极化电流密度为

$$i_1 = i_{corr1} \left[\exp\left(\frac{E_g - E_{corr1}}{\beta_{a1}} \right) - \exp\left(\frac{E_g - E_{corr1}}{\beta_{c1}} \right) \right] \tag{4-53}$$

式中:β_{a1}、β_{c1} 分别代表 2A12 铝合金阳极和阴极 Tafel 斜率。

对于 30CrMnSiNi2A 高强钢、TC18 钛合金来说,$E_g - E_{corr2} < 0$,$E_g - E_{corr3} < 0$,发生阴极极化,因此极化电流是负值。30CrMnSiNi2A 高强钢极化到电位 E_g 时的

阴极极化电流密度为

$$i_2 = i_{corr2}\left[\exp\left(-\frac{E_g - E_{corr2}}{\beta_{c2}}\right) - \exp\left(\frac{E_g - E_{corr2}}{\beta_{a2}}\right)\right] \tag{4-54}$$

式中：β_{a2}、β_{c2} 分别代表 30CrMnSiNi2A 高强钢阳极和阴极 Tafel 斜率。

由于 TC18 钛合金表面去极化剂 O_2 的极限电流密度较小，而 TC18 钛合金与阳极 2A12 铝合金的电位差较大，因此在 TC18 钛合金表面 O_2 一扩散到电极表面极易被全部还原。O_2 的还原反应速度由扩散过程控制，其阴极反应的电流密度等于极限扩散电流密度，即

$$i_3 = i_{lim3} \tag{4-55}$$

2A12 铝合金、30CrMnSiNi2A 高强钢、TC18 钛合金面积分别为 A_1、A_2、A_3，则电偶电流为

$$I_g = i_1 A_1 = |i_2|A_2 + |i_3|A_3 \tag{4-56}$$

假设 2A12 铝合金、30CrMnSiNi2A 高强钢、TC18 钛合金接触后，2A12 铝合金主要进行阳极溶解反应，其表面的去极化剂还原反应的速度相比于阳极溶解速率可以忽略不计，与此同时，由图 4-64 可以看出，腐蚀初期与 2A12 铝合金相近的 30CrMnSiNi2A 高强钢表面腐蚀产物聚集很少，说明其主要进行去极化剂的是阴极还原反应，阳极溶解反应速度很小，以至于 $\exp\left(\dfrac{E_g - E_{corr1}}{\beta_{c1}}\right)$、$\exp\left(\dfrac{E_g - E_{corr2}}{\beta_{a2}}\right)$ 都可约简为零。此时，式（4-56）可简化为

$$\begin{aligned} I_g &= A_1 i_{corr1} \exp\left(\frac{E_g - E_{corr1}}{\beta_{a1}}\right) \\ &= A_2|i_{corr2}|\exp\left(-\frac{E_g - E_{corr2}}{\beta_{c2}}\right) + A_3|i_{lim3}| \end{aligned} \tag{4-57}$$

当 TC18 钛合金面积不变时，$|i_3|A_3$ 相比于 i_1A_1、$|i_2|A_2$ 很小，故假设 $A_3|i_{lim3}| \approx 0$，式（4-57）进一步近似约简，即

$$I_g = A_1 i_{corr1} \exp\left(\frac{E_g - E_{corr1}}{\beta_{a1}}\right) = A_2|i_{corr2}|\exp\left(-\frac{E_g - E_{corr2}}{\beta_{c2}}\right) \tag{4-58}$$

由式（4-58）可解出

$$\begin{aligned} \ln I_g &= \frac{E_{corr2} - E_{corr1}}{\beta_{a1} + \beta_{c2}} + \frac{\beta_{a1}}{\beta_{a1} + \beta_{c2}}\ln(A_1 i_{corr1}) \\ &\quad + \frac{\beta_{c2}}{\beta_{a1} + \beta_{c2}}\ln(A_2|i_{corr2}|) \end{aligned} \tag{4-59}$$

故 I_g 的对数与 2A12 铝合金和 30CrMnSiNi2A 高强钢面积 A_1、A_2 对数之间呈线性关系,其拟合公式如图 4-67(a)、(b)所示。

当 TC18 钛合金面积增大而 30CrMnSiNi2A 高强钢面积不变时,由于 TC18 钛合金的 i_{lim3} 很小,可以近似认为在 TC18 钛合金面积变化过程中其表面阴极电流密度为 i_{lim3} 并保持恒定,2A12 铝合金、30CrMnSiNi2A 高强钢、TC18 钛合金耦合体系电极反应速度由阴极控制,故当 2A12 铝合金、30CrMnSiNi2A 高强钢、TC18 钛合金耦合后,有

$$I_g = i_1 A_1 = |i_2| A_2 + |i_{lim3}| A_3 \tag{4-60}$$

当 TC18 钛合金电极表面面积 A_3 呈线性增大时,TC18 钛合金和 2A12 铝合金表面电流也呈线性递增。由于 $|i_{lim3}|$ 较小,因此 2A12 铝合金表面电流增长幅度较小。

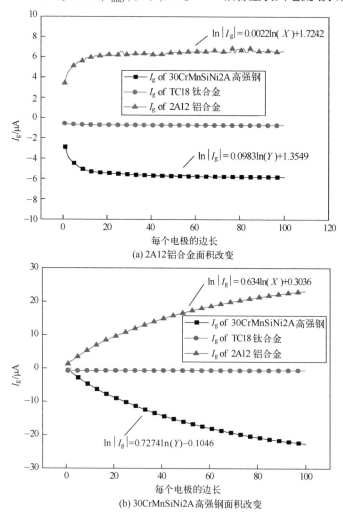

(a) 2A12铝合金面积改变

(b) 30CrMnSiNi2A 高强钢面积改变

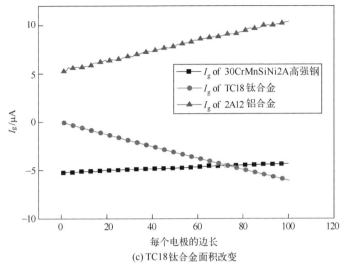

(c) TC18 钛合金面积改变

图 4-67　不同面积比情况下各电极电偶电流变化

4. 三电极体系当量折算规律

在三电极体系中仅 2A12 铝合金作为阳极,发生阳极溶解,30CrMnSiNi2A 高强钢、TC18 钛合金作为阴极,发生阴极极化,受到保护,腐蚀被抑制。计算 2A12 铝合金在不同面积比下的当量折算系数利用 Origin 绘图如图 4-68 所示。需要说明的是,此处为了更好地提高折算系数的实用性,未进行电偶腐蚀与标准自来水中的自腐蚀电流当量折算,而是将不同面积比下 2A12 铝合金电偶腐蚀与该电解质条件下面积为 1cm² 自腐蚀电流进行当量折算,即

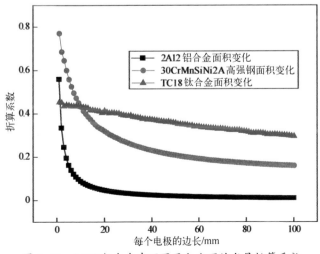

图 4-68　2A12 铝合金在不同面积比下的当量折算系数

$$\alpha = \frac{I'_s}{I_s + I_g} \qquad (4-61)$$

式中:I'_s 为该电解质条件下面积为 $1cm^2$ 自腐蚀电流,$I'_s = 4.3609\mu A$;I_s 为该电解质条件下不同面积下自腐蚀电流;I_g 为不同面积下电偶电流。

4.6.2 四电极耦合体系全浸与大气腐蚀行为对比与当量折算

金属大气腐蚀的本质是不同厚度薄液膜状态下的电化学腐蚀,与溶液中的腐蚀有很大区别,这主要是由于薄液膜厚度的变化影响了电极反应的传质过程,如溶解氧的扩散、腐蚀产物的积聚等,进而对大气腐蚀的速度产生显著影响。目前,国内外对于单一金属全浸和薄液膜下的腐蚀机理研究较为广泛,对于两种金属耦合的当量折算也出现相关研究,但随着飞机型号更新,越来越多的新材料在飞机设计上广泛使用,多金属耦合的情况也屡见不鲜。对于多电极耦合体系,由于处于中间电位的金属的阴极、阳极极性无法判断,在飞机腐蚀防护设计中无法有针对性地进行改良或提出后期维护建议。同时,由于多电极耦合的存在,还会对目前飞机环境适应性考核广泛采用的加速环境谱中当量折算系数的大小产生很大影响,故研究多电极耦合在飞机常见的全浸腐蚀和大气腐蚀状态下的腐蚀行为及其对折算系数的影响是必要的。

本研究分别搭建全浸与薄液膜电化学测量装置测量各电极极化曲线和多电极体系中各电极表面电偶电流,构建基于二次电流分布的全浸腐蚀仿真模型和基于壳电流分布的大气腐蚀仿真模型,对比多电极耦合体系下全浸与大气腐蚀行为,并根据腐蚀损伤等效原则,计算了不同面积比下 7050 铝合金和 Aermet100 高强度钢相对于基准面积的折算系数。

1. 四电极体系腐蚀试验方法

1)试验材料

本研究以现役飞机材料体系中应用的 7050 铝合金、Aermet100 高强钢、1Cr18Ni9Ti 不锈钢和 QAl10-4-4 铜合金作为研究对象,各材料成分如表 4-54 所示。各材料表面处理方式分别采用阳极化、镀镉钛、无处理和钝化。

表 4-54 各材料成分(%)

材料	Al	Cr	C	Zr	Zn	Si	P	Fe	Mn	Mg	Ti	Cu	Co	Ni	Sn
7050 铝合金	余量	0.02	—	0.1	6.0	0.1	—	0.1	0.08	2.0	0.05	2.2	—	—	—
Aermet100 高强度钢	0.01	3.0	0.25	—	—	0.05	0.003	Bal	0.05	0.08	0.01	—	13.4	11.5	—
1Cr18Ni9Ti 不锈钢	—	18.0	0.12	—	—	1.0	0.03	Bal	2.0	—	0.5	—	—	10.0	—
QAl10-4-4 铜合金	10.5	—	—	—	—	0.5	0.1	0.01	5.0	0.3	—	Bal	—	5.0	0.1

2）试件制备

将 10mm×10mm×3mm 各材料试件,除暴露一个 10mm×10mm 面作为工作面外,其余面均用环氧树脂封装在 PVC 管中,其中工作面背面与导线相连。为保证试件表面处理的完整性,不对试件进行打磨处理,利用无水乙醇和丙酮清洗、除油,吹干后置于干燥皿内待用。为降低液膜较大欧姆降对于试验结果影响,试验采用微距参比电极倒置的方法,即在试件工作面上方 1mm 处钻出 1mm 左右的小孔,小孔中充满饱和 KCl 琼脂,试件底部连接装满饱和 KCl 溶液的 U 形管作为盐桥,测量装置示意图如图 4-69 所示。

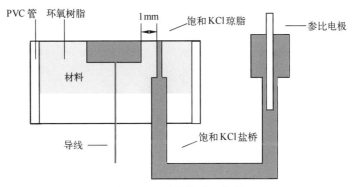

图 4-69　测量装置示意图

将四种材料利用环氧树脂按照图 4-70 分布封装在 PVC 管中构成四电极体系,试件表面同样不进行打磨处理,每个电极均外接一根导线。

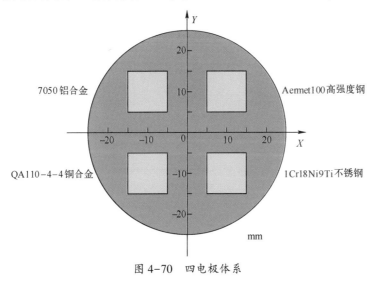

图 4-70　四电极体系

3）薄液膜控制与电化学测量平台搭建

目前,国内外对于薄液膜的研究难题主要集中在液膜的生成、测厚和厚度控制方面,其中液膜的形成主要采用浸润、蒸发、盐潮解等方式。薄液膜厚度应用 Filmetrics F20-NIR(100nm~250μm)等高精设备进行测量,但这类激光类仪器大多需要液体折射率等相关参数,且仪器成本也较高,所以目前液膜厚度还是主要采用螺旋测微器控制极细铂针配合零阻电流表进行机械测量,该种方法简单实用,造价较低,误差也在接受范围之内。液膜厚度控制在目前国内外研究中,有通过饱和盐溶液控制相对湿度从而抑制液膜蒸发,这种方法控制比较缓慢,且不同温度下盐的饱和度不同,溶液上方的相对湿度也不尽相同。本节在沿用传统液膜厚度测量的基础上,在试验装置上加装了温湿度控制系统实现液膜厚度控制,如图 4-71 所示,即电解液外围增设导热性较好的塑料套筒,形成水浴环境,套筒内液体温度通过与外部恒温循环水浴箱相连控制,腔内相对湿度主要通过湿气流量控制阀控制经过恒温加热后的热蒸汽流量进行控制。液膜采用浸润的方式形成,即利用 1mL 微量注射器缓慢调整液膜厚度并多次进行测量,直到液膜厚度达到预定值 100μm,为了降低溶液的表面张力,在溶液中添加微量非离子表面活性剂 Triton X-114。

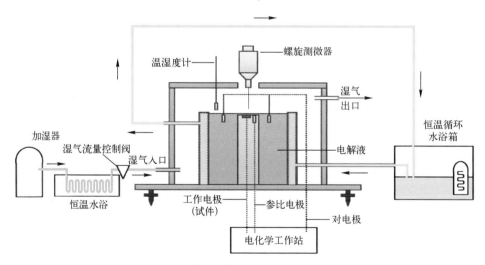

图 4-71　薄液膜控制及电化学测量装置

将试件、饱和甘汞电极和铂电极按照图 4-71 所示进行装置,构成三电极体系,接入 PARSTAT4000 电化学工作站。电解质溶液为 pH = 4、质量分数为 5% 的 NaCl 溶液,溶液温度为 45℃。采用动电位扫描法,扫描范围为 -500 ~ 500mV,扫描速率为 1mV/s,并利用 VersaStudio 软件对试验数据进行采集测量,得到极化曲线。将四电极试件置于图4-71装置中试件处,由于较大 *IR* 降对薄液膜表面电位影响明显,故取消参比电极。电偶电流测量采用间歇测量,在测量7050铝合金表面电偶电流时,保持其余三种金属短路连接,完成7050铝合金表面测量;测量Aermet100高强度钢处电偶电流时,短接其余三种金属,依次类推,分别测量各金属表面电偶电流。

4)溶液状态下电化学测量

溶液状态下的电化学测量采用传统标准三电极体系进行,即各金属材料分别作为工作电极,1cm²的铂片作为对电极,饱和甘汞电极充当参比电极,电解质溶液与薄液膜电解质溶液相同。整个试验腔体置于恒温水浴内以控制电解质溶液温度,电解质溶液内利用空气泵通过多孔板不断通入空气以保证溶液的均一性,尽可能排除氧浓度对试验结果的影响,试验装置如图4-72所示。

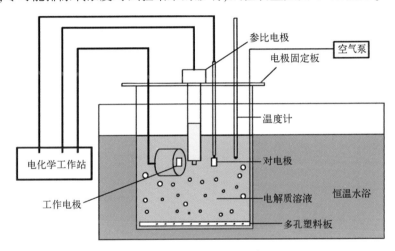

图4-72 溶液状态下电化学测量

极化曲线测量采用动电位扫描法,扫描范围为-500~500mV,扫描速率为1mV/s,电偶电流测量周期为7200s,每10s记录一个电偶电流值。

2. 四电极体系腐蚀规律分析

1)极化曲线

利用动电位极化得到液膜和溶液状态下的极化曲线如图4-73所示,采用Cview拟合得到电化学动力学参数如表4-55所示。可以看出,液膜状态下各材料的腐蚀速率明显超过溶液状态下,四种材料无论在溶液状态还是液膜状态,自腐蚀电位高低顺序一致,由低到高分别为7050铝合金、Aermet100高强度钢、QAl10-4-4铜合金、1Cr18Ni9Ti不锈钢,且7050铝合金与Aermet100高强度钢自腐蚀电位相差较小,根据混合电位理论可以判定,7050 铝合金与 1Cr18Ni9Ti 不锈钢分别为四电极体系阳极和阴极,但 Aermet100 高强度钢、QAl10-4-4 铜合金极性不能判断。

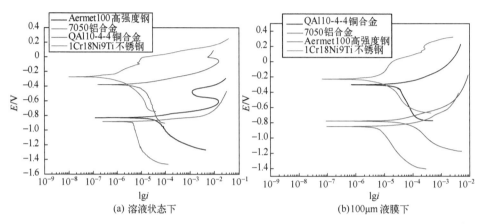

(a) 溶液状态下　　　　　　　　　　(b)100μm 液膜下

图 4-73　极化曲线

表 4-55　电化学动力学参数

测量环境	参数	Aermet100 高强度钢	7050 铝合金	QAl10-4-4 铜合金	1Cr18Ni9Ti 不锈钢
溶液状态	E_{corr}/V	−0.80422	−0.88116	−0.37568	−0.26899
	i_{corr}/(μA/cm²)	20.641	8.1571	13.800	1.3143
100μm 液膜	E_{corr}/V	−0.77542	−0.84173	−0.30103	−0.22569
	i_{corr}/(μA/cm²)	73.594	17.0470	21.498	4.0338

2) 电偶电流

溶液状态和 100μm 液膜下的电偶电流如图 4-74 所示。可以看出,当各电极面积比为 1:1:1:1 时,溶液状态下仅 7050 铝合金表面电偶电流为正值,其余三种均为负值,说明在全浸状态下仅 7050 铝合金作阳极,其余三种作阴极;在 100μm 液膜下 7050 铝合金、Aermet100 高强度钢表面电偶电流均为正值,QAl10-4-4 铜合金、1Cr18Ni9Ti 不锈钢表面为负值,说明在 100μm 液膜下 Aermet100 高强度钢相比于全浸状态出现了极性反转现象,7050 铝合金、Aermet100 高强度钢同时作为电极体系的阳极。

3. 数值模拟机理与分析

1) 模拟原理

二次电流分布中电解质溶液中取一正方体微小单元,假设带电粒子 i 从 x、y、z 三个方向通过微元,其总传输通量 $N_i(\mathrm{mol}/(\mathrm{m}^2 \cdot \mathrm{s}))$ 满足 Nernst-Planck 方程:

$$N_i = -z_i u_i F c_i \nabla \phi_1 - D_i \nabla c_i + c_i U \qquad (4-62)$$

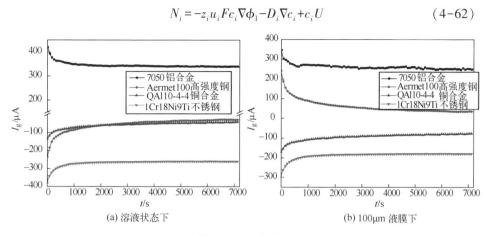

(a) 溶液状态下　　　　　　　　　　(b) 100μm 液膜下

图 4-74　电偶电流

式中：D_i 为第 i 种带电粒子的扩散系数（m/s）；c_i 为粒子浓度（mol/m³）；z_i 为电荷数；F 为法拉第常数，$F=96485C/mol$；u_i 为迁移率（mol·s/kg）；ϕ_1 为电解质溶液电势（V）；U 为溶液流动速度（m/s）。

在本研究中利用空气泵通过多孔塑料板不断向溶液中通入空气以确保溶液内氧含量充足，而对于厚度 100μm 的液膜液层厚度小于通常的扩散层厚度，故在不考虑腐蚀产物对腐蚀的影响的情况下，可假设无论溶液状态下还是液膜状态下电解质溶液始终保持均质稳态电中性，即不考虑电解质扩散和对流影响，同时通量梯度 $\nabla \cdot N_i = 0$，则 Nernst-Planck 方程可简化为电位的拉普拉斯方程：

$$\nabla^2 \phi_1 = 0 \qquad (4-63)$$

忽略电极表面双电层的影响，则电极表面进行电极反应的电流可以看作法拉第电流，符合欧姆定律：

$$i_1 = -\sigma_1 \nabla \phi_1 \qquad (4-64)$$

式中：σ_1 为电导率（S/m）。

2）边界条件和网格划分

假设电解质周边是绝缘的，则其周边的电势梯度为 0，即

$$\nabla \varphi_n = 0 \qquad (4-65)$$

其中 φ_n 为边界电势 V，假设四电极体系中阳极不存在还原反应，阴极不存在氧化反应，即四电极体系是由纯阳极和纯阴极组成的腐蚀电偶。由于电化学工作站测得的金属材料的表观极化曲线可以表征电极反应动力学特征，故各电极反应的边界条件需选用金属极化曲线或由极化曲线拟合得到的电化学动力

学参数作为边界条件。但是,对于电位介于四种金属中最高电位和最低电位的金属来说,无法判断其极性,故利用插值函数

$$i = -\sigma\nabla_n\varphi_1 = f(\Delta\varphi_1) \tag{4-66}$$

来表征极化曲线作为电极反应的边界条件。

求解域网格划分采用正四面体网格,并对电极边角处进行局部加密处理,其剖面如图 4-75 所示。

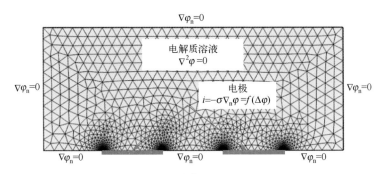

图 4-75　边界条件和网格划分

3) 仿真结果

利用构建的仿真模型仿真得到溶液状态下和液膜状态下的耦合电位与电偶电流密度分布云图如图 4-76 和图 4-77 所示。

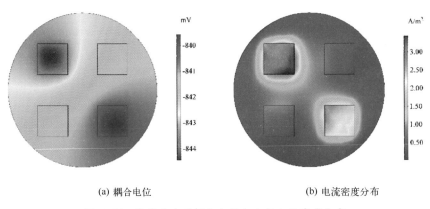

(a) 耦合电位　　　　　　　　　　　　　(b) 电流密度分布

图 4-76　溶液状态下耦合电位与电偶电流密度分布

由图 4-76 和图 4-77 可以看出,液膜状态下耦合电位分布相比于溶液状态下分布范围更广,这是由于液膜产生较大的 IR 降引起的,对电极表面电流密度取面积分得到电偶电流值如表 4-56 所示。

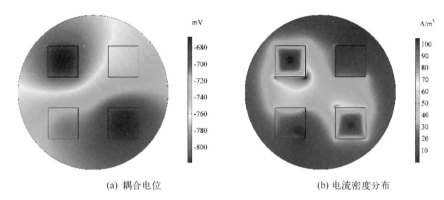

(a) 耦合电位   (b) 电流密度分布

图 4-77 100μm 液膜状态下电位与电偶电流分布

表 4-56 电偶电流仿真值   （单位：μA）

仿真环境	7050 铝合金	Aermet100 高强度钢	QAl10-4-4 铜合金	1Cr18Ni9Ti 不锈钢
100μm 液膜	255.85	30.789	-87.987	-192.89
溶液	346.29	-34.467	-46.174	-258.68

由表可以看出，电偶电流值基本符合：

$$I = \sum_{i=1}^{4} I_i = I_{7050} + I_{\text{Aermet100}} + I_{\text{QAl10-4-4}} + I_{\text{1Cr18Ni9Ti}} \approx 0 \quad (4-67)$$

4）试验验证

取测量稳定后最后 500s 电偶电流的平均值作为各电极与其余三电极的电偶电流值并与仿真值对比如图 4-78 所示。由图可以看出，试验值与仿真值吻合较好，基本维持在 10% 以内，证明了模型的准确性。

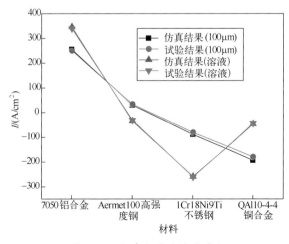

图 4-78 仿真与试验结果对比

5）参数化扫描

一般情况下，多电极体系往往出现在飞机材料搭接或连接部分，各电极面积一般不会是等面积，不同面积比对于多电极的影响通过试验进行研究其工作量和成本很大，所以本研究利用提出的仿真模型通过对各正方形材料边长(如图 4-79 沿箭头方向)进行参数化扫描，扫描步长为 1，扫描范围为 [0，100]，其中 7050 铝合金和 Aermet100 高强度钢在溶液和液膜状态下不同面积比的电偶电流如图 4-80 和图 4-81 所示。由图可以看出：溶液状态下，7050 铝合金面积的增大对于其表面电偶电流影响很小，1Cr18Ni9Ti 不锈钢面积增大对 7050 铝合金表面电偶电流影响最大，QAl10-4-4 铜合金次之，Aermet100 高强度钢再次，QAl10-4-4 铜合金、Aermet100 高强度钢面积增大到 92mm×92mm、44mm×44mm，Aermet100 高强度钢出现极性反转现象，由阴极极性转变为阳极极性，但阳极电流都较小；液膜状态下，随着各电极面积的不断增大，QAl10-4-4 铜合金面积的改变对 7050 铝合金表面电偶电流影响最大，1Cr18Ni9Ti 不锈钢次之，QAl10-4-4 铜合金再次，Aermet100 高强度钢影响最小，7050 铝合金随着面积的增大，其表面电偶电流值先增大后趋于定值，随着 QAl10-4-4 铜合金、1Cr18Ni9Ti 不锈钢面积的逐渐增大，对于 Aermet100 高强度钢表面电偶电流影响逐渐趋于显著，这主要是由于 QAl10-4-4 铜合金、1Cr18Ni9Ti 不锈钢面积的增大，改变了四电极体系表面电位分布，使得 Aermet100 高强度钢表面阳极极化作用

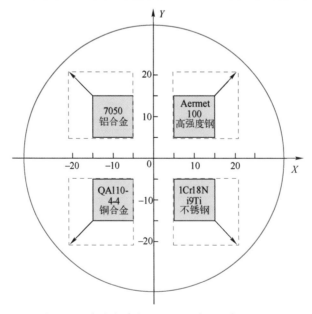

图 4-79　各电极参数化扫描示意图(单位:mm)

更强,故腐蚀电流更大。而 7050 铝合金作为阳极,其面积的增大,对于四电极体系中 Aermet100 高强度钢表面电位分布的影响较小,故对 Aermet100 高强度钢表面电偶电流影响越来越小,Aermet100 高强度钢随着面积增大,其表面电偶电流逐渐增大后趋于定值,与 7050 铝合金表面面积增大其表面电偶电流值变化类似,说明在液膜状态下面积效应在多电极体系中对于自身电偶电流值的影响是有限的。

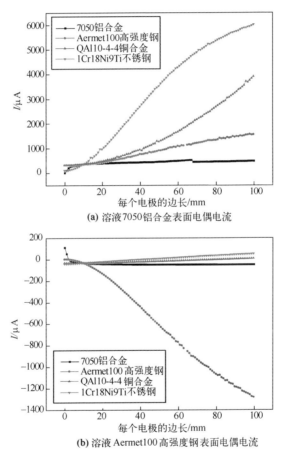

(a) 溶液7050铝合金表面电偶电流

(b) 溶液 Aermet100 高强度钢表面电偶电流

图 4-80　溶液状态下不同面积比阳极表面电偶电流值

4. 四电极体系当量折算规律分析

电化学腐蚀反应过程中,电荷的转移与反应物质的变化量之间有着严格的等量关系,服从法拉第定律,以电量 Q 作为腐蚀量的变量,则有

$$Q = \frac{1}{F} \int_0^t I_c \mathrm{d}t \tag{4-68}$$

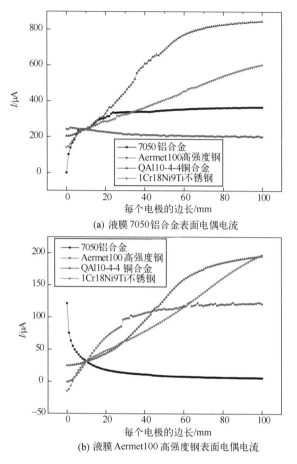

(a) 液膜7050铝合金表面电偶电流

(b) 液膜Aermet100高强度钢表面电偶电流

图4-81　液膜状态下不同面积比阳极表面电偶电流值

式中:F 为法拉第常数,$F=96485C/mol$;I_c 为不同环境下的电流(A);t 为环境作用时间。

根据4.1.1节当量折算理论,当量折算系数可以表征为

$$\alpha = \frac{i'_{corr}S}{i_{corr}S + I_g} \qquad (4-69)$$

式中:i_{corr} 为自腐蚀电流密度($\mu A/cm^2$);S 为电极面积(cm^2);I_g 为电偶电流(μA),i'_{corr} 为标准自来水中的自腐蚀电流密度(A/cm^2)且有

$$I_g = \begin{cases} I_g, & I_g > 0 \\ 0, & I_g \leqslant 0 \end{cases} \qquad (4-70)$$

可以看出:四电极面积的增大都会引起7050铝合金折算系数增大,且影响

程序 1Cr18Ni9Ti 不锈钢>QAl10-4-4 铜合金>Aermet100 高强度钢>7050 铝合金;Aermet100 高强度钢面积变化对于其本身的折算系数影响最大,铝合金面积变化对于 Aermet100 高强度钢折算系数影响最小,1Cr18Ni9Ti 不锈钢和 QAl10-4-4 铜合金分别在尺寸约为 45mm×45mm 和 95mm×95mm 处对 Aermet100 高强度钢折算系数的影响出现转折,此后折算系数呈线性增加趋势。

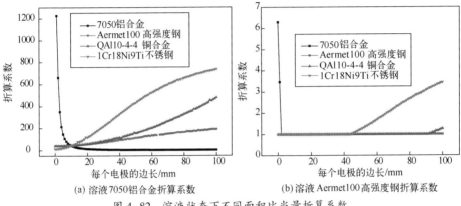

(a) 溶液7050铝合金折算系数　　　　(b) 溶液 Aermet100 高强度钢折算系数

图 4-82　溶液状态下不同面积比当量折算系数

多电极体系大气腐蚀与溶液状态下腐蚀的当量折算,目的是将较难实现的液膜状态下的腐蚀转化为容易实现的溶液状态下的腐蚀,从而在溶液状态下通过调整电解质 pH、盐浓度等进一步加速。由于液膜状态下电极表面 *IR* 降的影响,在多电极体系中,其电位分布范围相比于溶液状态下更大,Aermet100 高强度钢由溶液状态下的阴极极性转变为液膜状态下的阳极极性,7050 铝合金的耦合电流由于 Aermet100 高强度钢极性的反转,电偶电流相比于溶液状态下有所下降,液膜状态下四电极体系不同面积比 7050 铝合金和 Aermet100 高强度钢相对于溶液状态下的折算系数如图 4-83 所示。可以看出:在液膜状态下,7050 铝

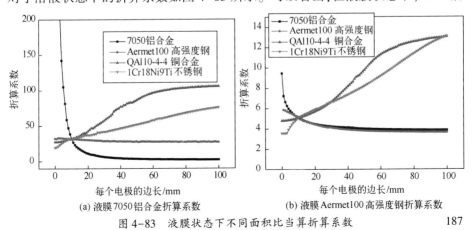

(a) 液膜7050铝合金折算系数　　　　(b) 液膜 Aermet100 高强度钢折算系数

图 4-83　液膜状态下不同面积比当算折算系数

合金折算系数普遍小于相同面积比下溶液状态,随着各电极面积增大,对 7050
铝合金折算系数影响 QAl10-4-4 铜合金>1Cr18Ni9Ti 不锈钢>Aermet100 高强
度钢>7050 铝合金;随着 7050 铝合金、Aermet100 高强度钢面积增大,Aermet100
高强度钢折算系数逐渐减小,且 7050 铝合金和 Aermet100 高强度钢面积增大对
Aermet100 高强度钢折算系数影响程度基本一致;随着 QAl10-4-4 铜合金、
1Cr18Ni9Ti 不锈钢面积的增大,Aermet100 高强度钢折算系数逐渐增大,且对折
算系数的影响 QAl10-4-4 铜合金>1Cr18Ni9Ti 不锈钢,但当 QAl10-4-4 铜合金、
1Cr18Ni9Ti 不锈钢面积增大到接近 100mm×100mm 时,QAl10-4-4 铜合金面积
的改变对于折算系数影响非常小。

第5章 飞机典型组合结构
电偶腐蚀模拟技术

5.1 引言

  随着驻舰和驻西南沙岛礁任务的常态化,飞机将更多地在高温、高湿、高盐的海洋环境中服役,所面临的腐蚀问题也将更加严重。从南海机场服役情况来看,腐蚀已严重影响部队战斗力的提高,给飞行安全带来了隐患。现有飞机防腐蚀设计主要采用先设计后验证的方法,设计主要依靠已有机型积累的数据和设计人员的经验,只能通过各种试验来验证其效果,缺点是评估周期长、费用高、效率低,不能满足军事航空装备的飞速发展要求。飞机的使用维护情况表明,以往的数据和经验已不能满足飞机在复杂环境下的腐蚀防护控制要求,其中一个重要原因是传统的防腐蚀设计没有充分利用腐蚀电化学技术发展的成果,存在防腐蚀"欠设计"问题,而一旦"过设计"又必将导致装备增重、性能下降等一系列问题。目前,随着装备建设的快速发展,飞机更新换代快,而新研飞机采用了大量的新材料、新工艺,如何快速经济地评价防腐蚀设计的有效性,已成为当前迫切需要解决的重大难题。利用基于腐蚀电化学原理的数值模拟仿真技术来预测飞机结构腐蚀发生的潜在位置,预估腐蚀发生的速率,评估其危险程度,从而将飞机结构的防腐蚀设计贯穿到飞机的设计、维护过程中,必将大大节省新机研制时间和费用,减少材料和工艺流程研发的费用,并降低维护成本。

  欧美发达国家经过多年的研究积累,将飞机结构局部环境数据与结构表面液膜厚度联系起来,建立了飞机结构材料在薄液膜下的电化学测试方法及性能数据库,目前已将腐蚀仿真技术应用到航空工业中,帮助改进飞机防腐蚀设计和指导飞机防腐蚀维修,减少了飞机防腐蚀技术研发的时间和费用。来自美国空军、航空兵及波音、西科斯基、洛克希德·马丁等公司的飞机防腐蚀专家协助GCAS 公司完善了加速腐蚀专家模拟器系统,包含了飞机腐蚀危害程度最大的三种类型,即点蚀、剥蚀和应力腐蚀开裂,可以将飞机的全 3D 几何模型连同部件材料、涂层及诸如装配顺序这些辅助数据作为输入,预测飞机易腐蚀部位,提出防腐措施并做出评价,并能模拟飞机结构腐蚀随时间推移的变化趋势。目前,该系统开发成果不仅服务于航空兵司令部所辖机队所有飞机,还包括其他军种飞机及商用飞机。空中客车公司、欧洲宇航防务集团联合法国、瑞士、英国、比利时、波兰、希腊等欧洲国家的 10 个研究机构通过"基于仿真的腐蚀管理"(Simulation Based Corrosion Management, SICOM)计划合作开发了飞机使用环境下腐蚀仿真的决策支援工具(Decision Support Tool, DSP),能够评估材料发生点蚀、电偶腐蚀、缝隙腐蚀和晶间腐蚀的风险,评估不同尺寸结构的腐蚀防护设计,并优化飞机结构表面防护措施。

在国内,腐蚀模拟仿真技术在石油石化及造船行业已经得到了广泛应用,如石油储罐、输油管道、海洋石油钻井平台、舰船的阴极保护领域等,石油设备、舰船多为钢材质,且周围腐蚀电解质均匀连续,易于仿真计算,腐蚀模拟仿真技术提高了防腐蚀设计的准确度,节约了成本,提高了效率。目前,我国的军舰、潜艇的防腐蚀设计均采用了腐蚀模拟仿真技术,延长了舰船的使用寿命。

我国飞机制造工业走过了"引进—仿制—自研"的道路,并取得了长足发展,但在基础性研究领域落后较多,目前仍采用典型件考核验证的方法验证设计的有效性。用于评估机体结构及防护体系的环境适应性试验方法("三防"试验、户外大气暴露试验、实验室加速腐蚀试验)周期较长,且费用昂贵,效率较低。相比于石油设备及舰船,飞机结构材料种类繁多,连接方式多样,结构复杂,服役环境差别大。

腐蚀仿真物理模型以经典的多粒子迁移理论和电极动力学模型为基础,通过对理论方程的整理、变换获得一组偏微分方程,通过求解可获得腐蚀电场的电位分布、电流密度分布等信息。目前,国内外根据对偏微分方程组的求解方法不同,开发了一系列仿真软件,比较成熟且应用广泛的有 Beasy、Elsyca Corrosion Master、Comsol Myltiphysics。

在试片级试件腐蚀仿真应用的基础上,拓展应用到飞机结构模拟件、组合件中,验证模型对于组合件等复杂结构甚至整机结构的腐蚀预测的可行性,为飞机防腐蚀设计和外场维修提供指导。

5.2 飞机典型搭接形式模拟件腐蚀模拟分析

5.2.1 7B04 铝-TA15 钛搭接

飞机机身(翼)下部受地面潮湿空气的影响,易在蒙皮下表面形成液膜,加上阳光照射不到,液膜容易滞留形成长时间的大气腐蚀。调研发现,机身(翼)下部蒙皮表面是腐蚀的多发区。下部蒙皮的上表面位于飞机结构的底部,雨水、盐雾及湿气在地面与高空温差作用下形成的大量冷凝水汇集在该处,若不能及时排出,便会沉积形成腐蚀溶液,溶液中含有的 Cl⁻ 又加速了材料的腐蚀。蒙皮上、下表面在溶液腐蚀和大气腐蚀的共同作用下,更容易提前发生失效。

1. 搭接模拟试件设计及试验方法

1) 试件设计

以某型飞机机身下表面蒙皮作为研究对象,制作 TA15 钛合金–7B04 铝合金平板搭接试件,采用铆接和螺接两种连接方式,铆钉和螺钉材料均为 TA15 钛合金,试件尺寸如图 5-1 所示。

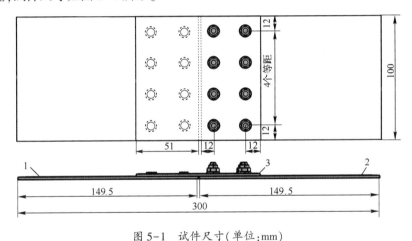

图 5-1　试件尺寸(单位:mm)

注:1 为 7B04 铝合金板,2、3 为 TA15 钛合金板,均沿 L-T 方向取材。

2) 试验方法

将试件分为两组(每组 10 件),一组用于模拟蒙皮上表面在溶液中的腐蚀,另一组用于模拟蒙皮下表面的大气腐蚀。试验中非考核面喷涂 QH-15 环氧底漆和 QFS-15 聚氨酯面漆以隔绝腐蚀介质与基体的接触。考核面用水磨砂纸逐级打磨至 1500 #,然后分别在无水乙醇、丙酮中进行超声波清洗以除去杂质、油脂及水分,经吹风机吹干后采用高精度电子天平称量试件质量并记录,最后放入干燥器备用。

将试件上表面朝上浸泡于盛有 3.5% NaCl 溶液的玻璃水槽中,用于研究蒙皮上表面在溶液中的腐蚀,如图 5-2(a)所示,液面高度为 50mm。在试件下表面均匀刷涂 3.5% NaCl 溶液,干燥后采用高精度电子天平称量盐沉积量(图 5-2(b)),

反复几次直至 NaCl 沉积量为 0.105g。将另一组试件边缘用 PVC 管支起(尽量减少接触面积),使下表面朝下悬空置于底部装有饱和 K_2SO_4 溶液的干燥器中,模拟蒙皮下表面的大气腐蚀,如图 5-2(b)所示。25℃下的饱和 K_2SO_4 溶液能提供约 RH=98% 的恒定湿度,湿气将在试件下表面以 NaCl 为核心吸附形成厚 100μm、NaCl 质量分数为 3.5% 的稳定薄液膜。由于液膜较薄,其固液界面结合力大于液膜重力,因此可认为液膜不会因重力作用而发生变化。试验温度均为 25℃室温,每组试件共进行 5 个周期的试验,每个周期 48h,每个周期结束后各取 2 个试件进行腐蚀形貌、腐蚀坑及失重检测。

(a) 溶液浸泡试验

(b) 液膜下腐蚀试验

图 5-2　腐蚀试验

2. 数值模拟模型构建与参数选取

1) 电偶腐蚀模型

假设试件异种材料间电导通,零件间结合紧密没有缝隙,即只存在电偶腐蚀,基于稳态腐蚀电场建立搭接件电偶腐蚀模型。试件上表面溶液高 50mm,下表面液膜厚度 100μm,腐蚀介质长、宽同试件尺寸。采用四面体网格分别对求解域进行划分,对螺栓、铆钉及钛-铝结合处的网格进行了细化,其上表面边界网格划分如图 5-3 所示。模型中温度设为 25℃室温,溶液电导率为 5.6S/m。

图 5-3　试件上表面网格划分

2）边界条件

7B04 铝合金与 TA15 钛合金在溶液中和薄液膜下的极化曲线分别作为模型的边界条件。耦合体系中,电位较高的 TA15 钛合金作阴极,电位较低的 7B04 作阳极。

3. 腐蚀预测及试验结果分析

1）腐蚀区域分析

图 5-4 为处于溶液中和液膜下的试件上、下表面电位分布情况。7B04 铝合金和 TA15 钛合金耦合形成腐蚀电场后,7B04 电位升高,发生阳极极化,腐蚀加重;TA15 电位下降,发生阴极极化,受到保护。试件表面电位均由右侧 TA15 钛合金向左侧 7B04 铝合金递减,薄液膜更高的 IR 降使得其下试件表面电位的下降幅度(483mV)远高于溶液中(23mV),7B04 铝合金表面电位最高处出现钛-铝结合位置。

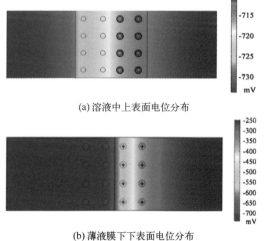

(a) 溶液中上表面电位分布

(b) 薄液膜下下表面电位分布

图 5-4　不同环境下试件上、下表面电位分布

　　试件表面电位的不同导致电流密度分布(腐蚀速率)也不相同,如图 5-5 所示。从图中可以看出,与 TA15 钛合金相接位置的 7B04 铝合金腐蚀速率最高,下表面 7B04 的最大电流密度将近上表面的 2 倍,且腐蚀严重区主要集中在钛-铝接触边缘及铆钉周围,其他区域腐蚀较轻,7B04 表面平均电流密度为 63.143mA/m^2;而上表面 7B04 腐蚀严重区的范围更广,在整个 7B04 表面均有较高的腐蚀速率,7B04 表面平均电流密度高达 447.28mA/m^2。说明电偶作用下 7B04 铝合金在薄液膜下的局部腐蚀更为严重,而在溶液中的腐蚀范围更广,腐蚀面积更大。

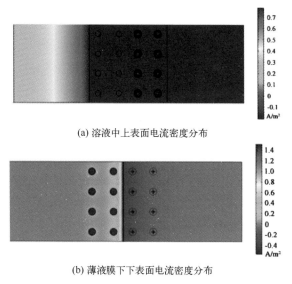

(a) 溶液中上表面电流密度分布

(b) 薄液膜下下表面电流密度分布

图 5-5　不同环境下试件上、下表面电流密度分布

　　每周期试验结束后,用去离子水清洗取出的试件,去除盐沉积及表层腐蚀产物,干燥后在 KH-7700 光学显微镜下进行腐蚀形貌观察。

　　图 5-6 和图 5-7 为试件腐蚀 5 个周期后的 7B04 铝合金上、下表面不同区域的微观形貌。从图 5-6 可以看出,上表面靠近 TA15 钛合金的区域点蚀坑密度高,大小蚀坑相连有合并的趋势;远离 TA15 钛合金的点蚀坑密度较小,大小蚀坑相对独立,腐蚀相对较轻。图 5-7 显示,试件下表面靠近 TA15 钛合金的边缘处蚀坑尺寸出现了明显的过渡,最靠近钛合金的蚀坑直径达到 3mm,腐蚀严重,离钛合金越远,蚀坑密度和尺寸越小,在远离钛合金的区域,蚀坑零星分布,带有一定的随机性,腐蚀最轻。微观腐蚀形貌与试件表面电流密度分布趋势保持了良好的一致性。

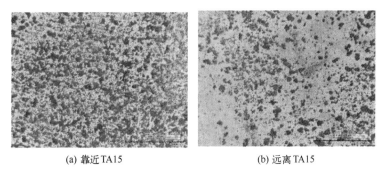

| (a) 靠近 TA15 | (b) 远离 TA15 |

图 5-6 溶液腐蚀后试件 7B04 铝合金上表面不同区域腐蚀形貌

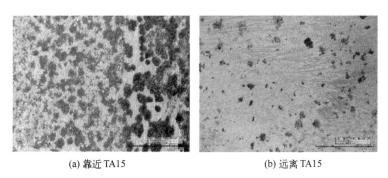

| (a) 靠近 TA15 | (b) 远离 TA15 |

图 5-7 液膜腐蚀后试件 7B04 铝合金上表面不同区域腐蚀形貌

2）失重分析

每个周期结束后各取 2 个试件,按照 GB/T 16545—2015《金属和合金的腐蚀 腐蚀试样上腐蚀产物的清除》要求,采用浓度为 65% 的硝酸清洗试件铝合金表面腐蚀产物 5min,而后用去离子水反复冲洗,干燥后进行称量,与原始数据做差可得试件损失质量。这里取 2 个试件的平均失重作为结果,如表 5-1 所列。

表 5-1 试件失重试验结果

试件环境	质量变化/g				
	第一周期	第二周期	第三周期	第四周期	第五周期
溶液	0.078	0.135	0.203	0.269	0.337
100μm 液膜	0.019	0.037	0.054	0.07	0.081

对试件 7B04 铝合金上、下表面极化电流密度与自腐蚀电流密度之和分别进行积分,可获得腐蚀总电流分别为 4.414mA 和 1.27mA,按照电流定义 $I = Q/t$ 可将其转化为腐蚀电量 Q。

由于 7B04 铝合金 Zn、Mg 元素含量较少且主要存在于纳米尺度的 η 相 (MgZn$_2$)中,7B04 铝合金腐蚀优先从第二相处开始,腐蚀坑形成后主要为微米级蚀坑内 Al 的腐蚀,故可假设腐蚀电量 Q 全部来自于 Al 的氧化,按照库仑定律由下式可求得时间 t 内腐蚀的 Al 质量:

$$m = QM/zq_eN_A \qquad (5-1)$$

式中:Q 为腐蚀电量(C);m 为腐蚀消耗 Al 的质量(g);M 为 Al 的摩尔质量(27g/mol);z 为 Al^{3+} 所带的电荷数(3);q_e 为元电荷(1.602×10^{-19}C);N_A 为阿伏加德罗常数(6.022×10^{23} mol^{-1})。

TA15 钛合金自腐蚀速率很小,又处于阴极保护状态,故可忽略钛合金的质量损失。则试件上、下表面在第一个周期内的失重分别为 0.0712g 和 0.0205g,稳态腐蚀场下计算的腐蚀速率是恒定的,故在其他周期内失重成倍数增加。将计算结果与试验结果进行对比(图 5-8)可以发现,腐蚀初期的计算值与试验值差距较小,但随着时间的延长,二者之差逐渐增大,薄液膜下尤为明显。相对误差分析显示(表 5-2),溶液中失重的计算值与试验结果吻合度较高,相对误差稳定在 5% 左右;而液膜下的失重相对误差随时间的增长呈上升趋势,说明腐蚀产物的堆积影响了反应过程,降低了腐蚀速率,而薄液膜下的腐蚀产物扩散更为困难,故影响更大。

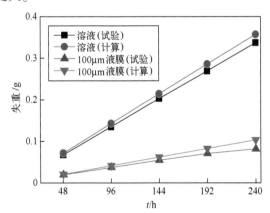

图 5-8 试件失重试验值与计算值对比

表 5-2 不同环境下试件失重计算结果与平均测量值的相对误差

腐蚀介质	48h	96h	144h	192h	240h
	相对误差/%	相对误差/%	相对误差/%	相对误差/%	相对误差/%
溶液	4.71	5.48	5.22	5.87	5.64
100μm 液膜	7.89	10.81	13.89	17.14	26.54

3）腐蚀坑深度分析

铝合金点蚀形成的蚀坑减少了结构件的承力面积,降低了结构强度,影响了飞机结构完整性,进而威胁飞行安全。通常采用腐蚀深度来考查铝合金表面腐蚀坑深度,以此来评估腐蚀的严重程度。

从预测及试验结果看,试件的腐蚀严重区主要位于钛-铝结合部位附近,该处最先发生失效,故主要研究该区域的腐蚀坑。失重测量完成后,利用 KH-7700 光学显微镜对试件腐蚀严重区进行三维蚀坑深度测量。图 5-9(a)为溶液腐蚀 2 个周期后 7B04 铝合金表面腐蚀严重区的腐蚀坑三维合成图,可以看出材料表面遍布有大小不一的腐蚀坑,对其中最大的蚀坑进行深度测量,如图 5-9(b)所示。

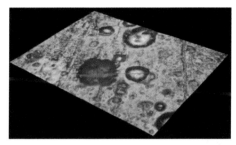

(a) 三维蚀坑

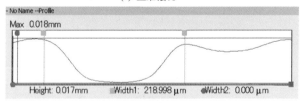

(b) 蚀坑深度测量

图 5-9　7B04 铝合金表面腐蚀三维蚀坑及深度测量

每周期结束后从 2 个试件腐蚀严重区中各随机选取 10 个比较明显的腐蚀坑进行深度测量,取平均值后结果列于表 5-3 中。

表 5-3　试件 7B04 铝合金表面腐蚀区平均蚀坑深度

试件环境	平均蚀坑深度/μm				
	第一周期	第二周期	第三周期	第四周期	第五周期
溶液	7.2	17.9	31.2	52.6	80.3
100μm 液膜	10.4	24.7	41.1	67.8	108.6

从表5-3可以看出,腐蚀坑深度随时间的延长而增加,薄液膜下的腐蚀坑深度普遍比溶液中大。图5-10显示试验初期蚀坑深度增长速率较小,随着试验的进行,增长速率加大,薄液膜下蚀坑深度增长速率相对来说更快。腐蚀坑形成后,蚀坑内部呈活化状态成为阳极,而外部保持钝态成为阴极受到保护,这就构成了一对微腐蚀电偶,点蚀过程如图5-11所示。随着反应的进行,蚀坑内部 O_2 消耗殆尽,腐蚀产物 $AlCl_3$ 的生成和水解产生了大量的 H^+,H^+ 又进一步促进了 Al 的溶解,使腐蚀速率加大;蚀坑外部 O_2 的阴极还原反应受 O_2 的扩散速度影响,薄液膜更有利于 O_2 的扩散,因而为蚀坑内部 Al 的腐蚀提供了更为充足的条件,这是薄液膜下蚀坑深度增长速率更快的原因之一。

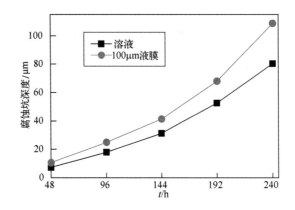

图 5-10　腐蚀坑深度随时间的变化

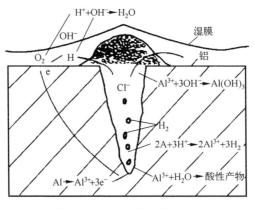

图 5-11　铝的点蚀过程示意图

求得图5-5腐蚀严重区(对应腐蚀坑观察区)的平均电流密度和最大电流密

度,上表面分别为 0.64A/m² 和 0.87A/m²,下表面分别为 1.05A/m² 和 1.53A/m²,加上各自的自腐蚀电流密度,取 7B04 铝合金密度为 2.7g/cm³,可求得铝合金的平均和最大腐蚀深度。第一个周期(48h)上表面的平均腐蚀深度和最大腐蚀深度分别为 4.42μm 和 5.79μm,下表面为 6.93μm 和 9.79μm。无论是平均还是最大的计算数值均比测量数值要低。这是由于铝合金的腐蚀类型为点蚀,而点蚀位置与第二相的分布有关,其并不是均匀分布在表面上,蚀坑的出现带有随机性,而模型计算的是表观腐蚀速率下的腐蚀深度,未考虑微观组成且带有平均性,所以较测量值要小。

5.2.2　2A12 铝-TA15 钛搭接

1. 搭接模拟件设计及腐蚀试验方法

1)试件设计

利用 2A12-T4 铝合金和 TA15 钛合金制作模拟飞机搭接结构试件如图 5-12 所示。试件参数如图 5-13 所示。考虑到实际疲劳关键部位都带有涂层,但在飞机飞行过程中承受较大载荷时,由于振动和变形的作用,这部分涂层很容易裂开而丧失对金属基体的保护作用,从而引起缝隙腐蚀或电偶腐蚀;同时,为方便验证第 4 章当量关系的正确性,且可直观地观察加速腐蚀试件的腐蚀现象,因此在本节试验过程中,没有对试件进行表面喷涂处理,而以金属基体腐蚀作为研究对象。由于试验条件有限,本节只对面积比为 1:1 时的情况进行了验证。同时试验内容较多,仅列出 3.5% NaCl 溶液和 pH 值为 3 的 3.5% NaCl 溶液条件下的验证结果。

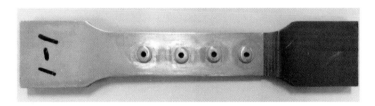

图 5-12　搭接结构试件

试验前,用水砂纸逐级对试件表面进行打磨至 1500#,然后在无水乙醇中对其进行超声波清洗,吹风机吹干后用环氧树脂将试件两头封装,留出中间试验区,为严格控制其他因素对试验结果的影响,用 AB 胶对铆钉也进行了密封,处理后的试件宏观照片如图 5-14 所示。然后将试件分为 3 组,每组 4 件,并对试件进行编号以便于区分。

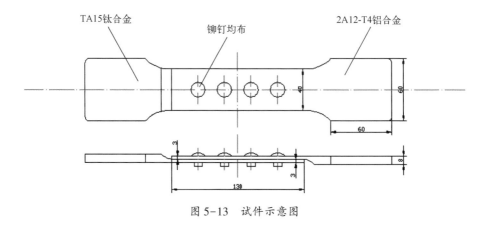

图 5-13　试件示意图

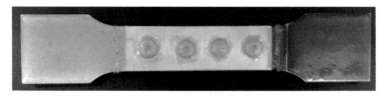

图 5-14　处理后试件宏观照片

2) 实验室加速试验

（1）加速试验环境谱。根据本章设定的试验条件,第一组为 3.5% NaCl 溶液,第二组为 pH 等于 3 的 3.5% NaCl 溶液,对应第 4 章中的当量折算系数分别为 0.1655 和 0.1005。即以水介质为基础,在水中腐蚀 1h 相当于 3.5% NaCl 溶液中腐蚀 0.1655h,pH 为 3 的 3.5% NaCl 溶液中腐蚀 0.1005h。

故以此当量关系,编制如下实验室加速谱:

① 对于第一组试件,采用自来水浸泡。

② 对于第二组试件,采用 3.5% NaCl 溶液中加入 98%硫酸分析纯,使 pH 值达到 3。

③ 对于第三组试件,采用 3.5% NaCl 溶液浸泡。

其中:第一组试件 48h 为一个试验周期;第二组试件 48h×0.1005,即 4.82h 为一个试验周期;第三组试件 48h×0.1655,即 7.94h 为一个试验周期。每组试件进行 10 个周期,分别记录相关试验数据。

（2）试验操作过程:

① 浸泡试验前,用无水乙醇和软毛刷擦除试件表面油污,然后用去离子水清洗,烘干备用。

② 按试验条件不同,分别对不同组试件进行编号。

③ 试验前观测试件宏观和微观照片,同时称重记录。

④ 试件垂直或水平放置在绝缘塑料托架的卡槽内,并确保试件不能相互接触或与其他吸水材料接触,以防止其他腐蚀形式的产生。

⑤ 试验过程中,加强对试件的检查,为避免环境的不均匀性对试验结果造成影响,每半个周期随机交换试件位置一次;在每个周期结束后,检查酸性盐溶液 pH 值,保证在试验过程中,pH 值在规定范围内。

⑥ 每完成一个周期的腐蚀试验,先用发烟硝酸浸泡洗去试件表面腐蚀产物,然后对试件做相应检查并记录相关数据,分析变化规律,试验共进行 10 个周期。

2. 搭接件腐蚀规律及分析

1）宏微观形貌

试件试验前后的宏观照片和微观照片是最能在直观上反映试件表面腐蚀形貌变化规律的,因此,首先要对试件表面状态有初步的认识并对腐蚀速率进行初步的判断。由于本试验中铝合金作为搭接结构中的电偶阳极,发生腐蚀反应,表面状态变化明显,而钛合金作为电偶阴极,受到保护,在其表面没有反应发生,无明显试验现象,因此在后面所给图片中均为铝合金表面形貌的照片。考虑到腐蚀现象的发生是较缓慢的,为对比结果较为明显,因此,在本小节及以后均只列出第一、三、五、八、十周期的结果。

表 5-4 和表 5-5 分别给出每组试件在不同周期结束后的宏观照片和微观照片。

表 5-4　试件宏观照片

试验周期	第一组	第二组	第三组
初始	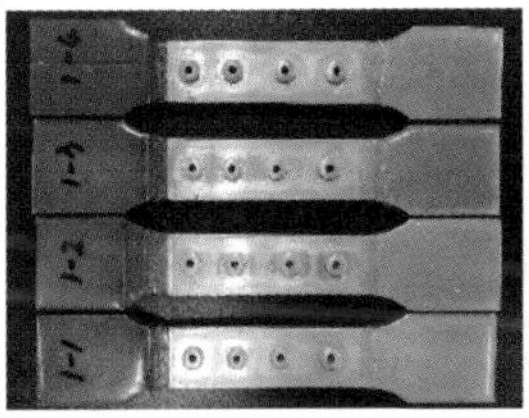	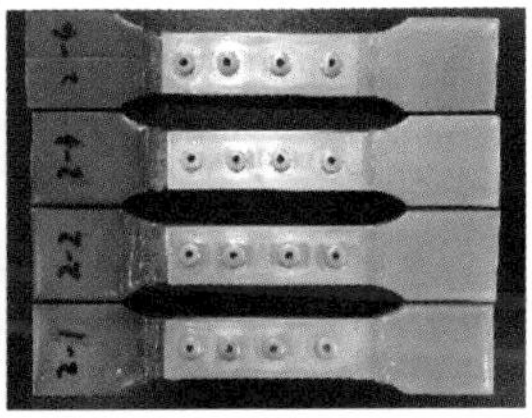	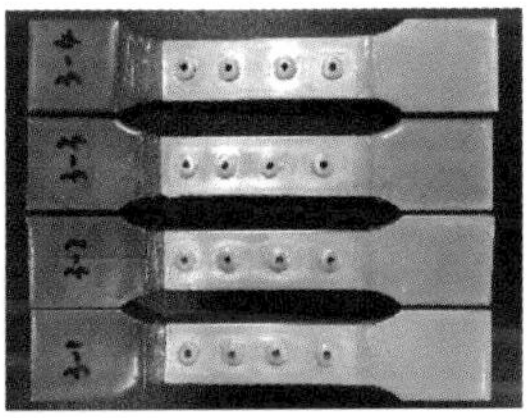
第一周期	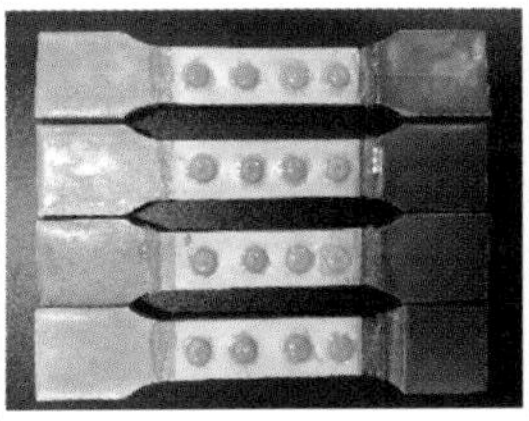	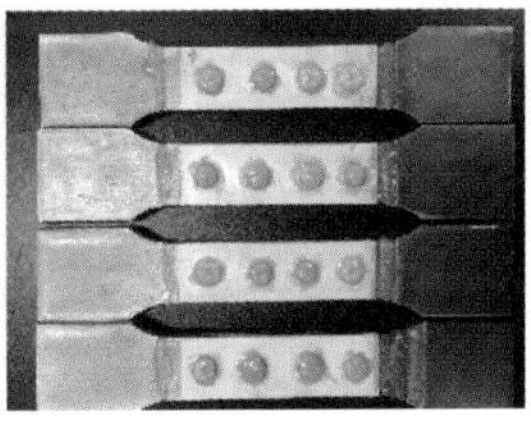	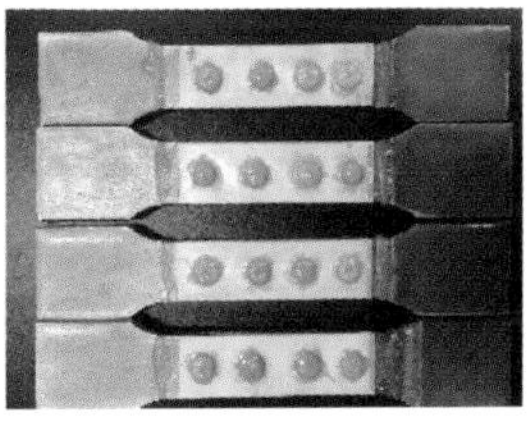

（续）

试验周期	第一组	第二组	第三组
第三周期	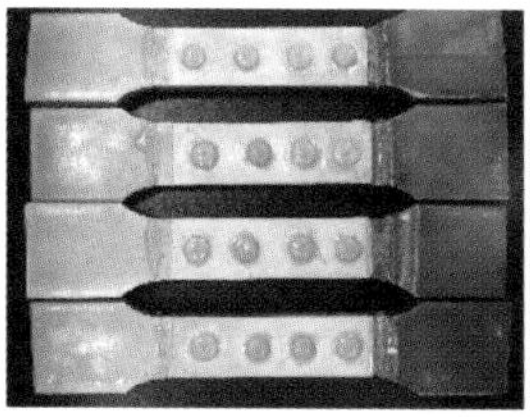	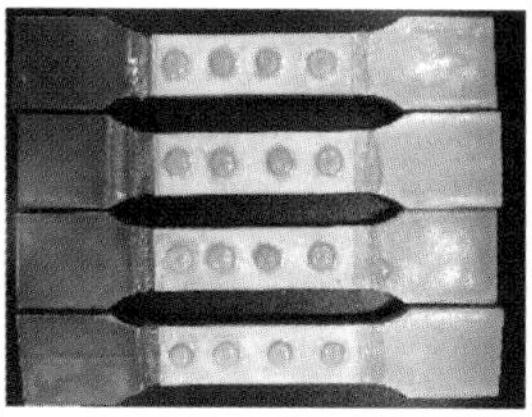	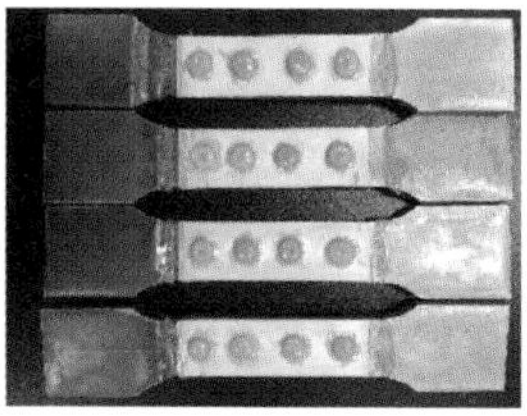
第五周期	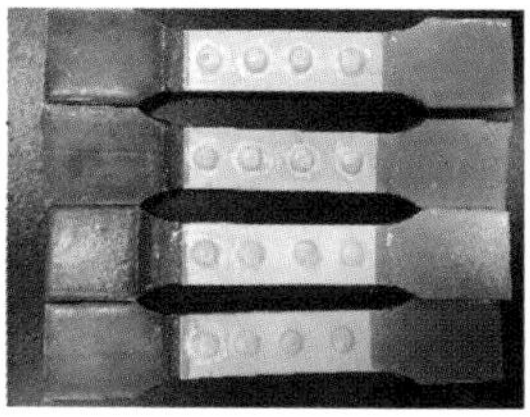	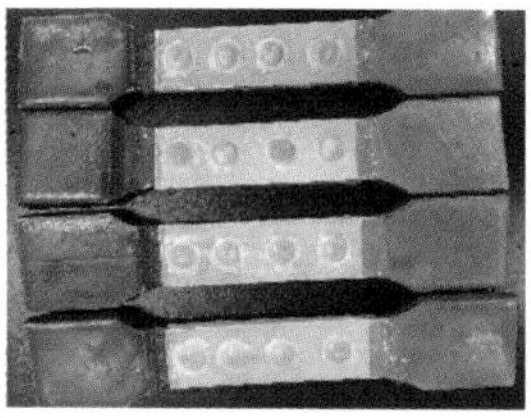	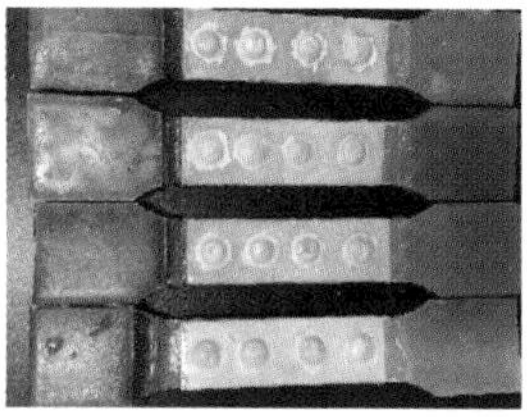
第八周期	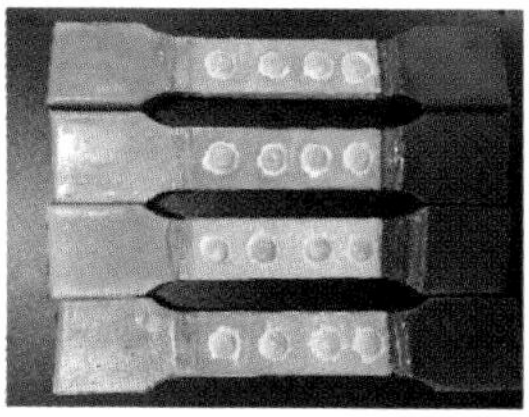	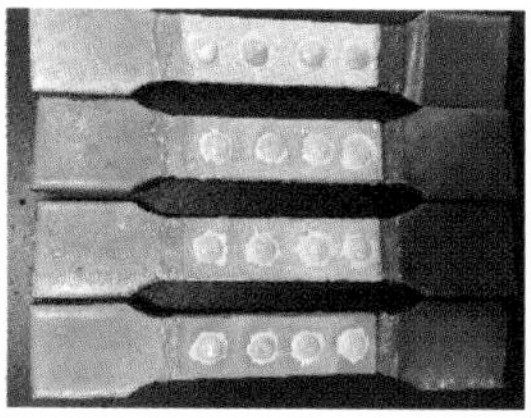	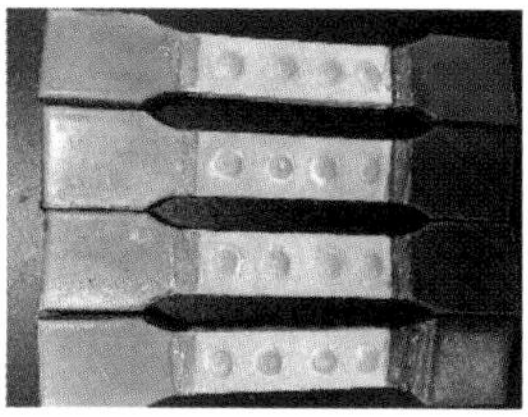
第十周期	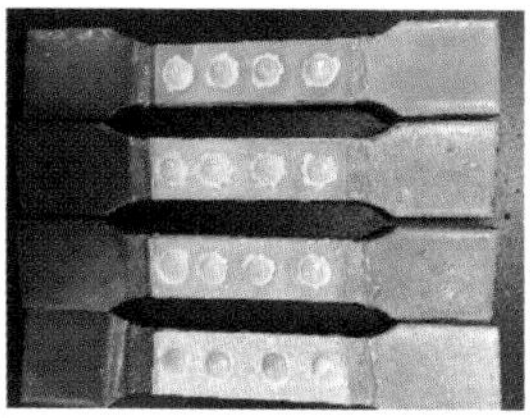	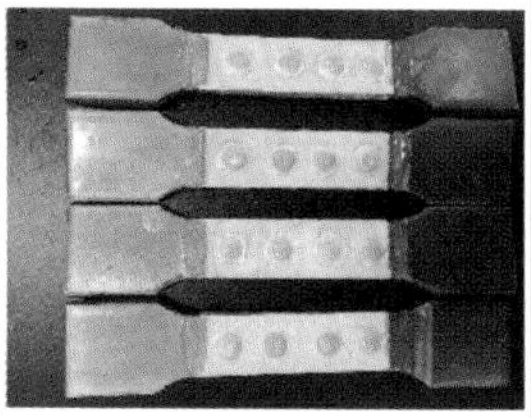	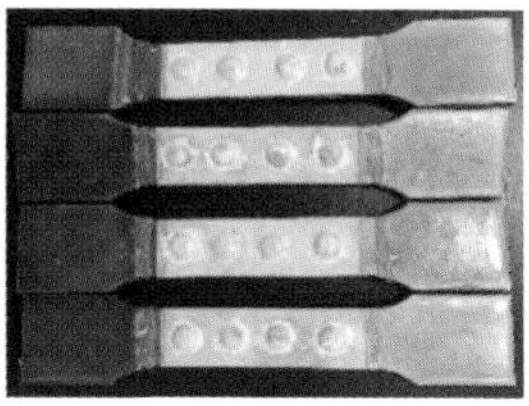

表 5-5 试件微观照片

试验周期	第一组	第二组	第三组
初始	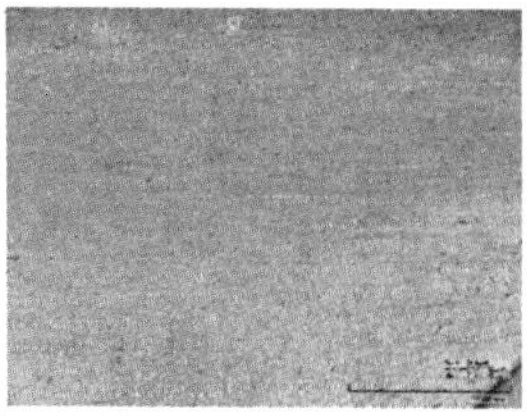	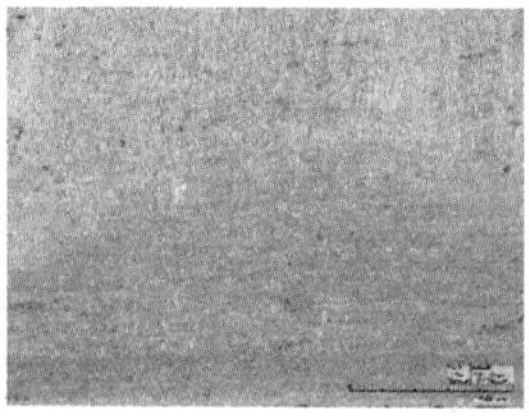	

（续）

试验周期	第一组	第二组	第三组
第一周期	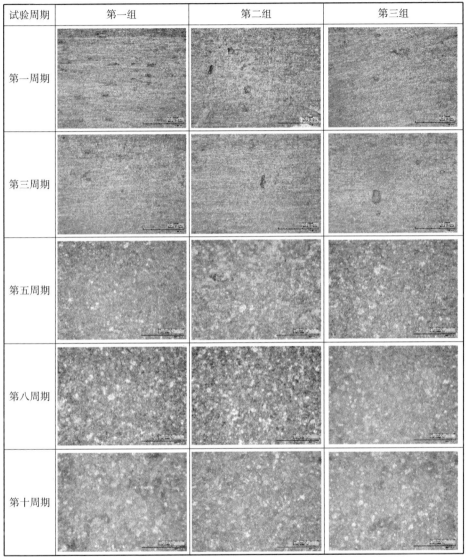		
第三周期			
第五周期			
第八周期			
第十周期			

　　根据对表 5-4 中每个周期试件的观察，可以发现在整个试验阶段三组之间的腐蚀现象基本一致，没有太大的区别，从宏观照片中可以看到铝合金表面由刚打磨完的光亮逐渐变暗，光亮区域逐渐减少直至消失，腐蚀坑产生并不断增多，表面越发粗糙。表 5-5 所列微观照片中，可以更加清楚地看到铝合金表面状态的变化，腐蚀坑由少变多的过程。根据试验条件分析，腐蚀时间不同，但腐蚀速率基本一致，说明在高电导率的溶液中，试件腐蚀速率较快，且酸性盐溶液

对试件的腐蚀更为剧烈。但根据宏观照片和微观照片只能定性地看出腐蚀程度的大小,无法定量衡量不同试验条件下具体的腐蚀速率,因此需要继续对其他腐蚀参量的变化进行分析对比。

2) 腐蚀深度

腐蚀深度及损伤度主要是考查试件上铝合金表面腐蚀坑深度的大小以及腐蚀坑的面积,以此来判断腐蚀速率快慢。

每个周期试验结束后,用发烟硝酸洗去腐蚀产物,并用蒸馏水将试件冲洗干净,再用吹风机吹干,利用 KH-7700 光学显微镜对铝合金表面蚀坑进行精细观察,并拍摄 3D 不同深度腐蚀坑照片,如图 5-15 所示,并在每个试件铝合金表面随机找到 5 个明显的腐蚀坑,测量其深度并做好数据记录,由于数据过多,这里取 5 个蚀坑深度的平均值列于表 5-6 中。

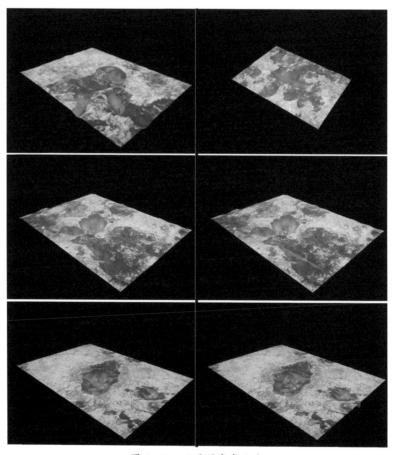

图 5-15　不同深度腐蚀坑

表 5-6　试件铝合金表面腐蚀坑深度平均值

试验组	试件编号	蚀坑深度平均值/μm				
		第一周期	第三周期	第五周期	第八周期	第十周期
第一组	1-1	2	19	44	103	165
	1-2	2	24	39	95	159
	1-3	4	22	40	110	162
	1-4	3	21	42	102	170
第二组	2-1	4	20	50	105	155
	2-2	5	25	44	101	176
	2-3	3	20	37	99	163
	2-4	4	26	39	93	174
第三组	3-1	4	26	47	107	160
	3-2	2	24	40	94	178
	3-3	5	18	34	89	172
	3-4	3	24	39	100	160

通过表 5-6 中记录的腐蚀坑深度的变化可以看出,在腐蚀初期,腐蚀坑很浅,腐蚀速率很慢,随着加速试验的进行,腐蚀速率逐渐增加,同时腐蚀坑深度差别也有所增加(这是因为材料内部存在二次相等缺陷,可能会导致某一局部腐蚀速率较快)。因此,要根据表 5-6 中数据,计算每组试件在不同周期的腐蚀坑深度平均值,来观察每组试件的腐蚀深度变化趋势,如表 5-7 所列。

表 5-7　每组试件腐蚀深度平均值

试验组	蚀坑深度平均值/μm				
	第一周期	第三周期	第五周期	第八周期	第十周期
第一组	3.25	21.5	41	102.5	164
第二组	4	22.75	42.5	99.5	167
第三组	3.5	23	40	97.5	167.5

为更加直观观察其变化规律,将表 5-7 中数据做成曲线如图 5-16 所示。

由图 5-16 可以看出,在当量腐蚀时间内,三组试件的腐蚀深度变化过程基本一致)。

3) 损伤度

损伤度定义为

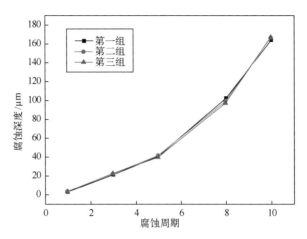

图 5-16　每组试件腐蚀深度随周期变化曲线

$$\alpha = \frac{1}{A} \sum_{i=1}^{n} A_i \times 100\% \tag{5-2}$$

式中：n 为蚀坑个数；A 为整个腐蚀区域的面积；A_i 为第 i 个蚀坑面积，即在某一个选定区域内，所有的腐蚀坑面积的和与此区域面积之比，即为表面腐蚀损伤度。

　　本试验在统计腐蚀坑面积过程中，主要根据拍摄可视范围内腐蚀坑的个数及面积来计算腐蚀损伤度，如图 5-17 所示。在每个试件上选择五个类似于图 5-17 的区域进行拍照，将照片中的腐蚀坑依照形状不同等效为圆形或椭圆形，以便于面积的测量计算，这样得到相应区域的腐蚀损伤度，根据五个区域损伤度的平均值判断整个试件的损伤度。统计结果如表 5-8 所列。

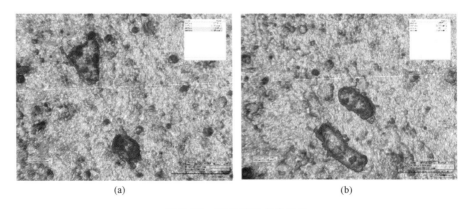

(a)　　　　　　　　　　　　　　　　(b)

图 5-17　可视范围内腐蚀坑

表 5-8　试件铝合金表面损伤度平均值

试验组	试件编号	损伤度平均值/%				
		第一周期	第三周期	第五周期	第八周期	第十周期
第一组	1-1	0.5543	1.7242	10.7947	24.9735	37.2454
	1-2	0.4248	2.0324	9.9539	24.0344	35.8952
	1-3	0.6785	1.9348	12.8924	26.4529	36.9575
	1-4	0.5025	1.3457	11.9323	25.3543	38.0854
第二组	2-1	0.4589	2.0947	9.2742	23.4724	35.3480
	2-2	0.5294	1.7648	10.4492	24.3908	37.4979
	2-3	0.5290	2.1039	11.3942	25.3492	38.5892
	2-4	0.6092	1.8893	9.8923	26.3840	40.4859
第三组	3-1	0.5342	1.6735	11.5992	26.9937	38.9824
	3-2	0.4839	1.7987	12.0282	27.2749	37.9472
	3-3	0.6923	1.7234	9.9208	25.5398	39.0482
	3-4	0.3795	1.8842	10.7684	28.0238	40.9485

通过表 5-8 观察,可以看出在加速试验的初期,损伤度均较小,到试验的最后阶段,损伤度明显增大,且腐蚀规律与宏微观照片中的基本一致。根据试件结构和试验条件的特点,腐蚀主要以均匀腐蚀的形式发生,故腐蚀损伤到第十周期变得较大。由于在选择区域时的随机性较大,为避免有特殊情况存在而影响结果,需对每组试件在不同周期的损伤度求平均值,以此来观察损伤度变化趋势,整理表 5-8 中数据得到表 5-9。

表 5-9　每组试件腐蚀损伤度平均值

试验组	腐蚀损伤度平均值/μm				
	第一周期	第三周期	第五周期	第八周期	第十周期
第一组	0.5400	1.7593	11.3933	25.2038	37.0459
第二组	0.5316	1.9632	10.2525	24.8991	37.9803
第三组	0.5225	1.7700	11.0792	26.9581	39.2316

将表 5-9 中数据转换成图线形式,如图 5-18 所示。

由图 5-18 可以看出,在当量腐蚀时间内,三组试件的腐蚀损伤度变化过程基本一致。

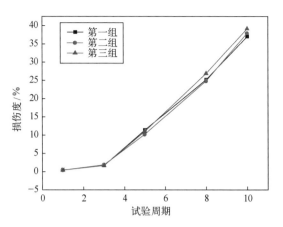

图 5-18　每组试件损伤度随周期变化曲线

4）失重

失重是考查试件在每个试验周期结束后的质量变化，表 5-10 中列出了三组试件在试验周期结束，经发烟硝酸洗去腐蚀产物后的质量。

表 5-10　每周期试件质量

试验组	试件编号	初始质量	试件质量/g				
			第一周期	第三周期	第五周期	第八周期	第十周期
第一组	1-1	180.2975	180.2941	180.2861	180.2760	180.2602	180.2478
	1-2	179.0658	179.0616	179.0524	179.0425	179.0258	179.0147
	1-3	180.5428	180.5400	180.5322	180.5212	180.5042	180.4932
	1-4	181.1009	181.0969	181.0878	181.0775	181.0606	181.0499
第二组	2-1	180.6420	180.6377	180.6289	180.6195	180.6024	180.5907
	2-2	181.2942	181.2901	181.2822	181.2724	181.2565	181.2445
	2-3	180.5621	180.5559	180.5463	180.5374	180.5212	180.5091
	2-4	179.9356	179.9301	179.9200	179.9101	179.8927	179.8814
第三组	3-1	179.8879	179.8835	179.8752	179.8648	179.8479	179.8363
	3-2	180.5317	180.5283	180.5204	180.5094	180.4915	180.4806
	3-3	180.2639	180.2601	180.2514	180.2414	180.2249	180.2131
	3-4	181.0903	181.0853	181.0757	181.0666	181.0506	181.0383

根据表 5-10 中数据，通过计算得到每个周期试件质量变化情况，结果列于表 5-11 中。

表 5-11　试件质量变化

试验组	试件编号	质量变化/g				
		第一周期	第三周期	第五周期	第八周期	第十周期
第一组	1-1	0.0034	0.0114	0.0215	0.0373	0.0497
	1-2	0.0042	0.0134	0.0233	0.0400	0.0511
	1-3	0.0028	0.0106	0.0216	0.0386	0.0496
	1-4	0.0040	0.0131	0.0234	0.0403	0.0510
第二组	2-1	0.0043	0.0131	0.0225	0.0396	0.0513
	2-2	0.0041	0.0120	0.0218	0.0377	0.0497
	2-3	0.0062	0.0158	0.0247	0.0409	0.0530
	2-4	0.0055	0.0156	0.0255	0.0429	0.0542
第三组	3-1	0.0044	0.0127	0.0231	0.0400	0.0516
	3-2	0.0034	0.0113	0.0223	0.0402	0.0511
	3-3	0.0038	0.0125	0.0225	0.0390	0.0508
	3-4	0.0050	0.0146	0.0237	0.0397	0.0520

观察表 5-11 中数据,发现在试验初期,试件质量变化不大,随着试验的进行,腐蚀速率开始增加,失重逐渐增多。取每组试件不同周期质量变化的平均值(表 5-12)来观察质量变化趋势。

表 5-12　每组试件质量变化均值

试验组	质量变化均值/g				
	第一周期	第三周期	第五周期	第八周期	第十周期
第一组	0.0036	0.0121	0.0225	0.0391	0.0504
第二组	0.0050	0.0141	0.0236	0.0403	0.0521
第三组	0.0042	0.0128	0.0229	0.0397	0.0514

将表 5-12 中数据转换成图线形式,如图 5-19 所示。

由图 5-19 可以看出,在整个试验阶段,三种条件下的试件失重基本保持一致。

3. 试验结果分析

本章的实验室加速试验环境谱中,第二组试验条件为 pH 值等于 3 的 3.5% NaCl 溶液,第三组试验条件为 3.5% NaCl 溶液,对应第 4 章中的当量折算系数分别为 0.1655 和 0.1005。由于加速系数与折算系数是互为倒数的关系,故根据第 4 章的理论关系,第二组试验应是第一组试验腐蚀速率的 10 倍左右,而第三组试验应是第一组试验腐蚀速率的 6 倍左右。从加速谱中可以看出,不同条件的试验周期时间,正好成此比例。

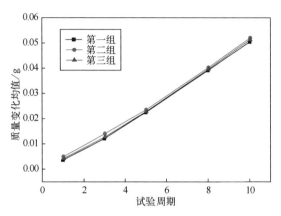

图 5-19　每组试件质量变化均值随周期变化曲线

根据 5.2.2 节中的试验结果,不难发现,宏观微观照片定性分析结果在总体趋势上是符合理论计算的结果的,即在不同试验条件下,腐蚀形貌基本一致。也就是说,当量关系从宏微观照片的腐蚀形貌来看是正确的。但是还要从定量分析的结果中,包括腐蚀深度、损伤度和失重等进一步验证。

从腐蚀深度、损伤度和失重试验的结果来看三组试验的结果都比较一致,而其中最能进一步说明问题的是腐蚀失重的试验结果。这是因为在理论计算的过程中,根据的是等电量法,对于同一种物质,电量的变化与质量的变化存在确定的关系。在本试验中,铝合金上电量发生转移,对应的是 Al^{3+} 浓度在溶液中的发生变化,伴随的是氧化还原反应的发生,金属铝溶解,试件质量变化。

综上所述,本节实施的实验室加速试验,所得到的试验结果可以验证第 4 章中的当量折算关系的正确性。

5.2.3　7B04 铝-30CrMnSiA 钢搭接

1. 搭接模拟件设计及试验方法

1) 试件设计

考虑在第 4 章中主要采用试片级别的试件进行当量关系的计算,为了进一步说明问题,本节利用 7B04 铝合金和 30CrMnSiA 钢所制作的模拟飞机上相应搭接结构的试件(图 5-20)进行当量关系的验证实验。搭接件的具体参数如图 5-21 所示,图中 1 和 2 为 7B04 铝合金板,3 和 4 为 30CrMnSiA 钢板 5 和 9 为铝合金铆钉、6、7 和 8 为钢螺栓,金属表面不加任何涂层,以期更加直观地反映腐蚀现象。

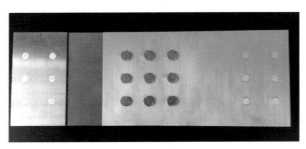

(a) 正面

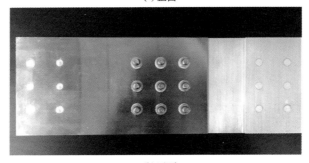

(b) 反面

图 5-20　铝合金-钢搭接件示意图

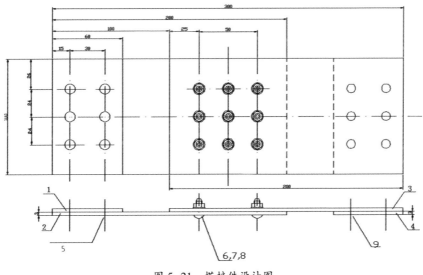

图 5-21　搭接件设计图

在进行实验室加速腐蚀试验前,需对试件进行如下操作:

(1)用软毛刷除去 7B04 铝合金-30CrMnSiA 钢搭接件表面的浮尘,而后利用水磨砂纸将搭接件表面逐级打磨至 1500#,经无水乙醇、丙酮超声后烘干。

(2)为保证 7B04 铝合金和 30CrMnSiA 钢的测试面积比为 1∶1,用红色马克笔在搭接件两端画线,红线之间为试验区域。

(3)为了避免测试区域以外的区域腐蚀后对试验结果产生影响,现按照 11∶1 的比例配置环氧树脂和三乙烯四胺混合物,充分搅拌均匀后借助压舌板对红线以外的区域包括红线之间的螺钉进行密封处理,静置 24h 待环氧树脂完全固化。

(4)将万用表的一端接触试验区,另一端在密封区缓慢移动,检查出漏封区域后按照上述步骤重新密封,尤其对于试件上存在缝隙的区域着重检查,直至密封完全,处理后的试件如图 5-22 所示。

(5)将部分试件置于盐雾箱中进行腐蚀试验,试验条件与第 4 章中保持一致,待 12h、96h、168h、240h 后取出。

图 5-22　处理后的试件示意图

2)试验设计

以 7B04 铝合金在 3.5% NaCl 溶液与水介质中的当量加速关系为例设计实验室加速腐蚀试验,将试验分为两组,第一组加速实验的腐蚀介质为 3.5% NaCl 溶液,第二组为去离子水。根据 4.3 节铝-钢电偶腐蚀行为与当量加速关系内容可知,在 7B04 铝合金与 30CrMnSiA 钢的测试面积比为 1∶1 的条件下,假设在去离子水中的试验时间为 T,在 3.5% NaCl 溶液中的实验时间为 t,则有以下关系成立:

腐蚀 0h 时,有

$$\alpha_1 = \frac{t_1}{T_1} = 0.016 \tag{5-3}$$

腐蚀 12h 时,有

$$\alpha_2 = \frac{t_2}{T_2} = 0.061 \tag{5-4}$$

腐蚀 96h 时,有

$$\alpha_3 = \frac{t_3}{T_3} = 0.085 \tag{5-5}$$

腐蚀 168h 时,有

$$\alpha_4 = \frac{t_4}{T_4} = 0.087 \tag{5-6}$$

腐蚀 240h 时,有

$$\alpha_5 = \frac{t_5}{T_5} = 0.064 \tag{5-7}$$

室温下,设定第二组的试验时间 $T = 240$h,并以此作为一个试验周期,则预腐蚀 0h、12h、96h、168h、240h 所对应的第一组试验时间依次为 3.84h、14.64h、20.4h、20.88h、15.36h,如表 5-13 所列。也就是说,对预腐蚀 12h 后的试件分别进行两组试验,在水中作用 240h 对应在 3.5% NaCl 溶液中的作用时间为 14.64h,以此类推。由于本节讨论的是与 30CrMnSiA 钢耦合后 7B04 铝合金在 NaCl 溶液与水介质中的当量关系,主要考量的是铝合金的腐蚀变化,故而选取图 5-20 中的正面作为测试面。将试件测试面朝上,下方用 PVC 管支撑放置在玻璃水槽中,每组设置 4 个平行件并编号后进行验证试验。在试验过程中,为了防止其他因素对腐蚀环境造成影响从而影响实验测量结果,应每 5h 搅拌溶液,当发现溶液过于浑浊时需要进行更换。按照计划时间进行试验后,取出试件进行相关数据的记录。

表 5-13　加速试验的设计

加速试验时间/h		预腐蚀时间/h
第一组(3.5% NaCl 溶液)	第二组(水)	
3.84	240	0
14.64	240	12
20.4	240	96
20.88	240	168
15.36	240	240

2. 搭接件腐蚀规律与分析

1）宏观腐蚀形貌

将试件的宏观腐蚀形貌列于表 5-14 中,首先通过试样测试面腐蚀区域铝合金表面的宏观腐蚀形貌定性地判断腐蚀变化规律,以此作为腐蚀速率的初步依据。由表 5-14 中的图片可以看出,即使试件经过不同腐蚀时间后,在进行实验室加速试验中,第一组与第二组的宏观形貌基本一致,初步证明当量关系选用的正确性。在未进行试验时,铝合金表面光亮,进行一周期加速试验后铝合金部分发黄、变暗,表面开始粗糙。之后,在铝合金表面可用肉眼看到小蚀孔,随着腐蚀时间增长,出现大片明显的腐蚀痕迹,烘干后铝合金表面带有白色腐蚀产物。

表 5-14 试件宏观腐蚀形貌

预腐蚀时间/h		第一组	第二组
0	初始状态		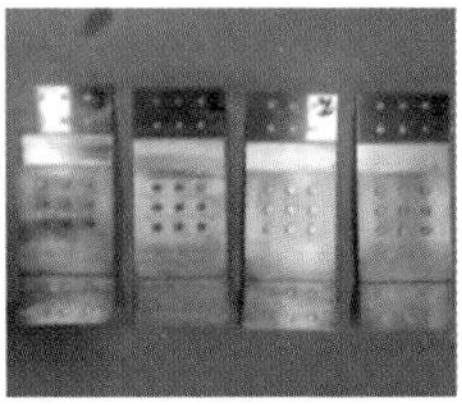
	试验后		
12	初始状态	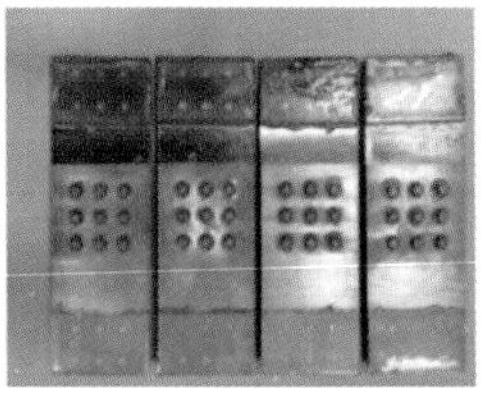	
	试验后		

（续）

预腐蚀时间/h		第一组	第二组
96	初始状态		
	试验后		
168	初始状态		
	试验后		
240	初始状态		
	试验后		

2）微观腐蚀形貌

按照 GB/T 16545—2015《金属和合金的腐蚀 腐蚀试样上腐蚀产物的清除》方法去除试件表面的腐蚀产物,经无水乙醇超声清洗并烘干,用于观察微观腐蚀形貌、测量腐蚀坑深度、质量变化等。将两组试件的微观腐蚀形貌列于表 5-15 中,对比可得,两组腐蚀形貌相似度很高。

表 5-15　试件微观腐蚀形貌

预腐蚀时间/h		第一组	第二组
0	初始状态		
	试验后		
12	初始状态	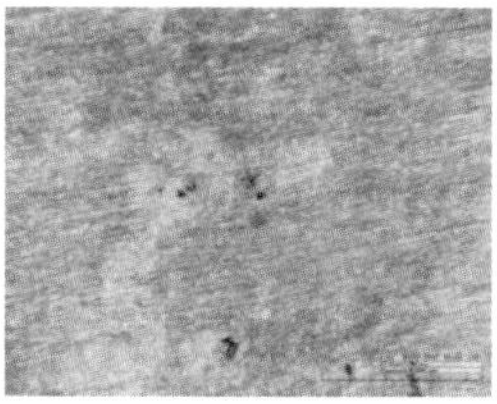	
	试验后	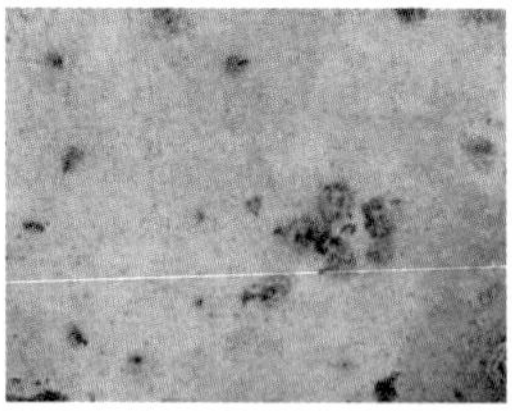	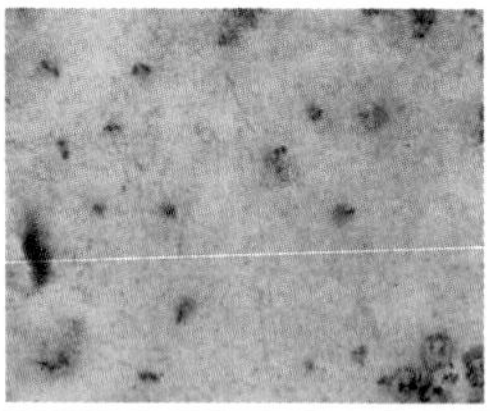
96	初始状态	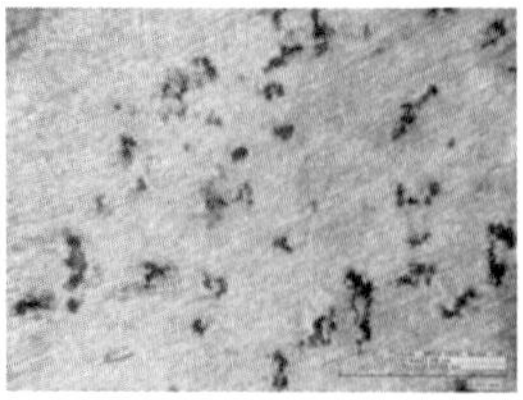	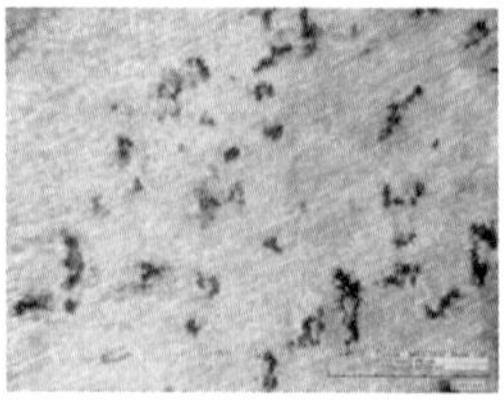

（续）

预腐蚀时间/h		第一组	第二组
96	试验后	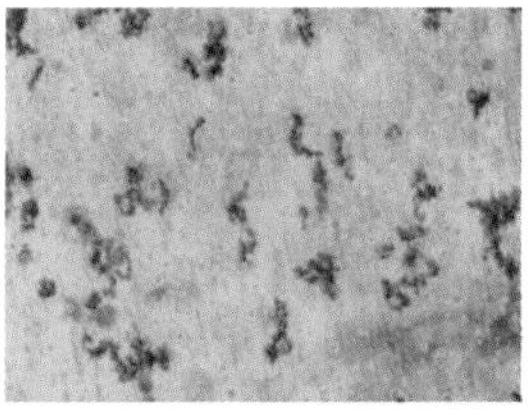	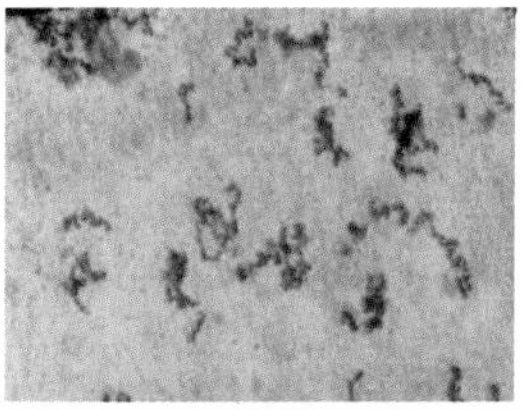
168	初始状态	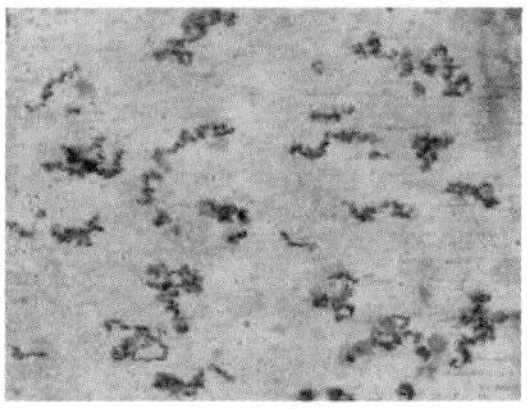	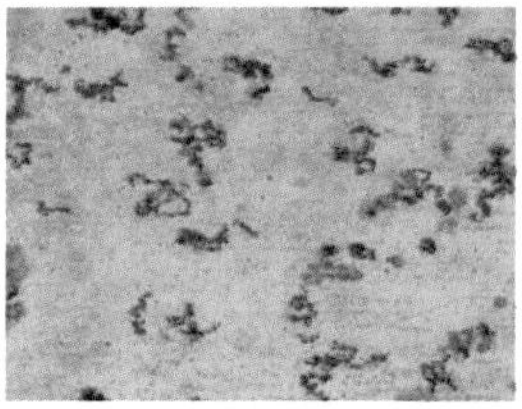
	试验后	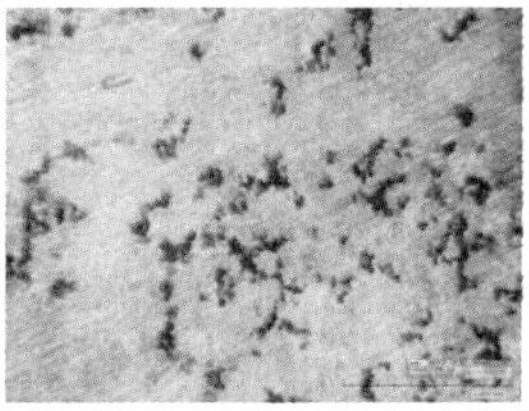	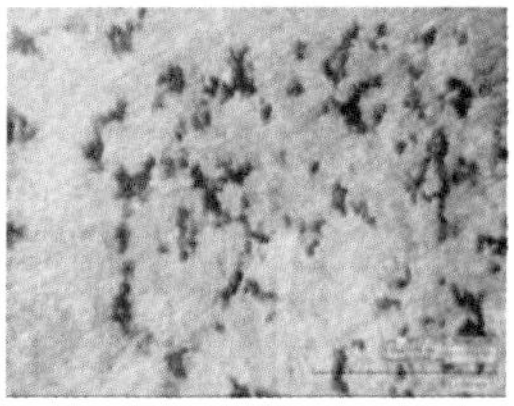
240	初始状态	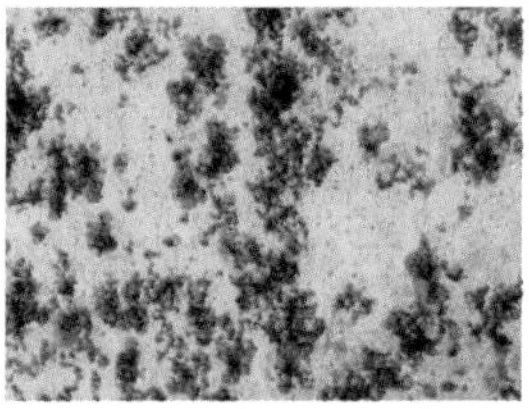	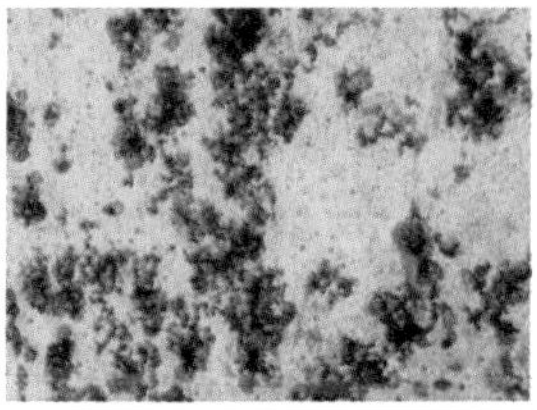
	试验后	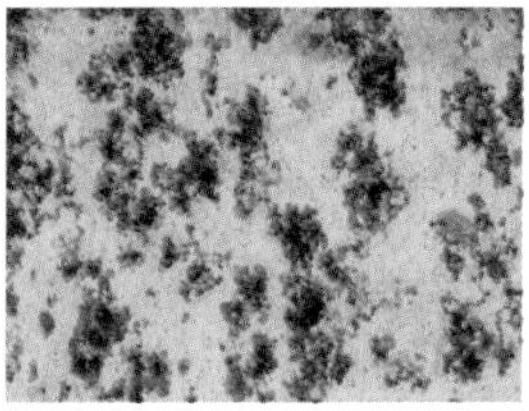	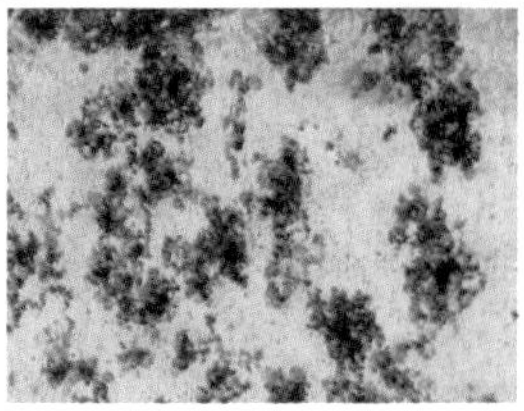

3）腐蚀坑深度

腐蚀坑深度是表征试件在一定时间内腐蚀损伤程度的重要参量之一,通过蚀坑的深度、面积等信息判断腐蚀程度的大小和腐蚀速率的快慢。

借助 KH-7700 光学显微镜在清洗后的试件上随机取 5 个区域进行拍照,蚀坑深度测量如图 5-23 所示。由于每个拍摄区域存在大量腐蚀坑,个别深度数据具有极大的分散性,为提高测量数据的真实性,在每个区域随机测量 5 个腐蚀坑的深度并取平均值,以 5 个蚀坑深度的平均值取代单个蚀坑的深度值作为衡量尺度,最后对 5 个区域的蚀坑平均值取平均,得到该试件总体上的腐蚀坑深度平均值。以腐蚀 12h 的 1-1 号试件为代表,将腐蚀坑深度测量值的具体数据记录于表 5-16 中,表中 I #~ V#代表五个不同测量区域,1#~5#代表每个区域的五个随机测量点。依照同样的方法对其他试件进行测量,各个试件腐蚀坑深度平均值见表 5-17 中。

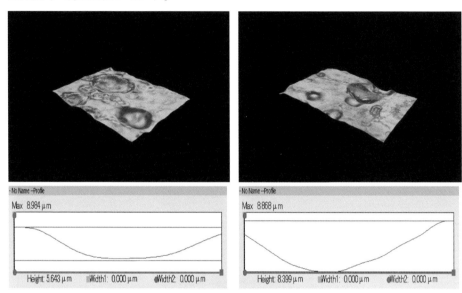

图 5-23 蚀坑深度测量示意图

表 5-16 腐蚀 12h 后 1-1 号试件在加速试验前后腐蚀坑深度测量值

腐蚀坑深度/μm		1#	2#	3#	4#	5#	平均值
初始状态	I #	6	4	13	10	12	9
	II#	7	11	5	10	17	10
	III#	8	14	11	10	13	11.2
	IV#	9	12	7	11	14	13.25
	V#	8	5	7	9	11	10
平均值		10.69					
试验后	I #	15	12	10	16	13	13.2
	II#	11	10	14	12	12	11.8
	III#	12	14	14	16	13	13.8
	IV#	13	15	17	11	15	14.2
	V#	13	10	16	14	17	14
平均值		13.4					

表 5-17　试件铝合金表面腐蚀坑深度平均值

第一组试件铝合金表面腐蚀坑深度平均值/μm				
预腐蚀时间/h		1-1	1-2	1-3	1-4
0	初始状态	0	0	0	0
	试验后	2	2.3	3.5	3
12	初始状态	10.69	14.37	12.45	11.2
	试验后	13.4	18.8	17.25	15.7
96	初始状态	20.2	25.5	20.75	26
	试验后	26.8	30.78	25.2	33.4
168	初始状态	106	94.8	90	101
	试验后	107	99	95.42	105.5
240	初始状态	165.24	159	162.3	170
	试验后	168.15	162.7	165	173.2
第二组试件铝合金表面腐蚀坑深度平均值/μm				
预腐蚀时间/h		2-1	2-2	2-3	2-4
0	初始状态	0	0	0	0
	试验后	1.82	3.2	2.64	1.1
12	初始状态	12.05	16.3	10	9.45
	试验后	15.69	21.47	15.2	10.11
96	初始状态	21.23	25	19.17	26.1
	试验后	28.53	29.02	22.4	32.29
168	初始状态	108	93	90.7	101
	试验后	110	97.44	96.7	104
240	初始状态	166.93	164.18	157.84	173.66
	试验后	169.32	165.49	165.22	175.7

从表 5-17 中的数据可以看出,随着腐蚀时间增长,试件铝合金表面腐蚀加重,腐蚀坑深度逐渐加深,到腐蚀后期腐蚀坑测量数据的分散性有所增强。这是因为材料基体存在二次损伤,导致腐蚀损伤分布不均的现象,这些特点与腐蚀形貌的变化规律保持一致。为了深入观测验证试验的效果,对四个平行试件的腐蚀坑深度取平均值,计算加速试验后与原始状态对比蚀坑的变化量,具体数据见表 5-18。通过对比可以发现,铝合金的腐蚀速率先增大,随着腐蚀产物的沉积速率显现出减小的趋势,在整个试验过程中两组试验的试验结果相差较

小,变化基本一致。

表 5-18　两组试件铝合金表面腐蚀坑深度平均值(μm)的对比

预腐蚀时间/h	第一组	第二组
0	2.7	2.19
12	4.11	3.67
96	5.93	5.19
168	3.78	3.86
240	3.13	3.28

4) 腐蚀损伤度

一般情况下,腐蚀坑形状多不规则,使用传统的计量方式很难精确地计算腐蚀坑面积,因此,可借助 Matlab 软件对腐蚀形貌图像进行二值化处理,通过对不同灰度点数的统计得到腐蚀损伤度。这种方法操作简单、计算精度较高,通过固定阈值、非零取一等操作将腐蚀形貌图像简化为黑白二值图像(腐蚀坑点像素灰度设为1,背景点像素灰度设为0),如图 5-24 所示。最后对两种不同灰度的像素点加以统计,求出比值即可得到腐蚀损伤度。具体流程如图 5-25 所示。同样,为了提高测量数据的准确性,在铝合金试样表面随机取 4 个区域的形貌图片进行损伤度的求解,并对 4 个区域的损伤度数值取平均值。此处以腐蚀 12h 的 1-1 号试件为例进行说明,将损伤度数值列于表 5-19 中,1~4 表示所选的 4 个区域,其余试件的测量和计算方法与之相同,从而得到试件腐蚀区域内铝合金表面腐蚀损伤度统计数据,见表 5-20。

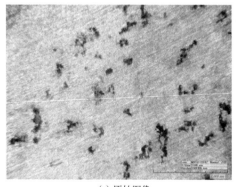 

(a) 原始图像　　　　　　　　　　　　(b) 二值化图像

图 5-24　图像处理示意图

图 5-25　二值化方法计算腐蚀损伤度流程图

表 5-19　腐蚀 12h 的 1-1 试件进行加速试验前后
铝合金表面损伤度(%)

试件状态	计算区域				
	1#	2#	3#	4#	平均值
初始状态	1.7366	1.3840	1.8829	1.7753	1.6947
加速腐蚀试验后	3.1445	2.9032	2.6824	3.2447	2.9937

表 5-20　腐蚀区铝合金表面腐蚀损伤度

第一组腐蚀损伤度/%				
预腐蚀时间/h	1-1	1-2	1-3	1-4
0	初始状态	0	0	0	0
	试验后	0.5242	0.4839	0.3749	0.5723
12	初始状态	1.6947	1.7448	2.1039	1.8893
	试验后	2.9937	2.8025	3.4907	3.7001
96	初始状态	13.6921	15.3942	10.9543	8.9476
	试验后	19.6092	21.7755	15.0881	14.3010
168	初始状态	26.8847	27.3515	25.2994	24.1107
	试验后	28.5642	29.4834	27.4979	27.9991
240	初始状态	34.9768	35.4339	38.7183	37.7711
	试验后	37.3004	37.9789	40.5112	39.3944
第二组腐蚀损伤度/%				
预腐蚀时间/h	2-1	2-2	2-3	2-4
0	初始状态	0	0	0	0
	试验后	0.4248	0.5025	0.3953	0.5543

（续）

第二组腐蚀损伤度/%				
预腐蚀时间/h		2-1	2-2	2-3	2-4
12	初始状态	1.7243	2.0244	1.4631	1.8253
	试验后	2.9514	2.8367	3.0769	3.4093
96	初始状态	10.3084	9.9536	13.0627	11.9323
	试验后	14.8326	14.0374	20.0089	16.4271
168	初始状态	24.9435	26.4429	24.3144	25.4935
	试验后	26.8691	29.1077	25.0746	28.4613
240	初始状态	35.1471	36.9575	38.0854	37.2454
	试验后	38.2892	37.0482	40.4837	38.7989

此处主要对比两组验证试验之间损伤度的差异,现计算经过加速试验后的损伤度与初始状态之间的差值并对 4 个平行试样取平均值,得到结果列于表 5-21 中。从表中数据可知,在试件的预腐蚀时间较短时,进行一周期加速试验后铝合金表面损伤度的变化值逐渐增大,而预腐蚀时间在 168h 之后,损伤度的变化值减小,说明铝合金腐蚀减缓。但是,从表面损伤度的原始数据可知,铝合金的腐蚀在逐步加重,且两组加速试验的腐蚀损伤度差值基本一致,再一次定量地说明当量关系正确可用。

表 5-21 两组加速实验损伤度变化值(%)的对比

组别 预腐蚀时间/h	第一组	第二组
0	0.4888	0.4692
12	1.3886	1.3093
96	5.4464	5.0122
168	2.4746	2.0796
240	2.0712	1.9615

5.2.4 30CrMnSiNi2A 钢-TC18 钛搭接

飞机设计过程中需综合考量强度、重量等问题,难免会出现不同部位应用不同材料的问题,异种材料的连接在飞机上常采用搭接方式,即利用紧固件将两种或两种以上金属结合,由于降雨、降雪等外在因素影响,这些结构表面常常会形成积水,为异种材料电偶腐蚀的发生提供电解质条件。目前,国内外关于电偶腐蚀的研究停留在不同的腐蚀环境、不同材料间电偶腐蚀机理角度,很难对工程应用提供方便有效的参考。近年来,随着计算机仿真技术的进步,腐蚀仿真逐渐成为研究的热点,国内外学者建立相关仿真模型研究了宏观电偶和微电偶腐蚀,但总结目前的腐蚀仿真研究成果来看,大多相关研究仅停留在试片级的模型建立,对于飞机上搭接件等结构件的仿真研究较少。

本研究根据飞机某结构部件设计并制作了模拟搭接件,对搭接件各材料分别测量了其极化曲线,并以此作为边界条件,仿真计算了镀锌钢锌层完好和镀层完全破损后的搭接件表面电位和局部电流分布,将仿真结果与试验结果进行对比,从而验证仿真的准确性。模型的提出可以有效地从腐蚀防护的角度为飞机设计过程中对于异种金属选材及编制防护手册提供指导,减少腐蚀试验成本和时间。

1. 搭接模拟件设计及试验方法

1) 模拟件设计

模拟搭接件设计如图 5-26 所示,搭接件搭接区选用裸露的 30CrMnSiNi2A 高强钢和 TC18 钛合金,采用六角螺栓双排连接,螺栓、螺母、垫圈选用 30CrMnSiNi2A 镀锌钢,锌镀层约为 8μm。30CrMnSiNi2A 高强钢和 TC18 钛合金成分如表 5-22 所列,均未进行表面处理。

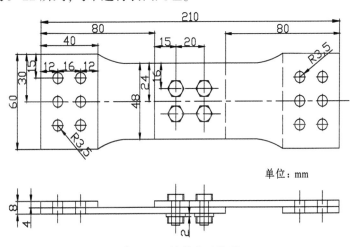

单位:mm

图 5-26　搭接件设计图

表 5-22　试件材料成分(%)

材　　料	C	Si	Mn	S	P	Cr	Ni	Fe	Zr	Al	Mo	V	Ti	Cu
30CrMnSiNi2A	0.29	1.01	1.14	0.001	0.019	1.10	1.56	Bal.	—	—	0.01	0	0.013	0.07
TC18	0.03	0.11	—	—	—	1.02	—	1.03	0.01	5.29	5.25	5.30	Bal.	

本研究选取试件中间钢-钛搭接处为试验研究区,为避免夹持端材料缝隙等因素对试验结果的影响,采用环氧树脂将非试验区域(夹持端)进行封装,然后将试件按"ZJ-01"~"ZJ-05"的形式进行逐一编号,如图 5-27 所示。

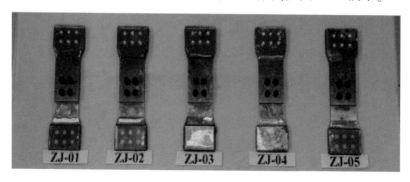

图 5-27　试件封装与编号

2)腐蚀试验

将试件置入装有 pH=4.0、T=40℃ 的 5%NaCl 溶液内,为防止在腐蚀过程中溶解氧浓度等因素导致腐蚀溶液不均匀,每隔 3.5h 将溶液充分搅拌一次,若溶液颜色明显发黄或至多经过 7h,更换一次溶液以排除腐蚀产物可能对试验结果产生的影响。另外,在腐蚀试验过程中,需对腐蚀溶液每隔 3.5h 取一次样,测量其 pH 值确保溶液始终保持在 4.0±0.2 的范围内。试验每 7h 为 1 个周期,共进行 7 个周期。

2. 模型构建机理与参数选取

1)腐蚀模型建模

假设钢-钛搭接零件间紧密贴合,故不存在缝隙腐蚀,基于稳态腐蚀电场建立搭接件电偶腐蚀模型,采用四面体网格分别对求解域进行划分,对紧固件、钢-钛结合处及倒角边缘的网格进行了细化,其表面边界网格划分情况如图 5-28 所示。模型溶液电导率利用 DDSJ-308A 电导率仪测得,值为 7.7s/m。

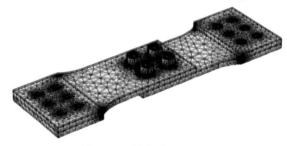

图 5-28　搭接件网格划分

2）仿真原理

电极附近的物质传递满足 Nernst-Planck 方程:

$$N_i = -D_i \nabla c_i - z_i F u_i c_i \nabla \varphi_1 + c_i U \tag{5-8}$$

式中:D_i 为第 i 种带电粒子的扩散系数(m/s);c_i 为粒子浓度(mol/m³);z_i 为电荷数;F 为法拉第常数,$F = 96485\text{C/mol}$;u_i 为迁移率(mol·s/kg);φ_1 为电解质溶液电势(V);U 为溶液流动速度(m/s)。

在静止条件下,即在不搅拌或没有密度梯度的静止溶液中,溶液的对流速度 $U = 0$,假设电极表面离子浓度与本体溶液浓度相同,而在本体溶液中,浓度梯度一般较小,故总电流主要是由电迁移完成,式(5-8)可简化为

$$N_i = -z_i F u_i c_i \nabla \varphi_1 \tag{5-9}$$

将法拉第定律

$$I = F \sum_i z_i N_i \tag{5-10}$$

和高斯定理

$$\nabla \cdot I = 0 \tag{5-11}$$

代入式(5-10)可得电位的拉普拉斯方程

$$\nabla^2 \varphi_1 = 0 \tag{5-12}$$

故电极表面电位可以通过求解式(5-12)得到,局部电流分布也由式(5-10)计算得到。

3）边界条件

利用动电位极化方法获得三种材料的极化曲线如图 5-29 所示,利用 Cview 对极化曲线进行拟合,得到电化学动力学参数如表 5-23 所列。由于 TC18 钛合金、30CrMnSiNi2A 镀锌钢是材料体系中电位最高和最低的材料,故体系中 TC18 作阴极,30CrMnSiNi2A 镀锌钢作阳极,选用其电化学动力学参数作为边界条件。电位居中的 30CrMnSiNi2A 由于其极性不确定,故选取其整条极化曲线的插值函数作为边界条件。

表 5-23　电化学动力学参数

材料	E_{corr}/mV	I_{corr}/(μA/cm²)	β_a/mV	β_c/mV
TC18	−148.5	0.14	—	−841.62
30CrMnSiNi2A	−573.6	56.23	127.29	—
30CrMnSiNi2A 紧固件	−625.7	63.1	138.71	—

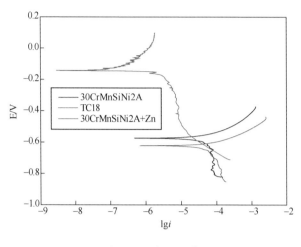

图 5-29　极化曲线

3. 搭接件腐蚀规律与分析

1）腐蚀形貌

（1）宏观腐蚀形貌。图 5-30~图 5-32 和表 5-24 为加速腐蚀第 3、5 和 7 个周期后钢-钛搭接件的宏观腐蚀形貌和细节腐蚀形貌,可以看出,试验前期腐蚀主要发生在紧固件及其周边,30CrMnSiNi2A 钢板材腐蚀轻微,直到第 5 个周期后紧固件表面镀锌层基本完全破坏,搭接件的 30CrMnSiNi2A 钢板材腐蚀才逐渐加重,到第 7 个周期时 30CrMnSiNi2A 板件腐蚀已较严重。说明在腐蚀前期,30CrMnSiNi2A 镀锌钢的锌镀层与 30CrMnSiNi2A 板件、TC18 钛合金构成电偶对,镀锌钢作阳极,加速腐蚀,30CrMnSiNi2A 和 TC18 作阴极,腐蚀受到抑制,当锌镀层完全破坏后紧固件 30CrMnSiNi2A 裸露,搭接件中 30CrMnSiNi2A 极性由原来的阴极转变为阳极,腐蚀迅速加重。

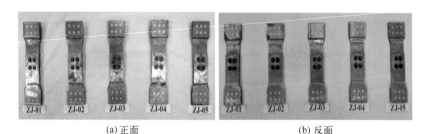

(a) 正面　　　　　　　　　　　　　　(b) 反面

图 5-30　第 3 周期钢-钛搭接件宏观腐蚀形貌

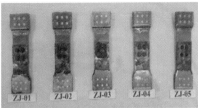

(a) 正面　　　　　　　　　　　　　　　(b) 反面

图 5-31　第 5 周期钢-钛搭接件宏观腐蚀形貌

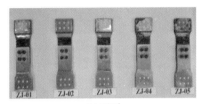

(a) 正面　　　　　　　　　　　　　　　(b) 反面

图 5-32　第 7 周期钢-钛搭接件宏观腐蚀形貌

表 5-24　搭接件各周期腐蚀宏观形貌细节

编号		30CrMnSiNi2A-TC18 结构搭接件				
		ZJ-01	ZJ-02	ZJ-03	ZJ-04	ZJ-05
第3周期	正面	ZJ-01	ZJ-02	ZJ-03	ZJ-04	ZJ-05
	反面	ZJ-01	ZJ-02	ZJ-03	ZJ-04	ZJ-02
第5周期	正面	ZJ-01	ZJ-02	ZJ-03	ZJ-04	ZJ-05
	反面	ZJ-01	ZJ-02	ZJ-03	ZJ-04	ZJ-05
第7周期	正面	ZJ-01	ZJ-02	ZJ-03	ZJ-04	ZJ-05

（续）

编号		30CrMnSiNi2A-TC18 结构搭接件				
		ZJ-01	ZJ-02	ZJ-03	ZJ-04	ZJ-05
第7周期	反面	ZJ-01	ZJ-02	ZJ-03	ZJ-04	ZJ-05

（2）微观腐蚀形貌。为进一步研究钢-钛搭接件的电偶腐蚀，采用 KH-7700 体视显微镜观察了不同腐蚀周期后试件的微观腐蚀形貌，第 3、5 和 7 周期后 30CrMnSiNi2A 紧固件和板材的微观腐蚀形貌如图 5-33~图 5-35 所示，可以看出，腐蚀前期（加速腐蚀前 3 周期）30CrMnSiNi2A 紧固件腐蚀较重，发生了大面积点蚀，而 30CrMnSiNi2A 板材点蚀较为轻微，如图 5-33 所示。腐蚀试验进行到第 5 周期时，30CrMnSiNi2A 紧固件进一步腐蚀，由大面积点蚀发展为均匀腐蚀，锌层基本完全破坏，30CrMnSiNi2A 由原来的阴极极性变为阳极极性，腐蚀迅速加剧，也出现了大面积的点蚀，如图 5-34 所示。腐蚀进行到第 9 个周期时，30CrMnSiNi2A 紧固件外表面腐蚀形貌与第 5 周期时相差不大，而 30CrMnSiNi2A 板材点蚀密度进一步增大，向均匀腐蚀方向发展，如图 5-35 所示。

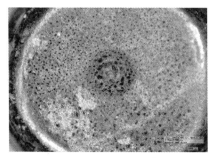 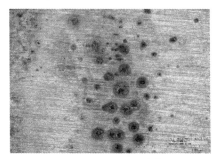

(a) 30CrMnSiNi2A 紧固件　　　　　　(b) 30CrMnSiNi2A 板材

图 5-33　第 3 周期钢-钛搭接件微观腐蚀形貌

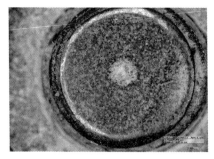 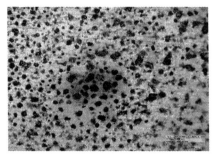

(a) 30CrMnSiNi2A 紧固件　　　　　　(b) 30CrMnSiNi2A 板材

图 5-34　第 5 周期钢-钛搭接件微观腐蚀形貌

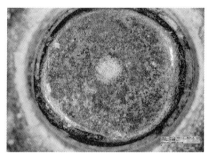
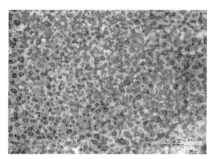

(a) 30CrMnSiNi2A 紧固件　　　　　　(b) 30CrMnSiNi2A 板材

图 5-35　第 7 周期钢-钛搭接件微观腐蚀形貌

2）仿真结果

利用本研究构建的稳态腐蚀模型分别对锌层完好和锌层完全破损的搭接件电位分布与局部电流分布进行仿真,仿真结果如图 5-36 和图 5-37 所示。由图 5-36（a）试件表面电位分布可以看出,搭接件耦合电位为 -592 ~ -589.5mV,30CrMnSiNi2A 镀锌钢及其周围区域电位最低,TC18 和 30CrMnSiNi2A 板件电位较高。结合图 5-36（b）局部电流分布可以看出,30CrMnSiNi2A 紧固件电流为正值,为搭接件阳极,TC18 和 30CrMnSiNi2A 板件为阴极。由图 5-37（a）可以看出,当镀锌层完全破损后,搭接件耦合电位升高,为 -566.1 ~ -567mV,由图 5-37（b）紧固件和钢板耦合电流均为正值,故二者同时充当阳极,TC18 钛合金作阴极。

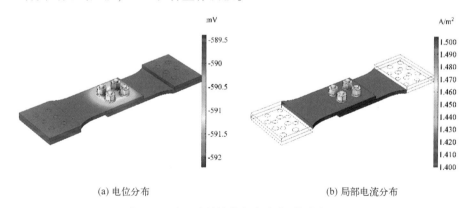

(a) 电位分布　　　　　　　　　　　(b) 局部电流分布

图 5-36　钢-钛搭接件仿真结果（锌层完好）

3）仿真与试验对比

将第 3 周期和第 7 周期搭接区腐蚀形貌与镀锌层完好和镀锌层完全破损的仿真电位分布结果（图 5-38）进行对比可以看出:第 3 个周期紧固件及其周

边腐蚀较严重,但钢板腐蚀较轻,腐蚀区域与仿真得到的电位较低区域较为一致,到了第7周期紧固件的镀锌层完全破损后,钢板腐蚀迅速加剧,蔓延至整个钢板,而搭接区钛合金表面紧固件及其周边腐蚀进一步加剧,这也与仿真得到的低电位区域几何形状较为一致,证明了仿真模型的正确性。

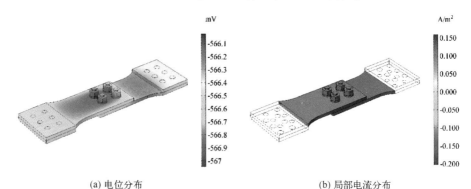

(a) 电位分布　　　　　　　　　　　(b) 局部电流分布

图5-37　钢-钛搭接件仿真结果(锌层完全破损)

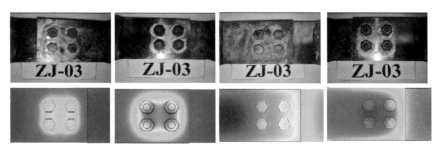

(a)第3周期试验与仿真对比　　　　　(b)第7周期试验与仿真对比

图5-38　仿真与试验对比

根据法拉第定律

$$i = \frac{Q}{t} = \frac{nF\dfrac{\Delta m/S}{M}}{t} = \frac{nF\rho\Delta h}{Mt} \qquad (5-13)$$

得到

$$\frac{\Delta h}{t} = \frac{i \cdot M}{nF\rho} \qquad (5-14)$$

式中:$\dfrac{\Delta h}{t}$反映的是腐蚀深度随时间的变化;i为局部电流密度;n为化学当量系数,这里主要是铝合金发生反应,故$n=3$;M为相对分子质量;ρ为铝合金密度。

230

由法拉第定律和仿真得到的局部电流密度分布计算得到第 5 周期和第 7 周期腐蚀深度如图 5-39 所示。

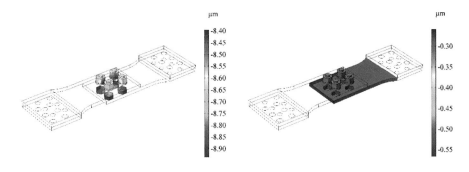

(a) 第5周期后腐蚀深度预测　　　　　　　　(b) 第7周期后腐蚀深度预测

图 5-39　腐蚀深度预测

由图 5-39 可以看出：第 5 周期后 8μm 镀锌层腐蚀完全破损，紧固件 30CrMnSiNi2A 基材裸露，30CrMnSiNi2A 由初始时的阴极极性转变为阳极极性，并与 TC18 钛合金形成新的电偶对，腐蚀在钢板表面迅速扩展，由第 7 周期腐蚀深度的预测可以看出，紧固件腐蚀相对于板材腐蚀较轻，这与微观腐蚀形貌结果相一致。

5.2.5　7B04 铝-CF8611/AC531 复材搭接

具有轻质、高强等优点的碳纤维增强复合材料在现代飞机结构中应用广泛。它的缺点是阴极性质良好，当与金属连接时，一旦存在电解液，就会形成电通路而发生电偶腐蚀，加速阳极金属溶解，严重影响结构寿命及可靠性。事实上：①负载较大、可靠性要求较高的飞机高强结构多采用螺接和铆接等机械连接形式；②飞机结构底部易积水形成较高浓度的 NaCl 溶液；③CFRP 等高电位材料用量的攀升提高了飞机结构阴极与阳极面积比。上述情况使飞机的电偶腐蚀问题频发，且呈日益恶化趋势。

对于飞机中的搭接结构，除被连接件是异种材料外，螺栓或铆钉等紧固件的用材往往也与被连接件不同，若不加以防护或防护措施失效，就有可能形成三电极电偶。目前，对电偶腐蚀的研究多集中在两电极电偶上，对三电极乃至四电极等多电极电偶的研究很少见；而且，现有多电极电偶研究中使用的方形平面电极无法有效保证各电极间的正对面积和间距一致，严重影响了对电偶效应变化规律的判断。

本节中以 CF8611/AC531 碳纤维环氧复合材料、7B04-T74 铝合金和镀锌 30CrMnSiA 钢等为研究对象，使用电化学工作站、光学显微镜等设备，测量、观察三种材料在模拟海洋环境中的极化数据及腐蚀形貌;以推导的稳态腐蚀场和参数化扫描方程为基础,以极化数据为边界条件,借助有限元软件 COMSOL,实现对三电极体系及搭接件电偶腐蚀行为的预测、分析和验证,可为现代飞机结构的设计、制造提供重要参考,对完善其腐蚀防护与控制体系也有重要的科学意义和工程价值。

1. 搭接模拟件设计及试验方法

1）材料及试件设计

CF8611/AC531 复合材料壁板厚为 2mm,增强体为 CF8611 碳纤维,电阻率为 $9.6\mu\Omega \cdot m$,基体为 AC531 环氧树脂。7B04-T74 铝合金板厚同上,主要成分是 6.23% Zn、2.88% Mg、1.58% Cu、0.31% Mn、0.15% Fe、0.05% Si、其他 Al。30CrMnSiA 钢螺栓,表面镀锌处理厚度约为 $80\mu m$。

工作电极:将上述材料线切割为圆柱体,半径为 6mm,厚度为 2mm;预留一底面为工作面,从另一底面焊接并引出铜导线;除工作面外,其余部分用环氧树脂绝缘封装。为保证复合材料试件正常导通,应事先对引出导线的底面打磨,直至碳纤维裸露,任意两点间电阻值小于 8Ω。待树脂完全固化,用丙酮和酒精除油并清洗,暖风吹干后置于干燥皿备用。

搭接件:搭接件的形状及尺寸如图 5-40 所示。1、2 为 7B04 板;3 为 CFRP 壁板;4 和 5 为六角头螺钉和六角厚螺母,材质是镀锌钢(Galvanized Steel Bolt,GSB),规格分别是 HB-201-95-M6×18 和 HB1-401-83-M6;双排四螺栓,与孔无干涉配合。

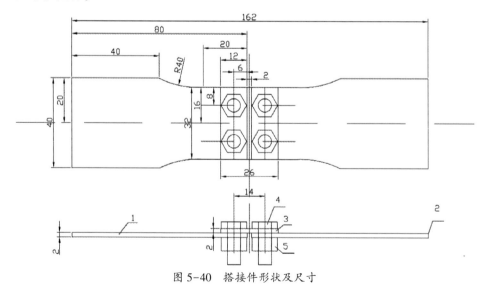

图 5-40 搭接件形状及尺寸

2) 电化学及全浸试验

使用 PARSTAT 4000 电化学工作站开展电化学测量。动电位极化采用经典三电极体系,试件为工作电极,饱和甘汞电极为参比电极,铂电极为对电极。CFRP 的极化区间为 $0.1 \sim -1.3V$,7B04 的极化区间为 $-1.235 \sim -0.135V$,GSB 的极化区间为 $-0.56 \sim -1.56V$,扫描速率为 6mV/min。电解液为 3.5% NaCl 溶液,测量时用 HH-2 数显水浴锅保持恒温 35℃。

将盛有适量 3.5% NaCl 溶液的玻璃槽放入 DK-600 水浴箱内,待达到 35℃ 恒温后,将搭接件置于槽中,保证液面高于上表面至少 5cm。浸泡 240h,每隔 12h 更换一次电解液,并使用 KH-7700 光学显微镜观察形貌。

2. 模型构建与参数选取

CFRP、7B04 及 GSB 的极化曲线如图 5-41 所示。三者的腐蚀电位分别为 0.053V、-0.973V 和 -1.021V,7B04 和 GSB 的腐蚀电位远低于 CFRP,差值超过 1V,电偶腐蚀中,二者可能成为阳极而加速溶解;7B04 中 6.23% 的 Zn 元素使其腐蚀电位负移,远低于工业纯铝(约为 -0.76V)而接近镀锌钢,二者仅相差 0.048V。在以极化曲线定义电极表面反应时,使用线性外推法。

图 5-41(a)中,随极化电位下降,CFRP 阴极电流密度趋于平稳,说明阴极反应受到 O_2 扩散控制,O_2 抵达电极表面后立即被还原,此时的阴极电流密度为极限扩散电流密度 i_{lim},它与环境温度和电解液浓度有关。在 35℃、3.5% NaCl 溶液中 CFRP 的 $i_{lim} = 0.397mA/cm^2$ 作为仿真的一个约束条件。

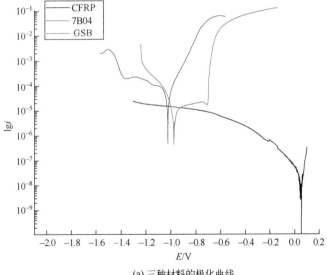

(a) 三种材料的极化曲线

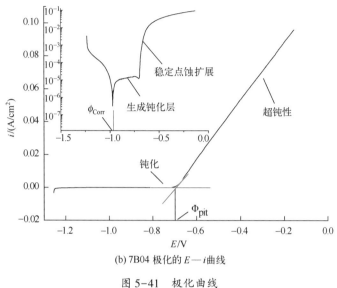

(b) 7B04 极化的 $E—i$ 曲线

图 5-41　极化曲线

为获得更多电化学动力学信息,图 5-41(b)给出了 7B04 极化的 $E—i$ 曲线,其阳极极化初始段有典型平台特征,即随着电位升高,电流密度基本不变,7B04 处于钝态,称为钝化区;当极化电位超过某一点后便进入过钝化区,钝化膜遭到破坏,发生局部腐蚀,阳极电流密度急剧增加。该点电位即是点蚀电位,由钝化区和过钝化区切线的交点确定,约为$-0.7V$。在电偶腐蚀中,若 7B04 作阳极,其电位会正移,当表面某区域电位高于点蚀电位时,点蚀便进入稳态生长阶段,该区域点蚀敏感性明显提升,称为点蚀敏感区,如图 5-42 所示;阳极表面电位随阴阳极间距 l 的增大而降低,当低于点蚀电位时,便促进生成钝化膜,对基体形成保护。

3. 搭接件腐蚀规律与分析

考虑到在搭接件的全浸试验中,为降低腐蚀产物对试验结果的影响,需每隔 12h 更换一次电解液,这同时为电偶腐蚀的阴极反应提供了较为充足的溶解氧,故在该仿真中取消了极限扩散电流密度这一限制条件。据此得到搭接件表面电位分布的仿真结果如图 5-43 所示。其中,CFRP 为阴极,发生阴极极化,电位的均值由 0.053V 负移至$-0.577V$,变化量为 0.63V;7B04 发生阳极极化,电位的均值由$-0.973V$ 正移至$-0.731V$,变化量为 0.242V;GSB 发生阳极极化,电位的均值由$-1.021V$ 正移至$-0.735V$,变化量为 0.286V;CFRP 表面电位最高,GSB 表面电位次之,7B04 板表面电位沿搭接件 y 轴方向中心轴线向两端对称递减;异种材料接触部位电位变化剧烈,表明此处的电偶效应最为显著。

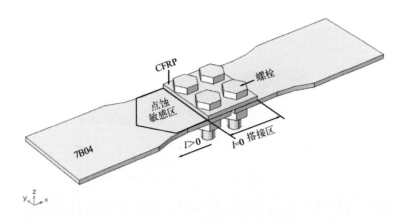

图 5-42　搭接件的点蚀敏感区

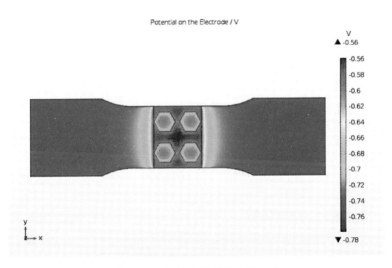

图 5-43　搭接件表面的电位分布

　　图 5-44 为搭接件表面电流密度分布的仿真结果。电流密度主要集中在搭接区,并向两端对称递减;CFRP 表面最大,局部高达 73.43mA/cm²,均值为 27.39mA/cm²;7B04 板上两端最小,为 0.346mA/cm²,靠搭接区越近,电流密度越高,最大为 19.47mA/cm²,均值为 1.78mA/cm²;GSB 上主要集中在六角头螺栓的边角位置,局部高达 59.83mA/cm²,均值为 7.5mA/cm²;相对于自腐蚀电流密度,与 CFRP 的电偶腐蚀导致 7B04 板电流密度提高近 210 倍,GSB 则高出近

328 倍,可见电偶腐蚀对于阳极金属的破坏之强烈。能够预见,腐蚀将首先从搭接件表面电位较高、电流密度较大的位置开始。

图 5-44　搭接件表面的电流密度分布

根据图 5-44 对点蚀敏感区的划分,在搭接件中 7B04 板的 x-y 面上,沿 x 轴方向取与搭接件同长的表面截线;截线沿 y 轴正向平移,步长为 2mm;将每条截线上的电位分布绘制于图 5-45。沿 x 轴正方向,每条截线上的电位先是渐升,再急剧升高;搭接区电位有明显平台特征,约为 -0.56V;接缝处电位骤降至 -0.59V;曲线后半部分以直线 $x=71$mm 为轴与前半部分对称。放大图 5-45(a) 中的红色线框部分后得图 5-45(b)。7B04 的点蚀电位为 -0.7V,当铝板表面电位高于该值时,其点蚀敏感性会升高。图 5-45(b) 中,$y=18$mm 和 $y=20$mm 截线上的电位分布几乎相同,且高于 -0.7V 的区域最大,为 60.4 ~ 101.6mm,则

$$l_{\text{crit. FEM. max}} = (101.6-60.4)/2-13 = 7.6(\text{mm})$$

$y=4$mm 截线上电位高于 -0.7V 的区域最小,为 64.1 ~ 97.9mm,则 $l_{\text{crit. FEM. min}} = 3.9$mm;其他截线上总有 3.9mm $\leq l_{\text{crit. FEM}} \leq 7.6$mm,结合图 5-43 可知,点蚀敏感区紧邻搭接区,并沿 x 轴方向对称轴向两侧弧形递减。

图 5-46 是搭接件在 3.5% NaCl 溶液中浸泡 48h 和 72h 后 GSB 的表面形貌。可见,其腐蚀最先从六角头螺栓外围的边角位置开始,不断向中心发展,直至镀锌层被完全腐蚀,腐蚀路径与仿真结果一致。

全浸完成后,移除螺栓和复合材料壁板,观察铝板腐蚀形貌,如图 5-47 所示。图 5-47(a) 中的左侧铝板按照 GB/T 16545—2015《金属和合金的腐蚀 腐蚀试样上腐蚀产物的清除》要求清除腐蚀产物。右侧铝板保留原始腐蚀状态。在铝板表面非搭接区有明显分界线,分界线中部宽,并向两侧弧形变窄,与仿真结果中点蚀敏感区的变化趋势相似。考虑到对称性,可在左侧铝板的分界线外

和内随机选取位置 1、2 观察,得蚀坑数量及深度分布云图,如图 5-47(b)、(c)所示。位置 1 处蚀坑数量少,仅 1 个,深度仅为 0.331μm;位置 2 处蚀坑不仅数量多,深度也大,最大值 21.164μm。由此判断,二者分别处于铝板的钝化区和点蚀敏感区,箭头所指即为两个区域的分界线。测量两侧最窄处和中部最宽处的宽度,如图 5-47(d) 和(e)所示,得到全浸试验中搭接件铝板的点蚀敏感区范围为 $4.667\mathrm{mm} \leqslant l_{\mathrm{crit.EXP}} \leqslant 8.872\mathrm{mm}$。

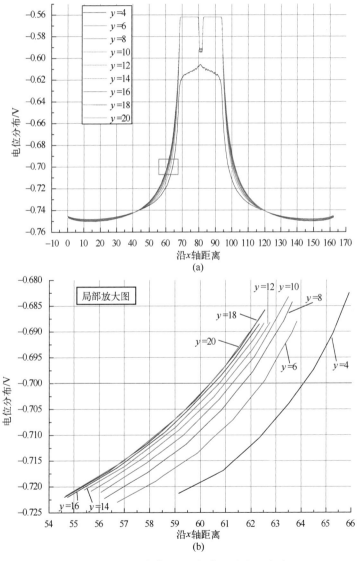

图 5-45　搭接件中 7B04 板表面的电位分布

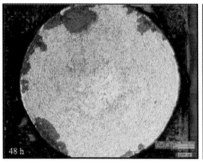 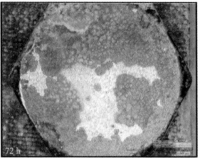

(a) 浸泡48h　　　　　　　　　　　(b) 浸泡72h

图 5-46　六角头螺栓的腐蚀路径

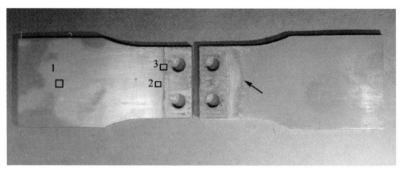

(a) 7B04 板整体腐蚀形貌

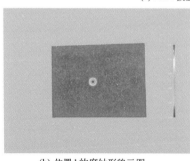 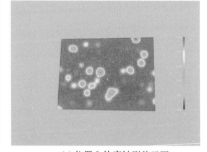

(b) 位置1的腐蚀形貌云图　　　　　　(c) 位置 2 的腐蚀形貌云图

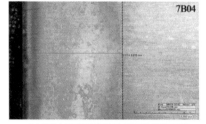

(d) 7B04 板表面腐蚀敏感区最窄处宽度　　(e) 7B04 板表面腐蚀敏感区最窄处宽度

图 5-47　全浸腐蚀后搭接件中铝板表面的腐蚀形貌

图 5-48 为铝板表面点蚀敏感区向搭接区过渡位置的腐蚀形貌,对应图 5-47(a)中的位置 3。极化电位越高,7B04 铝合金的点蚀敏感性也就越高。仿真得到搭接区铝板表面电位为-0.56V,远高于其点蚀电位;而图 5-48(a)所示搭接区的点蚀异常剧烈,相互连接扩展呈全面腐蚀状;测量该位置腐蚀深度,如图 5-48(b) 所示,得到全浸试验后搭接区铝板的平均腐蚀深度约为20.227μm,损失了其厚度的 1.011%。

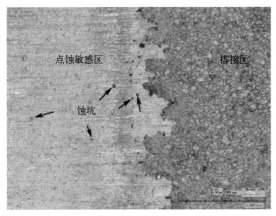

(a) 过渡位置的腐蚀形貌

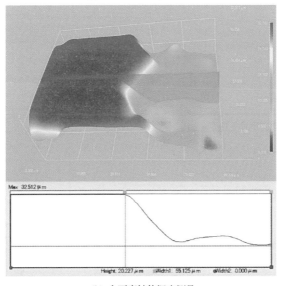

(b) 全面腐蚀的深度测量

图 5-48　铝板表面点蚀敏感区向搭接区过渡位置腐蚀形貌

经过对比,二者取值范围接近,变化规律一致,吻合较好,该有限元模型对搭接件的电偶腐蚀有较好模拟。但是在仿真中,为将搭接件的电偶腐蚀简化而使用了与时间无关的边界条件,如腐蚀过程中电位和电流密度不变、电解液浓度和成分不变等。然而,在全浸试验中,在蚀坑底部和搭接区接缝处上述参数往往变化较大。此外,在缝隙位置,溶解氧供应不足可能会导致 pH 值改变并影响腐蚀动力学;生成的难溶物 $Al(OH)_3$ 会提高铝合金极化阻力,改变腐蚀电位,在一定程度上降低腐蚀速率;浸入电解液后,钝化膜会对铝合金基体提供短暂保护。在这些因素共同影响下,仿真结果 $l_{crit.FEM}$ 和实测结果 $l_{crit.EXP}$ 存在一定差异。

5.2.6 7050 铝–Aermet100 钢–QAl10-4-4 铜搭接

1. 搭接模拟件设计

模拟试件参照飞机常见的搭接形式,其中零件 1、2、3、紧固件分别选用 7050 铝合金、Aermet100 高强钢、QAl10-4-4 铜合金和 1Cr18Ni9Ti 不锈钢,各材料成分如表 5-25 所列,表面处理方式分别采用硫酸阳极化、镀镉钛、无处理、钝化,设计图如图 5-49 所示。

表 5-25　各材料成分(%)

	Al	Cr	C	Zr	Zn	Si	P	Fe	Mn	Mg	Ti	Cu	Co	Ni	Sn
7050	剩余	0.02	—	0.1	6.0	0.1	—	0.1	0.08	2.0	0.05	2.2	—	—	
Aermet100	0.01	3.0	0.25	—		0.05	0.003	Bal	0.05	0.08	0.01	—	13.4	11.5	
1Cr18Ni9Ti	—	18.0	0.12	—		1.0	0.03	Bal	2.0		0.5			10.0	
QAl10-4-4	10.5	—				0.5	0.1	0.01	5.0	0.3	—	Bal		5.0	0.1

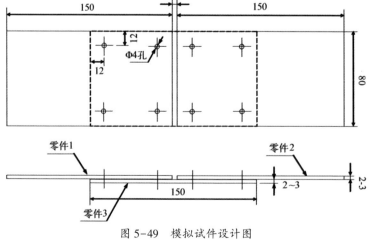

图 5-49　模拟试件设计图

2. 加速腐蚀试验方法

加速腐蚀试验采用周期浸润方法,浸泡溶液选用 pH=4 的 5t%NaCl 溶液,干燥过程利用远红外线灯照射烘干,腔体内温度为 45℃,相对湿度为 95%。一个加速谱周期为 30min,浸泡 7.5min,干燥 22.5min。腐蚀试验过程中每隔 4h 监测一次 pH 值,确保溶液 pH 值在规定范围。为避免环境不均匀对试件的影响,每隔 4h 随机交换试件位置一次。一个腐蚀周期为 8h,共进行 12 周期。取 12 周期后试件清洗烘干后用 KH-7700 光学显微镜对试件腐蚀后的微观形貌进行观察,根据 GB/T 16545—2015《金属和合金的腐蚀 腐蚀试样上腐蚀产物的清除》去除腐蚀产物,拆解试件,测量腐蚀深度。

3. 仿真与试验对比分析

1) 仿真电位分布与腐蚀形貌对比

12 周期后试件腐蚀形貌如图 5-50 所示,对比仿真得到的表面电位分布(图 5-51)可以看出,铝合金表面腐蚀主要集中在图中红框标注的腐蚀集中区,其电位分布均低于铝合金自腐蚀电位 E_{corr}(-0.84173V),发生阳极极化,尤其在螺栓(图 5-51(a))、背面和侧面铝-铜接缝处周边电位最低(图 5-51(e)、(f)),腐蚀最严重(图 5-50(a)、(e)、(f)),根据螺栓周边局部腐蚀形貌与 EDS 能谱分析(图 5-52(a)),可以看出周期浸润过程中,腐蚀产物会在铝合金表面产生积聚,生成的腐蚀产物分布较均匀,腐蚀产物较疏松,腐蚀产物间有较多的裂纹,这些裂纹为腐蚀性离子提供了快速通道,使侵蚀性离子进入基体发生电极反应而导致腐蚀的发生,因而该腐蚀产物对基体几乎没有保护作用;模拟件背面铜合金表面存在不规则"葫芦"状腐蚀区,与仿真电位分布出现的"葫芦"形状一致,电位越高的区域由于阴极极化程度较小腐蚀越严重,铜合金表面螺母和垫圈周边电位(图 5-51(c))偏离铜合金自腐蚀电位 E_{corr}(-0.30103V)较大,发生阴极极化,受到阴极保护,腐蚀不明显(图 5-50(c));高强钢表面电位分布高于其自腐蚀电位 E_{corr}(-0.77542V)的区域主要集中在螺栓(图 5-51(b))和模拟件背面钢-铜(图 5-51(d))接缝处,但电位偏离 E_{corr} 较小,阳极极化较弱,故腐蚀较轻(图 5-50(b)、(d)),为进一步观察钢表面螺栓周边腐蚀形貌,结合扫描电镜及 EDS 对其表面进行微观分析(图 5-52(b)),发现钢表面镀镉钛层出现凹凸不平的痕迹,且从其能谱可以看出 Fe、Cr、Ti、Cl、O 元素均出现不同峰值,说明钢表面镉钛镀层已经出现了不同程度的破损使得基材裸露发生氧化。

2) 腐蚀深度仿真与试验对比

仿真得到模拟件表面局部电流分布如图 5-53 所示。

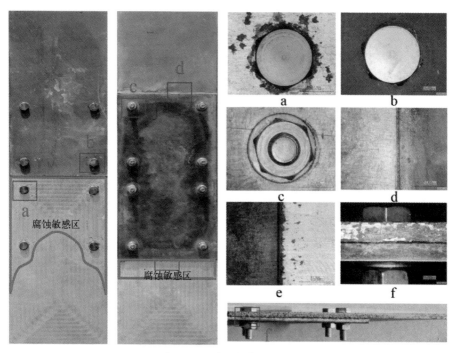

图 5-50   模拟件腐蚀形貌

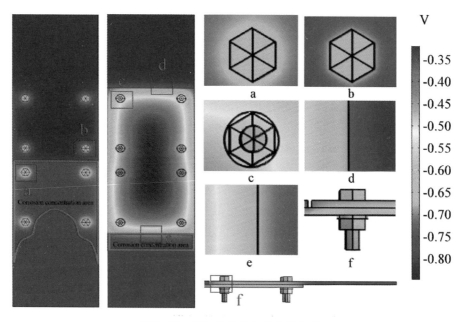

图 5-51   模拟件表面仿真电位分布

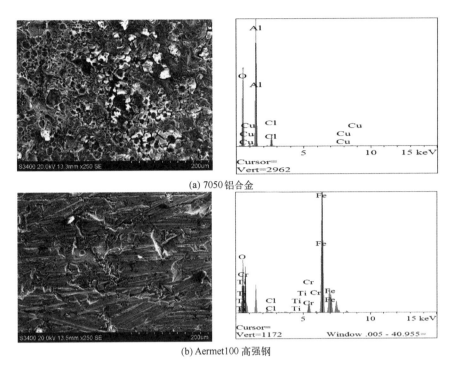

(a) 7050 铝合金

(b) Aermet100 高强钢

图 5-52　局部腐蚀形貌与 EDS 能谱分析

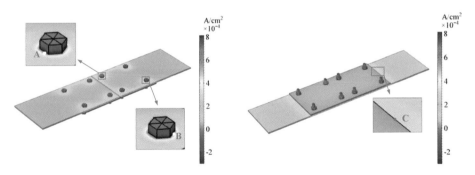

图 5-53　局部电流密度分布仿真结果

　　由法拉第定律和仿真得到的各周期腐蚀深度与试验测量值进行对比（图 5-54），可以看出仿真预测与试验测量的腐蚀深度值相差不大，且在前 4 个周期试验值相比于仿真值略大，这是由于在周期浸润过程中试件表面液膜发生动态变化，液膜厚度的减小增大了腐蚀速率影响，而从第 12 周期开始，由于腐蚀产物对腐蚀的阻碍作用，腐蚀速率降低，使得试验值略小于仿真值。

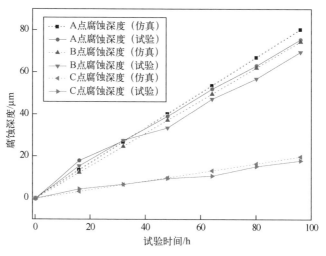

图 5-54   腐蚀深度仿真与试验对比

5.3 飞机某结构件局部腐蚀模拟分析

简化飞机某结构件局部区域(图 5-55)设计结构模拟件如图 5-56 所示,结构件由壁板、转轴、套筒组成,材料分别选用 7050 铝合金、Aermet100 高强钢和 QAl10-4-4 铜合金,表面处理方式与 5.2.6 节相同。加速腐蚀试验同样采用周期浸润方式,方法与 5.2.6 节相同。

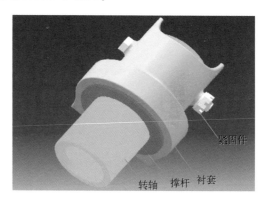

图 5-55   飞机某结构局部

未腐蚀结构件形貌如图 5-57 所示。

244

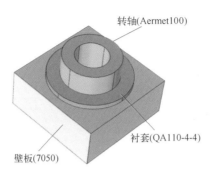

图 5-56　飞机某结构件简化

图 5-57　未腐蚀结构件形貌

1. 第 1 周期

对比第 1 周期后试件腐蚀形貌(图 5-58)与试验前空白件(图 5-57)可以看出,第一个周期后外露的 Aermet100 钢表面由原来的淡黄色变为浅灰色,而与 QAl10-4-4 铜合金在衬套内部紧密贴合部分镀层保护较好,外露的铜合金颜色变暗,且在与铝合金交界处 A 面出现少量白色腐蚀产物(图 5-59(a)),B 面未见腐蚀产物(图 5-59(b)),壁板铝合金表面未见明显变化。

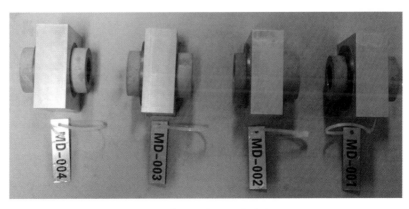

图 5-58　第 1 周期后试件总体形貌

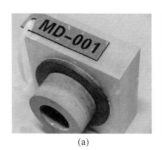

(a)   (b)

图 5-59　模拟件局部形貌

2. 第 2 周期

第 2 周期后试件总体形貌如图 5-60 所示。模拟件局部形貌如图 5-61 所示。第 2 周期后试件 A 面铝合金与铜合金交界处腐蚀产物堆积增加(图 5-61(a)),B 面交界处开始有少量腐蚀产物出现(图 5-61(b)),转轴外露部分表面未发现有腐蚀痕迹。

图 5-60　第 2 周期后试件总体形貌

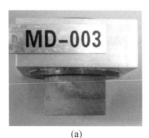

(a)   (b)

图 5-61　模拟件局部形貌

3. 第 3~6 周期

第 3、6 周期试件总体形貌如图 5-62 所示,第 3、6 周期后试件局部形貌分别如图 5-63 和图 5-64 所示。由图 5-62～图 5-64 可以看出从第 3、6 周期,模拟件 A 面壁板与衬套交界处腐蚀产物堆积增加(图 5-63(a),图 5-64(a)),B 面腐蚀产物堆积也有所增加(图 5-63(b)),图 5-64(b)),转轴表面未出现明显腐蚀。

(a) 第3周期

(b) 第6周期

图 5-62　第 3、6 周期试件总体形貌

(a)　　　　　　　　　　(b)

图 5-63　第 3 周期试件局部形貌

(a)　　　　　　　　　　(b)

图 5-64　第 6 周期后试件局部形貌

4. 第 7~12 周期

第 7、10、12 周期试件总体形貌如图 5-65 所示,第 7、10、12 周期试件局部形貌分别如图 5-66~图 5-68 所示。从图 5-65~图 5-68 可以看出,第 7、10、12 周期模拟件腐蚀依然主要发生在 A 面和 B 面壁板与衬套之间,且 A 面的腐蚀更加严重(图 5-66(a),图 5-67(a),图 5-68(a)),转轴和衬套表面未发现明显腐蚀现象。

(a) 第 7 周期

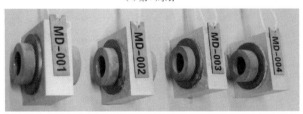

(b) 第 10 周期

(c) 第 12 周期

图 5-65　第 7、10、12 周期试件总体形貌

(a)　　　　　　　　(b)

图 5-66　第 7 周期试件局部形貌

 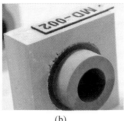

| (a) | (b) |

图 5-67　第 10 周期试件局部形貌

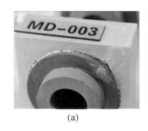 

| (a) | (b) |

图 5-68　第 12 周期试件局部形貌

　　加速腐蚀 12 周期后组合件局部微观腐蚀形貌如图 5-69 所示,可以看出腐蚀主要集中于铜-铝接缝处,接缝处存在腐蚀产物堆积,且组合件正面铜-铝接缝处腐蚀产物明显多于背面;根据组合件转轴局部放大图可以看出,正面转轴有轻微腐蚀,背面未发现腐蚀痕迹。对比仿真得到的电位分布(图 5-70)可以看出,组合件正面钢-铜接缝处电位约为 $-720\mathrm{mV}$,略高于其自腐蚀电位 E_{corr}($-0.77542\mathrm{V}$),而背面接缝处电位基本在自腐蚀电位 E_{corr}($-0.77542\mathrm{V}$)附近,故背面钢-铜接缝处钢基本仅发生自腐蚀,腐蚀较轻,正面发生轻微阳极极化,腐蚀相比于背面要重。组合件正面和背面铝-铜接缝处电位基本维持在 $-730\mathrm{mV}$ 和 $-760\mathrm{mV}$ 左右,均高于其自腐蚀电位 E_{corr}($-0.84173\mathrm{V}$),且正面极化程度较

图 5-69　第 12 周期后组合件局部微观腐蚀形貌

大,腐蚀更严重,仿真与试验结果基本一致。从预测的局部电流分布与腐蚀深度分布切面(图5-71)可以看出,阳极电流主要集中于铝-铜接缝处,钢-铜接缝处较小且正面明显大于背面,12周期后最大腐蚀深度不超过30μm,腐蚀较轻。

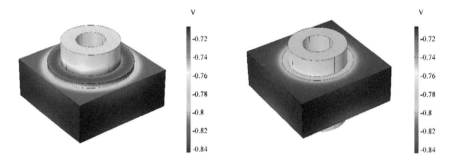

图 5-70　电位分布仿真结果

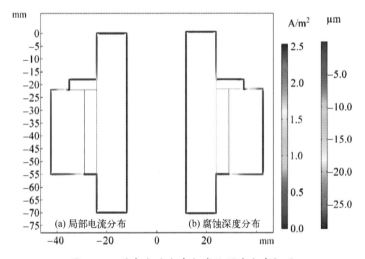

图 5-71　局部电流分布与腐蚀深度分布切面

第6章 飞机结构防护体系电偶腐蚀模拟分析

6.1 引言

有机涂层是目前飞机结构的主要防护体系,涂层隔绝了基体与腐蚀介质的直接接触,避免了基体腐蚀的发生。一旦涂层损伤失效,基体暴露于腐蚀介质中容易发生腐蚀失效。飞机涂层的失效有两种模式:

一种是飞机涂层在环境和载荷的耦合作用下发生老化,介质渗入引起基体腐蚀导致涂层结合力下降,进而失效脱落。飞机在飞行和停放时,经常面对各种复杂气候和环境条件,高空飞行过程中的低温和超声速时的气动加热变换以及停放期间的温度变化,使涂层承受着冷热交变的冲击,同时还受到地面和高空的紫外线照射,这些因素促使飞机涂层加速老化。海洋大气环境下,沉积在机身表面的无机盐更容易吸湿形成薄液膜,H_2O 通过扩散等作用渗入老化的涂层,使基体金属发生腐蚀降低涂层/基体间的结合力,最终导致涂层脱落。机身(翼)下表面靠近地面,缺乏阳光直射,湿气更容易聚集停滞,故飞机下表面涂层失效普遍较重,某型飞机机翼下表面甚至出现了大面积的涂层脱落现象,如图6-1所示。

图6-1 某型飞机机翼下表面涂层脱落情况

另一种是涂层在飞机装配及服役维护过程中因机械外力等作用出现的破损(划伤、剐蹭)。第一种失效模式特征形貌比较明显,容易被发现并及时处理,造成的隐患较小;第二种由于涂层破损面积比较小,隐蔽性高难于被发现。异种材料连接结构是当代飞机上普遍存在的结构形式,连接区域异形结构多,其表面涂层防护相对薄弱,可能优先发生失效脱落,裸露的材料间发生电偶作用,会使低电位金属(铝合金等)加速腐蚀,还会促进金属/涂层体系丝状腐蚀的生成和扩展,同时也会对完好涂层产生影响使其加速失效。

本章对涂层破损后出现的几种腐蚀情况进行了研究。建立电偶腐蚀模型来预测涂层破损对 7B04 铝合金腐蚀的影响,并进行试验验证;从腐蚀电场角度对钛-钢螺栓搭接件涂层腐蚀失效进行分析及影响研究;利用缝隙腐蚀模型对铝合金/涂层体系出现丝状腐蚀的原因及影响因素进行分析。

6.2 涂层破损对 7B04 铝合金腐蚀的影响

6.2.1 涂层破损试件设计及试验方法

1. 试件设计

以 5.2.1 节试件下表面作为研究对象,在 TA15 钛合金区预留 50mm×20mm 的矩形区域,7B04 铝合金区沿中线预留 5 个直径为 2mm 的圆形区,预留区编号及间距如图 6-2(a)所示。试件其余区域喷涂 QH-15 环氧底漆和 QFS-15 聚氨酯面漆各一次,使基体与外界腐蚀介质隔离,如图 6-2(b)所示。预留区域模拟了飞机结构异种材料连接处表面涂层破损情形。

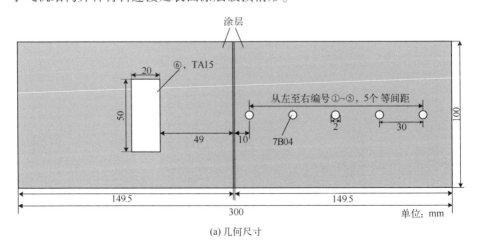

(a) 几何尺寸

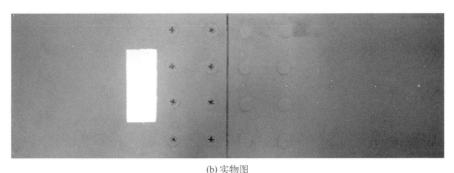

(b) 实物图

图 6-2　试件表面涂层破损模拟

2. 试验方法

试件分为两组,每组 2 个试件。第一组将试件浸泡于 3.5%NaCl 溶液中,用来考查涂层破损处的 7B04 铝合金在溶液中的腐蚀情况;第二组在试件考核面均匀形成 0.105g 的 NaCl 沉积,将其置于底部装有饱和 K_2SO_4 溶液的干燥器中,在表面形成厚约 100μm 的薄液膜,用来考查涂层破损处的 7B04 铝合金在薄液膜下的腐蚀情况。试验温度均为 25 ℃,试验时间为 48h。试验结束后,清洗试件并用浓度为 65% 的硝酸去除铝合金腐蚀产物,然后使用 KH-7700 光学显微镜进行腐蚀坑深度测量。

6.2.2　数值模型构建方法

本模型为基于稳态腐蚀场的电偶腐蚀模型。涂层破损后,裸露的 TA15 钛合金作阴极,7B04 铝合金作阳极,以各自的极化曲线作为边界条件。溶液高度为 50mm,薄液膜厚度为 100μm,采用自由四面体网格分别对求解域进行划分,涂层破损处的电位和法向电流密度的变化更陡一些,该处网格划分更为细密,溶液中的试件表面网格划分情况如图 6-3 所示。模型中温度设为 25℃ 室温,溶液电导率为 5.6S/m。

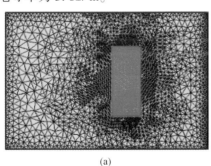
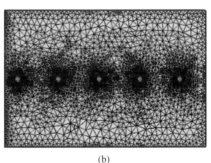

(a)　　　　　　　　　　　　　(b)

图 6-3　溶液中试件表面网格划分

6.2.3 结果分析

1. 腐蚀预测与试验结果分析

处于溶液中和薄液膜下的试件表面电位分布如图6-4所示。涂层破损后，裸露的7B04铝合金与TA15钛合金发生电偶作用，电位升高。离TA15钛合金越近，7B04铝合金电位越高。薄液膜因具有较高的IR降，导致薄液膜下的铝合金电位升高更大，且分布范围更广，为$-600 \sim -545$mV，而溶液中的铝合金电位在-696mV左右，相差不大。

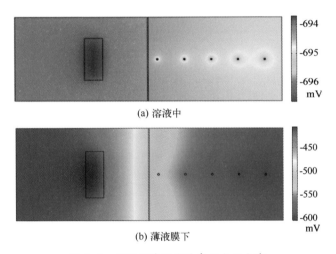

(a) 溶液中

(b) 薄液膜下

图6-4 不同环境下试件表面电位分布

电位的差异导致各个裸露铝合金处的腐蚀电流密度各不相同，分别计算溶液中和薄液膜下裸露铝合金的电流密度，面积较小的圆孔内电流密度值相差不大，可以用平均电流密度统一表示。以裸露铝合金位置为横坐标，平均电流密度为纵坐标作图6-5。可以看出，位置编号越大（与钛合金距离越远），裸露铝合金的平均电流密度越低，薄液膜下的铝合金平均电流密度下降幅度更大。虽然薄液膜下铝合金的电位升高较大，但其平均电流密度均低于溶液中，这是由于7B04铝合金在溶液中的腐蚀有着明显的点蚀行为，溶液中涂层破损金属间耦合后铝合金的电位（-696mV）超过了点蚀电位（-700mV），腐蚀电流急剧增加；而$100\mu m$液膜下7B04铝合金的腐蚀受腐蚀产物扩散的影响，电流密度随电位上升速率较小，点蚀电位较不明显，如图6-6所示。所以，尽管薄液膜下电位更大，但其电流密度要小于溶液中。

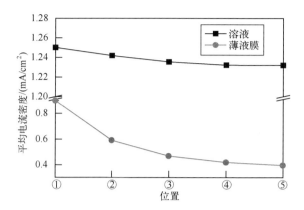

图 6-5　不同环境下铝合金涂层破损处的平均电流密度

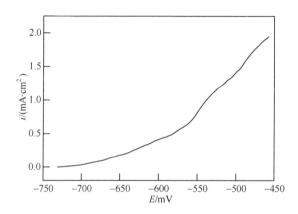

图 6-6　100μm 液膜下 7B04 铝合金电流密度随电位的变化

腐蚀试验结束后,对同组的 2 个试件每个铝合金裸露处取 3 个蚀坑进行深度测量,然后进行相应的平均计算,获得不同条件不同位置的平均蚀坑深度,如表 6-1 所列。

表 6-1　试件表面裸露 7B04 铝合金处平均蚀坑深度

试 件 环 境	平均蚀坑深度/μm				
	位置①	位置②	位置③	位置④	位置⑤
溶液	86.1	81.2	83.6	82.1	81.9
100μm 液膜	62.3	45.1	36.5	32.7	27.6

按照 5.2.1 节的计算方法,只考虑 Al 的腐蚀,计算裸露铝合金不同位置的平均腐蚀深度,与试验测量结果同绘于图 6-7 中。从图中可以看出,溶液中和

薄液膜下的平均蚀坑深度均比计算值要高,这是由于铝合金的腐蚀类型为点蚀而非均匀腐蚀,作为点蚀萌生点的第二相分布又带有随机性,且铝合金裸露面积较小,生成的蚀坑数目有限,每个蚀坑的腐蚀电流密度均高于平均电流密度;同时,蚀坑内腐蚀产物 $AlCl_3$ 的水解又使溶液酸化,进一步加速了腐蚀,而蚀坑内外又形成了氧浓差电池,为蚀坑内的腐蚀提供了充足的阴极电流(特别是薄液膜),所以蚀坑的实际测量值要比计算值稍高。图 6-7 中蚀坑深度随位置的变化测量值与计算值趋势相同,说明用基于稳态腐蚀场的模型计算因涂层破损引起的电偶腐蚀是可行的。

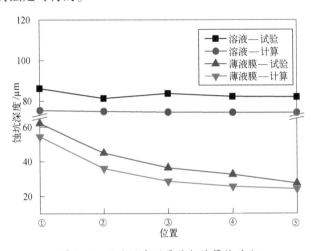

图 6-7 蚀坑深度测量值与计算值对比

2. 阴极与阳极面积比对 7B04 铝合金腐蚀的影响

涂层破损后,裸露的铝合金与钛合金电偶作用的强弱受阴极与阳极面积比的影响。假设 7B04 铝合金表面涂层受到磕碰而破损,裸露区域为直径 2mm 的圆孔,在与圆孔中心距离 $d = 10mm$ 的 TA15 钛合金表面涂层受到划伤,裸露出一块长 10mm、宽 xmm 的矩形区域,涂层破损区域尺寸如图 6-8 所示。7B04 铝合金与 TA15 钛合金存在电连接,环境温度为 25℃,同样以各自的极化曲线作为边界条件。

若裸露金属处于 3.5%NaCl 溶液或薄液膜中,改变 x 值的大小,形成了不同的阴极与阳极面积比,阳极 7B04 铝合金的电位和平均电流密度随之变化,如图 6-9 和图 6-10 所示。7B04 铝合金的电位与平均电流密度均随阴极与阳极面积比的增加而不断升高,当阴极与阳极面积比较小时,电位均升高较快,随后趋势变缓。由于薄液膜高 IR 降的存在,导致薄液膜下铝合金电位的增加幅度远高于溶液中。

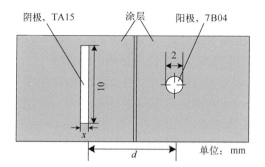

图 6-8　表面涂层破损几何尺寸

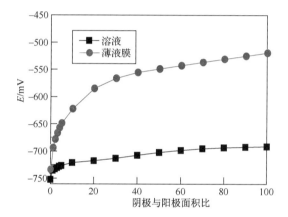

图 6-9　7B04 铝合金电位随阴极与阳极面积比的变化

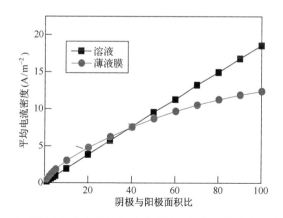

图 6-10　7B04 铝合金平均电流密度随阴极与阳极面积比的变化

当阴极与阳极面积比为 50~60 时,溶液中的铝合金电位为-700mV 左右,达到了点蚀电位,当阴极与阳极面积比超过 60 后,铝合金更容易发生点蚀,其平均电流密度也呈线性持续增加;薄液膜下铝合金由于受到腐蚀产物扩散等因素影响,当阴极与阳极面积比超过 40 后,其平均电流密度增加速率减缓。

3. 阴极与阳极间距离对 7B04 铝合金腐蚀的影响

取图 6-8 中 $x = 15.7mm$,使阴极与阳极面积比为 50 并保持不变,改变阴极与阳极间距离 d 的大小,其他条件不变。计算得到 7B04 铝合金电位与电流密度随阴极与阳极间距离的变化,如图 6-11 所示。可以看出,随着阴极与阳极间距离的增加,铝合金电位均呈下降趋势。

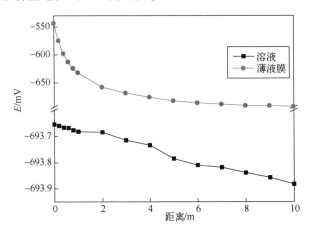

图 6-11 7B04 铝合金电位随阴极与阳极距离的变化

边界条件(极化曲线)的不同和腐蚀介质的 *IR* 降造成了溶液与薄液膜下铝合金电位随距离下降幅度差别较大。溶液中的铝合金电位下降不超过 1mV,且阴极与阳极间距离对其腐蚀影响较小;而薄液膜下的电位下降幅度达到了 150mV,随着阴极与阳极间距离的增大,腐蚀速率有所降低,但仍远高于其自腐蚀电位(−732.37mV)。故因飞机表面涂层破损而裸露的铝合金基体应及时修复,否则在发生自腐蚀的同时还可能与远处材料发生电偶作用而加速腐蚀。

6.3 涂层破损对钛−钢螺栓搭接件腐蚀的影响

6.3.1 涂层破损搭接件设计及试验方法

1. 试件设计

钛合金和高强钢是飞机主承力结构的优选材料,其腐蚀失效引发的结构断裂事故可能是灾难性的。本研究制作了钛−钢螺栓搭接件,如图 6-12 所示,由

TA15 钛合金板焊接至 30CrMnSiA 钢板搭接件制作而成,焊缝以左材料为 TA15 钛合金,右材料为 30CrMnSiA 钢。搭接件采用 5 个螺栓单排连接,沉孔设计,螺栓与孔间无干涉配合,螺栓材料均为 30CrMnSiA,试件装配时,每个螺栓螺帽均施加 10N·m 的扭矩。

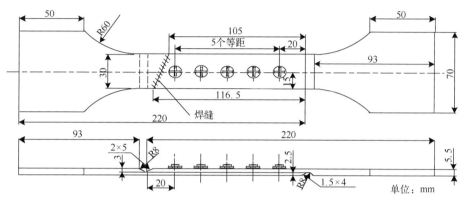

图 6-12　搭接件几何尺寸

为增大电偶腐蚀的影响效果,仅对 30CrMnSiA 区进行涂层防护处理,TA15 钛合金区裸露。先喷涂 H06-076 底漆,厚度为 22~26μm,再喷涂 SF96-60 磁漆,厚度为 13~35μm。

同时用 30CrMnSiA 钢制作了 5 件平板试件,作为对照组。尺寸为 200mm×50mm×3mm,两端分别留直径 5mm 的系留孔,上覆涂层体系同搭接件。

2. 加速腐蚀试验方法

钛和钢结构的服役环境一般无阳光直射,影响其腐蚀的主要因素为高温、高湿、盐雾、积水以及大气污染形成的酸性气体,故可忽略紫外老化对涂层的影响。参考加速试验环境谱编制原则,加速腐蚀试验采用如下条件:

（1）酸性 NaCl 溶液浸泡:5%NaCl 溶液中滴加硫酸使其 pH 值达到 4,溶液温度为(40±2)℃,以模拟积水、盐雾和酸性气体的作用。

（2）在温度为 40℃和相对湿度为 90%~100%的潮湿空气中,用远红外线灯照射烘干试件,以模拟潮湿空气和凝露的作用过程。一个加速谱周期为 30min,浸泡 8min,溶液外 22min。

试验设备为 ZJF-09G 型周期浸润腐蚀试验箱,如图 6-13 所示。腐蚀试验过程中,每间隔 4h 用笔式 pH 计测量溶液的 pH 值,若溶液的 pH 值不在规定的范围内,则滴加硫酸调节,每隔 48h 更换溶液一次。为了避免环境不均匀对试件的影响,每 12h 随机交换试件位置一次。每隔 2 天取样清洗烘干后用 KH-

7700 光学显微镜对试件腐蚀后的微观形貌进行观察和测量,腐蚀试验时间共40天。

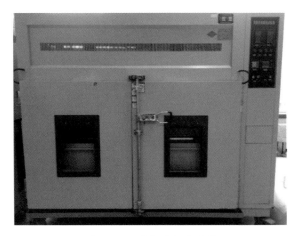

图 6-13　周期浸润试验箱

3. 电化学测试

将 TA15 钛合金板与 30CrMnSiA 钢板线切割加工成尺寸为 10mm×10mm×3mm 的试件,除预留 10mm×10mm 的工作面以外,其余面均用环氧树脂封装。测试面采用耐水砂纸逐级打磨至 3000#,经金刚石研磨膏抛光,丙酮和无水乙醇除油、除水后,放入干燥器静置 12h 再进行测量。采用动电位扫描法进行测量,扫描速率为 0.1667mV/s。电解液为加速腐蚀试验溶液,溶液温度为 40℃。

4. 试验结果

根据搭接件表面涂层变化情况,将失效过程分为初期、中期和后期三个阶段。

（1）初期

涂层基本处于完好状态,阻止了腐蚀溶液的渗透。搭接件腐蚀 10 天后,螺栓边角处的涂层受应力作用较为薄弱,最先发生破损,其结束标志是螺栓的螺杆顶部边缘出现涂层剥落,沉头及十字凹槽处涂层部分剥落并发生锈蚀,如图 6-14 所示。

（2）中期

搭接件腐蚀 10~17 天,螺栓的螺杆顶部大部分涂层剥落,沉头十字凹槽腐蚀面积扩大,垫片处涂层开裂,裸露的 30CrMnSiA 钢腐蚀严重,螺栓附近及搭接区域涂层出现气泡,数量不断增加,范围不断扩大,紧挨的小气泡连成一片,气泡直径范围为 0.5~2mm,如图 6-15 所示。其结束标志为夹持区涂层开始出现气泡。

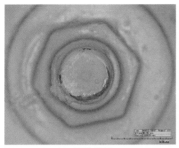 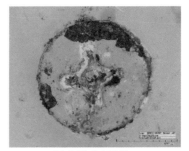

(a) 螺栓顶部　　　　　　　　　　(b) 沉头十字凹槽

图 6-14　初期螺栓涂层破损情况

图 6-15　中期螺栓区域涂层失效情况

（3）后期

搭接件腐蚀 17~40 天,螺栓区域继续腐蚀,涂层脱落面积扩大,夹持区涂层出现气泡,由中间向两端数量逐渐增多,直至占涂层表面积的 50% 以上(图 6-16)。此时标志着搭接件表面涂层体系完全丧失了防护能力,与钛合金直接形成电偶腐蚀。

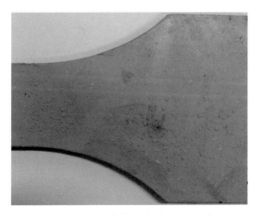

图 6-16　后期夹持区域涂层失效情况

　　观察平板试件涂层在 40 天试验中的腐蚀情况,发现涂层损伤最先出现在两端系留孔应力集中处,而后由涂层破损处向周边发展。涂层起泡集中在涂层破损处周围(图 6-17),在远离涂层破损处未发现明显的起泡现象。

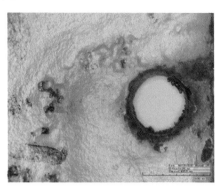

图 6-17　平板试件涂层起泡情况

　　在 40 天试验时间内,两种试件边缘涂层出现了轻微破损,但均未发生明显的起泡现象。螺栓与系留孔属异形结构,涂层喷涂时容易不均匀,且边角处应力集中,是涂层最薄弱处。该处涂层开裂破损后,加速试验中含 Cl⁻ 的潮湿空气及腐蚀溶液将从涂层破损的地方进入金属/涂层结合处,发生丝状腐蚀,潮湿空气加速丝状腐蚀的蔓延,当相对湿度大于95%时,涂层表面形成泡状物,这是螺栓和系留孔周围涂层的起泡原因,而电偶腐蚀则对远离螺栓的涂层起泡失效起了重要作用。腐蚀试验结束后,拆解搭接件,发现其内表面及螺栓孔均无腐蚀产物存在,表明其密封较好,未发生缝隙腐蚀,因而认定电偶腐蚀为导致涂层失效的主要影响因素。

6.3.2　数值模型构建方法

　　本模型为基于稳态腐蚀场的电偶腐蚀模型。图 6-18 为加速腐蚀溶液中 TA15 和 30CrMnSiA 的极化曲线,经数据分析处理获得电位与电流密度的关系,并以之作为模型的边界条件。考虑到焊缝所占比例较小,其电化学性质较难测定,虽然焊缝区的成分不同于母材金属,但其耐蚀性一般低于母材,从试验结果看,焊缝区未发生明显的腐蚀,可以将其等同于 30CrMnSiA 来处理。

　　在涂层失效的不同时期,30CrMnSiA 钢裸露的面积不同,与 TA15 钛合金发生电偶作用的极化程度也不同。涂层失效初期,30CrMnSiA 钢裸露面积小,与钛合金电偶作用强烈。螺栓作阳极发生强极化,其表面主要发生 Fe 的氧化反应;钛合金作阴极,其表面主要发生 O_2 的还原反应。用 Cview 软件对极化曲线进行拟合分析,得到强极化区的相关电化学参数,如表 6-2 所列。

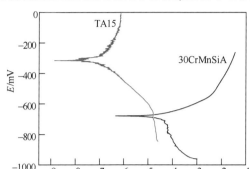

图 6-18 加速腐蚀溶液中 TA15 和 30CrMnSiA 的极化曲线

表 6-2 TA15 与 30CrMnSiA 的电化学参数

材 料	E_{corr}/mV	$I_{corr}/(A/m^2)$	β_a/mV	β_c/mV
TA15	−276.46	6.91×10^{-4}	119.69	−144.36
30CrMnSiA	−697.47	0.39	76.32	−324.64

从 TA15 的极化曲线可以看出,当 $E<-0.6V$ 时,电流密度基本不再变化,阴极反应速率受 O_2 扩散步骤控制,O_2 扩散到电极表面立即被还原掉,此时的阴极电流密度为极限扩散电流密度,为 $0.21A/m^2$,并以此作为数值计算的一个约束条件。

涂层失效中后期,随着螺栓区域涂层的大面积起泡,腐蚀溶液可以顺利通过涂层到达金属基体表面。此时,阳极面积扩大,发生弱极化,其表面同时存在 Fe 的氧化反应和 O_2 的还原反应,采用三参数法求得弱极化区的电化学参数,$i_{corr}=0.36A/m^2$,与强极化区拟合数据相近,$\beta_a=22.46mV$,$\beta_c=47.65mV$。钛合金作阴极,仍处于强极化区。

取试验箱中溶液高度 300mm 作为模型高度,求解域用自由四面体网格进行划分。螺栓等异形结构涂层破损处的电位和法向电流密度的变化更为剧烈,故细化了该处的网格。试件上表面网格划分情况如图 6-19 所示。模型中温度设为 40℃,测得溶液电导率为 7.7S/m。

图 6-19 搭接件上表面网格划分

6.3.3 结果分析

1. 腐蚀预测与试验结果分析

假设搭接件接地,则计算获得涂层失效不同阶段搭接件周围溶液中的电势分布,如图 6-20 所示。

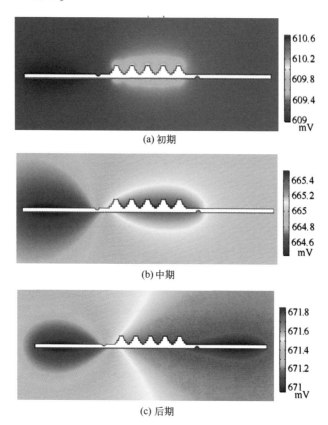

(a) 初期

(b) 中期

(c) 后期

图 6-20 不同阶段搭接件周围溶液中的电势分布

涂层失效初期,涂层剥落后的螺栓沉头、十字凹槽及螺杆顶部(图 6-14)作为阳极与钛合金发生电偶腐蚀,在溶液中形成的电势分布如图 6-20(a) 所示。阳极面积有限,故形成的电场范围较小,主要集中在螺栓周围。

涂层失效中期,图 6-15 中螺栓区域涂层发生大面积起泡失效,失去保护的 30CrMnSiA 作为阳极与钛合金发生电偶腐蚀,图 6-20(b) 显示在阳极区形成的电场范围不断扩大,并延伸到夹持区边缘。

随着涂层失效面积的不断增大,电场范围不断向夹持区扩展,直至涂层完全失效。在涂层失效后期，表面涂层完全失效的 30CrMnSiA 与钛合金发生电偶腐蚀，图 6-20(c) 显示在阳极区形成的电场包含了所有 30CrMnSiA 区域，且范围已扩大到溶液深处。

从图 6-20(a)~(c) 可以看出，电偶腐蚀效应使搭接件周围溶液形成了明显的电势梯度，电场范围随着涂层失效面积的扩大而不断增大，电场方向由阳极区边缘指向溶液深处。在电势梯度作用下，阳极氧化形成的 Fe^{2+} 向溶液深处移动，而溶液中原本无规则运动的阴离子(主要为 Cl^-)则发生定向运动，向阳极区及其周围涂层加速迁移、渗透。

Cl^- 半径小，可以通过涂层本身以及涂层缺陷同时传递，传输速度快，同时电场作用又源源不断地提供 Cl^-。另外，飞机涂层一般由于重量限制而比较薄，防护相对薄弱，因此，Cl^- 在电势梯度作用下发生定向移动加速了涂层的失效，成为涂层失效的主要原因。

Cl^- 的渗透最终会导致涂层性能劣化，使涂层耐腐蚀性、离子渗透性能显著降低，有利于 H_2O 和 O_2 的进一步渗透。Cl^- 穿过涂层到达并吸附在 30CrMnSiA 表面，加速表面钝化膜的溶解，扩散至此的 O_2 发生还原反应与 H_2O 生成 OH^-，且被困于涂层膜下方，使局部形成强碱性环境并最终导致局部膜分层(起泡)，这属于电渗起泡。在搭接件涂层失效的中期和后期，远离螺栓的涂层起泡均属于此种类型。

2. 搭接件表面涂层破损的影响分析

随着搭接件表面涂层失效面积的不断增加，对搭接件腐蚀的影响主要包括两个方面：

(1) 阴极与阳极面积比不断减小，由最初涂层破损时的 65∶1 到涂层完全失效时的 0.58∶1。避免了大阴极小阳极情况的持续存在而造成的阳极腐蚀加速现象，阳极平均电流密度大大降低，由 5.28A/m² 降至 0.08A/m²，腐蚀速率减小。

(2) 最大电流密度的位置与大小不断变化。涂层最初破损时，最大电流密度出现在靠近焊缝的螺栓处，最大值为 5.49A/m²，比自腐蚀电流密度增加了近 14 倍，随着涂层失效面积的增大，最大电流密度转移至焊缝处，最大值降为 0.19A/m²，仅为最初的 1/29，减少了因局部腐蚀严重而发生点蚀的风险。

6.4 涂层破损对铝合金/涂层体系丝状腐蚀的影响

6.4.1 丝状腐蚀数值模型构建方法

飞机飞行过程中产生的交变载荷及日常的机务维护拆装工作都可能使紧

固件头部周围的涂层发生破损开裂,蒙皮边缘的涂层也由于应力集中而易产生破损。雨水、凝露及湿气凝结的水膜渗入破损处使铝合金发生点状腐蚀,生成的腐蚀产物向周边涂层下扩散,使铝合金与涂层分离产生缝隙,形成氧浓差电池,激发丝状腐蚀的形成与扩展。腐蚀过程中,丝状腐蚀头部涂层尚能隔绝 O_2,随着反应的进行 O_2 减少,为贫氧区,主要发生铝合金的阳极反应;丝状腐蚀的身部涂层失效,O_2 易穿透,为富氧区,主要发生铝合金的阴极反应,如图 6-21 所示。丝状腐蚀是一种特殊的缝隙腐蚀,其缝隙深度较浅,且涂层随着反应的进行而逐渐失效脱落,使铝合金基体失去保护直接裸露在外,加重了腐蚀,如图 6-22 所示。

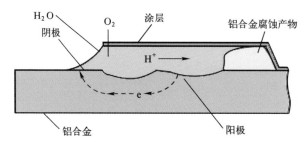

图 6-21   铝合金/涂层体系的丝状腐蚀示意图

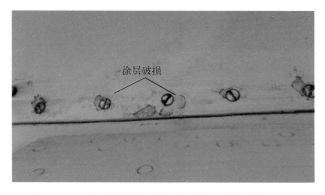

图 6-22   飞机蒙皮螺钉周围丝状腐蚀引起的涂层脱落

以丝状腐蚀头部缝隙作为研究对象建立模型,同时考虑缝隙内铝合金界面的阳极反应和阴极反应,结合图 6-21 所示的丝状腐蚀示意图设计几何模型。模型缝隙尺寸更小,设宽度 $W=0.1\text{mm}$,深度 $L=1\text{mm}$,下部边界为 7B04 铝合金基体,上部及右侧底部边界为绝缘涂层,左侧边界与丝状腐蚀身部液体相连。

假设缝隙内外均有腐蚀介质且通过缝隙口相连,缝隙内充满初始浓度为 0.6mol/L 的 NaCl 溶液,随着反应的进行,缝隙内溶液酸化。由相关文献可知,在距缝隙口 0~1mm 的范围内,溶液 pH 值为 5.0~7.0,故可以选择 pH=6 时的极化曲线作为边界条件,如图 6-23 所示。将其阳极部分电位与电流密度关系用分段线性函数表示,并代入模型。

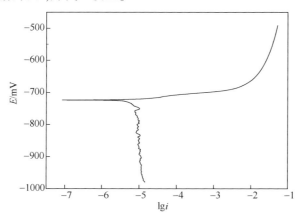

图 6-23　pH=6 时 7B04 铝合金的极化曲线

6.4.2　结果分析

1. 缝隙内 pH 值分布随时间的变化

在计算结果中沿缝隙中央深度方向取一截线,不同时间内截线上的 pH 值分布如图 6-24 所示。在离缝隙口 0~0.1mm 的范围内 pH 值迅速下降,超过 0.1mm 后 pH 值下降幅度趋缓并基本趋于稳定。受铝合金界面电化学反应、溶液中化学反应及物质移动的影响,缝隙中的 pH 值先随时间下降而后上升,pH 值稳定范围为 5.5~6.0。

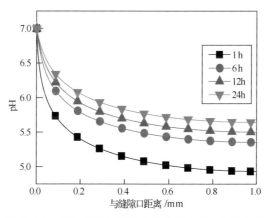

图 6-24　不同时间内缝隙中央截线上的 pH 值分布

2. 缝隙内 O_2 分布随时间的变化

模型考虑了缝隙内 O_2 和 H^+ 的阴极还原反应,缝隙中央截线上不同时间内 O_2 的浓度分布如图 6-25 所示,随着反应的进行,缝隙内部 O_2 浓度逐渐降低,1h 后 O_2 浓度分布基本达到稳定,缝隙底部 O_2 浓度最低为 0.205mol/m^3,较缝隙口 O_2 浓度低 0.053mol/m^3,在 1mm 的深度范围内变化有限。

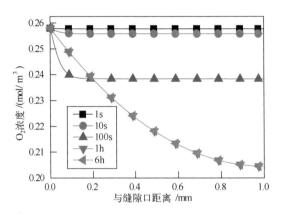

图 6-25 不同时间内缝隙中央截线上的 O_2 浓度分布

3. 缝隙内铝合金界面的阴极与阳极反应电流

缝隙内铝合金界面上发生的阴极与阳极反应的电流随时间的变化如图 6-26 所示。由图可以看出,Al 的阳极氧化反应电流远高于 O_2 和 H^+ 的阴极还原反应电流。这说明,虽然 O_2 浓度在 1mm 的深度范围内下降不大,但丝状腐蚀缝隙内铝合金的阳极反应电流仍主要由缝隙外的阴极反应提供。

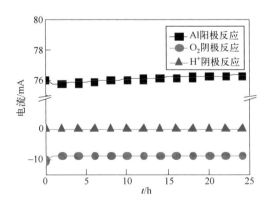

图 6-26 缝隙内铝合金界面阴极与阳极电流随时间的变化

4. 缝隙内的电势及电流密度分布

溶液电阻的存在,使缝隙内的溶液电势也呈现一定梯度,缝隙口电势较低,缝隙底部电势较高。缝隙内溶液的初始电势分布($t = 0s$)如图 6-27(a) 所示。随着反应时间的延长,溶液中带电离子增多,电阻下降,溶液电势梯度减小,但缝隙口溶液电势仍然低于缝隙底部电势,图 6-27(b) 为反应进行 24h 后的溶液电势分布。

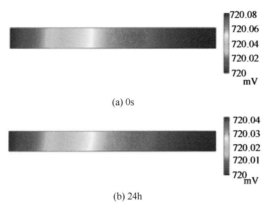

(a) 0s

(b) 24h

图 6-27　缝隙内溶液的电势分布

缝隙内溶液的电势分布使得缝隙内铝合金界面电流密度呈现出由缝隙口向内部逐渐降低的趋势,说明缝隙口附近的铝合金腐蚀相对严重,随着反应时间的延长,缝隙内部铝合金电流密度增加,逐渐接近缝隙口电流密度值,如图 6-28 所示。

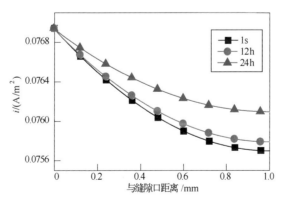

图 6-28　缝隙内铝合金腐蚀电流密度分布

5. 固态产物 $Al(OH)_2Cl$ 的分布

铝合金腐蚀的固态产物 $Al(OH)_2Cl$ 的生成、转化与积聚是造成丝状腐蚀发生和扩展的主要原因。不同时间内 $Al(OH)_2Cl$ 在缝隙中央截线上的浓度分布如图 6-29 所示。反应时间越长,缝隙底部 $Al(OH)_2Cl$ 浓度越高,24h 时缝隙底部 $Al(OH)_2Cl$ 的浓度为 $0.038mol/m^3$,是反应 1h 时的 4.98 倍。当 $Al(OH)_2Cl$ 在缝隙底部沉积到一定浓度时,会发生膨胀导致漆膜与铝合金分离,溶液进入其中而产生新的缝隙腐蚀,此过程不断重复,推动丝状腐蚀向前扩展。

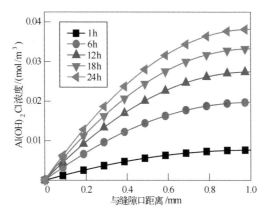

图 6-29 不同时间内缝隙中央截线上的 $Al(OH)_2Cl$ 浓度分布

6. 电位对丝状腐蚀的影响

蒙皮边缘发生丝状腐蚀时,铝合金一般在其自腐蚀电位下腐蚀,而紧固件一般为钛合金或钢材料,电位高于被紧固的铝合金基体,紧固件周边涂层破损后,紧固件与铝合金形成电偶腐蚀,提高了铝合金电极电位。图 6-30 为不同电位下,丝状腐蚀头部缝隙铝合金界面的电流密度分布,反应时间为 1h。从图中可以看出,电位越高,铝合金界面电流密度越大,腐蚀越快。

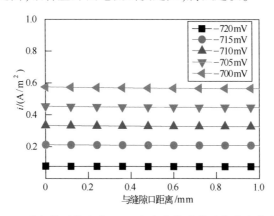

图 6-30 不同电位下缝隙内 7B04 铝合金界面腐蚀电流密度分布(1h)

不同电位下,缝隙中央截线上 Al(OH)$_2$Cl 的浓度分布如图 6-31 所示,缝隙底部 Al(OH)$_2$Cl 浓度均比缝隙口浓度高。Al(OH)$_2$Cl 浓度随电位的升高而增大,电位由铝合金自腐蚀电位(-720mV)升高 20mV 至-700mV 时,缝隙底部的固态产物 Al(OH)$_2$Cl 浓度升高 5 倍,极大地加速了丝状腐蚀的扩展,因此紧固件周边的涂层破损应及时处理。

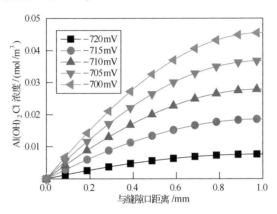

图 6-31　不同电位下缝隙中央截线上的 Al(OH)$_2$Cl 浓度分布(1h)

6.5　缓蚀剂对电偶腐蚀影响

6.5.1　结构的选择

以某装备壳体上的检视口盖结构及其周围部分基体作为研究对象。该口盖为螺钉托板螺母连接口盖。口盖结构的模拟图及实物如图 6-32 所示。在图 6-32(a)中,条状物为 C41500 黄铜导轨,不规则区域内为涂层受到损伤而裸露的 ZL115-T5 铸铝合金基体。

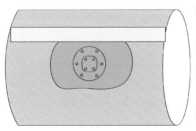

(a) 结构模拟图　　　　　　　　(b) 结构实物图

图 6-32　装备口盖结构

选用该口盖结构作为仿真对象的原因主要有以下两点：

（1）口盖在日常的装备检视和维护中需要频繁打开与关闭，与其他部位相比，该结构的涂层受到损伤的概率更大，即该部位发生电偶腐蚀的可能性也更大。

（2）该结构的材料构成比较复杂，共包括三种，即 ZL115–T5 铸铝合金的壳体及检视口盖、30CrMnSiA 钢的紧固螺栓以及 C41500 黄铜的导轨，属于典型的电偶腐蚀研究对象。

6.5.2　结构数值模型构建方法

在对口盖结构建模之前，首先进行如下简化处理：

（1）影响电偶腐蚀中电位和电流分布的主要因素是不同材料间的接触面积，而非接触部位的形状，故可将图 6–32 中的圆形紧固螺栓、圆形口盖、不规则的涂层破损简化为规则的方形。

（2）检视口盖和导轨相比于整个壳体来说尺寸很小，故在建模时可将所研究的部分壳体视为没有弯曲度的平面。

（3）虽然海水为无限域体，但只有一定范围内的海水会参与结构的电偶腐蚀中，故可将充当腐蚀介质的部分海水简化为规则长方体。

经过这样的简化，不会影响到仿真结果的准确性。简化后，可得到如图 6–33 所示的数字化模型。部位名称及用材如图 6–33(a) 所示，具体尺寸在此不做说明。

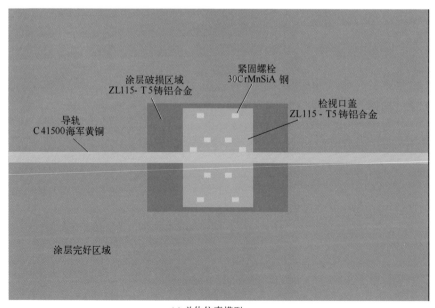

(a) 总体仿真模型

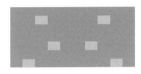

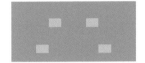

(b) 盖及紧固件仿真模型

(c) 破损区域、盖及紧固件仿真模型

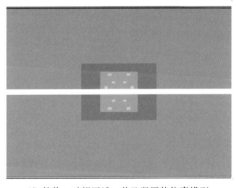

(d) 舱体、破损区域、盖及紧固件仿真模型

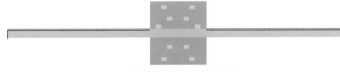

(e) 导轨及盖、紧固件仿真模型

图 6-33　结构电偶腐蚀数值仿真模型

6.5.3 模型参数选定

结构涂层损伤后,喷涂缓蚀剂将作为腐蚀防控的首选措施。那么,在对涂覆缓蚀剂后的口盖结构进行仿真时,本节将适量缓蚀剂加入腐蚀溶液中,将电极小样浸泡一定时长,再进行电化学测量,以此代替在电极小样表面直接涂覆缓蚀剂后测量。其优点是可在不影响准确性的情况下,避免涂覆缓蚀剂后电极小样工作面导电性能变差而导致无法测量的情况。

在该口盖结构中,涂层完好区域良好绝缘,可认为不发生腐蚀,即边界条件为电流密度等于零;涂层破损处如舱体、口盖、导轨和紧固件等部位,应根据装备的服役环境,在考虑缓蚀剂的情况下,确定三种结构材料,即 ZL115-T5 铸铝合金壳体、C41500 黄铜导轨和 30CrMnSiA 钢螺栓,在以下三种介质中的电化学性质:

(1) 自然海水(结构裸露);

(2) 自然海水+THFS-10 软膜缓蚀剂(结构表面涂覆 THFS-10);

(3) 自然海水+THFS-15 长效硬膜缓蚀剂(结构表面涂覆 THFS-15)。

1. 极化曲线的测量与分析

在制备好测量用电极小样(工作面尺寸为 10mm×10mm)并完成上述所需电解液的配置后,需先将这些电极小样分别浸泡在不同的腐蚀介质中 30～50min,等待电位稳定后再测量极化曲线。注意:禁止将不同材料的电极小样浸入同一种溶液中。测量采用经典的标准三电极体系,使用饱和甘汞电极为参比电极;扫描范围为-0.25～0.25V,扫描速率为 0.5mV/s。

测量后,可得在三种不同介质中三种材料各自的极化曲线如图 6-34 所示。对比图 6-34(a)和(b)可知,加入 THFS-10 软膜缓蚀剂后,三种材料的自腐蚀电位均负向移动,阴极的 Tafel 斜率也均有所减小,这说明 THFS-10 软膜缓蚀剂主要抑制了阴极还原反应,是一种阴极型缓蚀剂;对比图 6-34(a)和(c)可知,加入 THFS-15 长效硬膜缓蚀剂后,ZL115-T5 铸铝合金极化曲线无太大变化,其余两种材料的自腐蚀电位正向移动,三者之间的电位差明显减小,发生电偶腐蚀的倾向(驱动力)减小。

2. 交流阻抗谱的测量与分析

在电化学测量中,电化学阻抗法也是分析、研究材料电化学性质的重要手段之一。通过该方法得到的电化学阻抗谱(EIS),以小正弦波电势(电位)为扰动信号,使电极产生近似线性关系的响应,测量电极系统在很宽频率范围内的阻抗谱,以此来研究电极系统,又称为交流阻抗法。

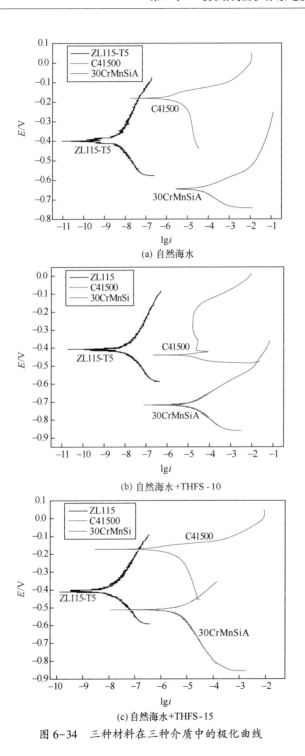

(a) 自然海水

(b) 自然海水 +THFS - 10

(c) 自然海水+THFS-15

图 6-34　三种材料在三种介质中的极化曲线

测量前,先将已经制备好的三种材料的电极小样置于三种不同介质中浸泡30~50min;测量采用经典的标准三电极体系,以饱和甘汞电极为参比电极;测量时,将电极电势的振幅限制在 10mV 以内。注意:电极小样和电解液禁止重复使用。由此得到三种材料在三种不同介质下的交流阻抗谱如图 6-35 所示。

从图 6-35(a)可以看出,在海水中,ZL115-T5 铸铝合金的表面阻抗较大,这说明其自身的耐蚀性本就较好,在加入两种缓蚀剂后,表面阻抗的变化比较微弱;图 6-35(b)中,在自然海水中加入 THFS-10 后,C41500 黄铜的阻抗半径急剧增大,即其表面电阻在不断增大,然而结合图 6-34(b)可知,此介质中,该型黄铜的腐蚀速率与腐蚀电流仍然较大,这表明 THFS-10 并不能有效提高黄

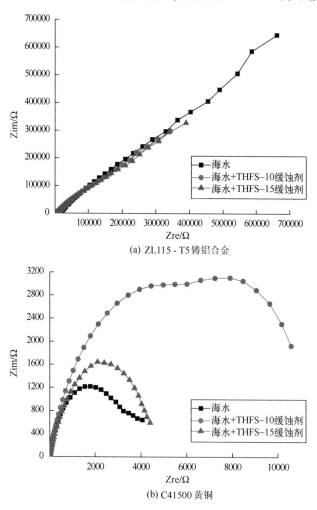

(a) ZL115 - T5 铸铝合金

(b) C41500 黄铜

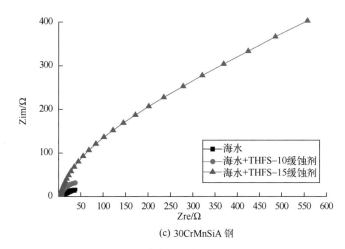

(c) 30CrMnSiA 钢

图 6-35　三种材料在三种介质中的交流阻抗谱

铜的抗腐蚀能力,而加入 THFS-15 后,一是 C41500 黄铜的阻抗半径有所增大,二是其腐蚀电流有所减小,这表明 THFS-15 能够提高该型黄铜的抗腐蚀能力;由图 6-35(c)可知,缓蚀剂的加入使得 30CrMnSiA 钢的阻抗半径明显增大,说明表面电阻在增大,腐蚀发生的阻力也随之增大,结合图 6-34,可知加入缓蚀剂后,钢的腐蚀电流减小,说明两种缓蚀剂均能够提高 30CrMnSiA 钢的耐腐蚀性。

6.5.4　结果分析

在海洋环境下,口盖结构在裸露状态、涂覆 THFS-10、涂覆 THFS-15 后的电偶腐蚀电位和电流仿真结果见表 6-3,其中阳极电流为负值,此时材料发生加速腐蚀,三种情况下电偶电位分布云图分别如图 6-36~图 6-38 所示。

表 6-3　结构腐蚀电位及电流仿真结果

状态	自腐蚀电位/mV			电偶电位/mV			电偶电流/mA		
	钢	铝	铜	钢	铝	铜	钢	铝	铜
自然海水	-646	-400	-183	-592~-593	-569~-579	-572~-584	-21.17	0.42	20.75
THFS-10	-719	-407	-443	-534~-539	-496~-521	-490~-508	-41.84	0.08	41.76
THFS-15	-515	-411	-175	-336~-157	-331~-334	-330~-333	-5.14	-0.03	5.17

由图 6-34 所示的极化曲线可知,ZL115-T5 铸铝合金在三种情况下的极化电流极小,非常容易极化,说明很小的电流即可使得 ZL115-T5 铸铝合金电位发

生较大变化。因此,在所研究的结构中,电偶腐蚀将主要发生在 30CrMnSiA 钢和 C41500 黄铜之间。30CrMnSiA 钢为阳极加速腐蚀,而 C41500 黄铜为阴极,得到一定保护。

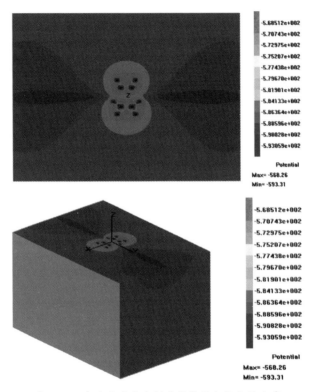

图 6-36　在自然海水中裸露结构的电偶电位分布

　　根据仿真结果可知:在自然海水中,三种材料组成的电偶对,30CrMnSiA 钢为阳极,阳极溶解电流为 21.17mA,换算得到电流密度为 0.794mA/cm²,阳极极化电位达 54mV;ZL115-T5 铸铝合金为阴极,但阴极电流只有 0.42mA,阴极极化电位约为 174mV,说明该种材料易极化,对 30CrMnSiA 钢电偶加速效应较小;C41500 黄铜为阴极,阴极极化电流达 20.75mA,阴极极化电位约为 395mV,这是造成 30CrMnSiA 钢加速腐蚀的主要原因。

　　当三种材料耦合并涂覆 THFS-10 软膜缓蚀剂后,C41500 黄铜阴极极化电流显著增加,导致结构体电偶腐蚀加剧。此时,30CrMnSiA 钢为阳极,溶解电流为 41.84mA,换算为电流密度为 1.57mA/cm²,阳极极化电位达 182mV,相对于自然海水状态,电偶腐蚀明显加剧;ZL115-T5 铸铝合金为阴极,由于缓蚀剂作用,阴极电流只有 0.08mA,阴极极化电位约为 101mV,同样对 30CrMnSiA 钢的

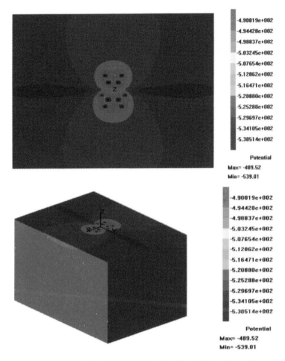

图 6-37　涂覆 THFS-10 后结构电偶电位分布

电偶加速效应较小；C41500 黄铜为阴极，由于在 THFS-10 作用下，相同极化电位下阴极极化电流增加，更加耐极化，阴极极化电流达 41.76mA，阴极极化电位约为 56mV，这是造成 30CrMnSiA 钢加速腐蚀的主要原因。

　　当三种材料耦合并涂覆 THFS-15 长效硬膜缓蚀剂后，C41500 黄铜阴极极化电流减小，电偶腐蚀电流显著减小。30CrMnSiA 钢为阳极，阳极溶解电流为 5.14mA，换算为电流密度为 $0.193mA/cm^2$，阳极极化电位达 179mV，相对于自然海水状态，电偶腐蚀明显减小；ZL115-T5 铸铝合金为阳极，阳极电流只有 0.03mA，阳极极化电位约为 78mV，电偶腐蚀速率非常小；C41500 黄铜为阴极，由于在 THFS-15 的作用，相同极化电位下阴极极化电流减小，更易极化，阴极极化电流为 5.17mA，阴极极化电位约为 56mV。

　　缓蚀剂是结构腐蚀的一道防护屏障，可在维护和修理中用于涂层损伤处，也可用于增强结构已有的防护体系。选用缓蚀剂有以下几个基本原则：

　　(1) 其缓蚀效率应达到 85% 以上。

　　(2) 后效性要好，即缓蚀作用保持时间长久。

　　(3) 需满足相应的环保要求。

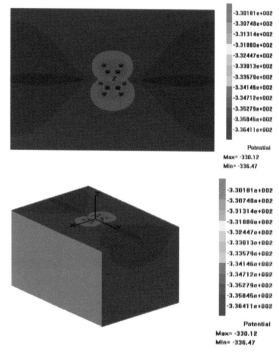

图 6-38　涂覆 THFS-15 后结构电偶电位分布

（4）价格低。

经调研和试验评估得知，THFS-10 和 THFS-15 在一般情况下的缓蚀效率均可达到 90% 以上；二者虽然具有一定的刺激性（近乎煤油），但不会对环境造成恶劣影响，符合环保要求；相比其他缓蚀剂产品，二者价格合理。综上所述，THFS-10 和 THFS-15 可以作为某装备的防腐蚀用品。

考虑电偶腐蚀仿真结果，针对 THFS-10 和 THFS-15 在实际中的使用提出以下建议：

（1）当壳体表面涂层发生损伤且维护条件不满足补漆等复杂的表面处理时，应立即按照维护要求对壳体涂层损伤部位表面进行清理并喷涂相应的缓蚀剂。

（2）在铸铝合金壳体和黄铜耦合的部位，缓蚀剂既可以使用 THFS-10，也可以使用 THFS-15；但在 ZL115-T5 铸铝合金壳体、C41500 黄铜导轨、30CrMnSiA 钢紧固件三者有可能耦合的部位，只能使用 THFS-15 长效硬膜缓蚀剂。

（3）在该型装备的使用过程中，尽量避免 30CrMnSiA 钢与 C41500 黄铜直接接触；若无法避免这种接触，可通过添加 THFS-15 缓蚀剂加以控制。

参 考 文 献

[1] 刘道新. 材料的腐蚀与防护[M]. 西安:西北工业大学出版社,2006.

[2] 李晓刚. 海洋工程材料腐蚀行为与机理[M]. 北京:化学工业出版社,2016.

[3] 北京航空材料研究院. 航空材料技术[M]. 北京:航空工业出版社,2013.

[4] 方志刚. 铝合金防腐蚀技术问答[M]. 北京:化学工业出版社,2012.

[5] 曹楚南. 腐蚀电化学原理[M]. 2版. 北京:化学工业出版社,2004.

[6] 陈卓元. 铜的大气腐蚀及其研究方法[M]. 北京:科学出版社,2015.

[7] 王佳. 液膜形态在大气腐蚀中的作用[M]. 北京:化学工业出版社,2017.

[8] 陈跃良. 海军飞机结构腐蚀控制及强度评估[M]. 北京:国防工业出版社,2009.

[9] 汪定江,潘庆军,夏程宝. 军用飞机的腐蚀与防护[M]. 北京:航空工业出版社,2006.

[10] 陆峰,汤智慧,孙志华,等. 航空材料环境试验及表面防护技术[M]. 北京,国防工业出版社,2012.

[11] 中国特种飞行器研究所. 海军飞机结构腐蚀控制设计指南[M]. 北京:航空工业出版社,2006.

[12] 李晓刚,董超芳,肖葵,等. 金属大气腐蚀初期行为与机理[M]. 北京,科学出版社,2009.

[13] 刘文珽,贺小帆. 飞机结构腐蚀/老化控制与日历延寿技术[M]. 北京,北京国防工业出版社,2010.

[14] 于美,刘建华,李松. 航空铝合金腐蚀防护与监测方法[M]. 北京:科学出版社,2017.

[15] Huang H,Guo X,Zhang G,et al. The effects of temperature and electric field on atmospheric corrosion behaviour of PCB-Cu under absorbed thin electrolyte layer[J]. Corrosion Science,2011,53(5):1700-1707.

[16] 卞贵学,陈跃良,张勇,等. 飞机用铝合金腐蚀行为和腐蚀预测研究现状及问题分析[J]. 装备环境工程,2018,15(5):48-55.

[17] Jiang J,Wang J,Lu Y H,et al. Effect of length of gas/liquid/solid three-phase boundary zone on cathodic and corrosion behavior of metals[J]. Electrochimica Acta,2009,54(5):1426-1435.

[18] bianMuster T H,Hughes A E,Thompson G E. Copper distributions in aluminium alloys[J],2009,12(5):9-23.

[19] Deshpande K B. Numerical modeling of micro-galvanic corrosion[J]. Electrochimica Acta,2011,56(4):1737-1745.

[20] 林昌健,卓向东,田昭武. 扫描微电极法测定金属微区腐蚀电位电流分布[J]. 厦门大学学报(自然科学版),1982(2):222-225.

[21] 水流彻. 腐蚀电化学及其测量方法[M]. 侯保荣,译. 北京:科学出版社,2018.

[22] 邵敏华,林昌健. Al合金点腐蚀及研究方法[J]. 腐蚀科学与防护技术,2002,14(3):147-151.

[23] 付燕,林昌健,蔡文达. 微电化学技术研究双相不锈钢优选腐蚀行为[J]. 金属学报,2005,41(3):302-306.

[24] 张平,李奇,赵军军,等. 7A52 铝合金中第二相分析及微区电位测试[J]. 中国有色金属学报, 2011,21(6):1252-1257.

[25] Suter T,Müller Y,Schmutz P,et al. Microelectrochemical studies of pit initiation on high purity and ultra high purity Aluminum [J]. Advanced Engineering Materials,2005,7(5):339-348.

[26] Suter T,Böhni H. Microelectrodes for corrosion studies in microsystems[J]. Electrochimica Acta,2001, 47(1/2):191-199.

[27] Fushimi K,Takabatake Y,Nakanishi T,et al. Microelectrode techniques for corrosion research of iron [J]. Electrochimica Acta,2013,113(4):741-747.

[28] 李劲风,郑子樵,任文达. 第二相在铝合金局部腐蚀中的作用机制[J]. 材料导报,2005,19(2): 81-83.

[29] Szklarska-Smialowska Z. Pitting corrosion of aluminum[J]. Corrosion Science,1999,41(9):1743-1767.

[30] 苏景新,张昭,曹发和,等. 铝合金的晶间腐蚀与剥蚀[J]. 中国腐蚀与防护学报,2005,25(3):187-192.

[31] Robinson M J,Jackson N C. Exfoliation corrosion of high strength Al-Cu-Mg alloys:effect of grain structure[J]. British Corrosion Journal,1999,34(1):45-49.

[32] 苏培博,吴晓宏,姜兆华,等. 碳纤维复合材料与LY12铝合金的电偶腐蚀[J]. 腐蚀与防护,2014 (1):37-39,73.

[33] 张晓云,赵胜华,汤智慧,等. 表面处理对TC21钛合金与铝合金和钢电偶腐蚀行为的影响[J]. 材料工程,2006(12):40-45,60.

[34] 陈跃良,王冬冬,张勇,等. T700碳纤维环氧树脂复合材料与2A12铝合金电偶腐蚀研究[J]. 装备环境工程,2014(6):40-44.

[35] 孙飞龙,李晓刚,卢琳,等. 5052和6061铝合金在中国南海深海环境下的腐蚀行为研究[J]. 金属学报,2013(10):1219-1226.

[36] 张晋,张涛,邵亚薇,等. 5083和6061铝合金缝隙腐蚀行为的研究[J]. 腐蚀科学与防护技术, 2014(2):125-131.

[37] Cheng Y L,Zhang Z,Cao F H,et al. A study of the corrosion of aluminum alloy 2024-T3 under thin electrolyte layers[J]. Corrosion Science,2004,46(7):1649-1667.

[38] El-Mahdy G A,Nishikata A,Tsuru T. AC impedance study on corrosion of 55%Al-Zn alloy-coated steel under thin electrolyte layers[J]. Corrosion Science,2000,42(9):1509-1521.

[39] 周和荣,李晓刚,董超芳,等. 7A04铝合金在薄液膜下腐蚀行为[J]. 北京科技大学学报,2008,30 (8):880-887.

[40] Zhou H. R,Li X. G,Ma J,et al. Dependence of the corrosion behavior of aluminum alloy 7075 on the thin electrolyte layers[J]. Materials Science & Engineering B,2009,162(1):1-8.

[41] Nazarov A,Vucko F,Thierry D. Scanning Kelvin Probe for detection of the hydrogen induced by atmospheric corrosion of ultra-high strength steel[J]. Electrochimica Acta,2016,216:130-139.

[42] 董超芳,安英辉,李晓刚,等. 7A04铝合金在海洋大气环境中初期腐蚀的电化学特性[J]. 中国有色金属学报,2009,19(2):346-352.

[43] Zhang T,Chen C,Shao Y,et al. Corrosion of pure magnesium under thin electrolyte layers[J]. Electrochimica Acta,2008,53(27):7921-7931.

[44] 陈素晶. 航空铝合金大气腐蚀的模拟研究[D]. 南京, 南京航空航天大学, 2005.

[45] Palani S, Hack T, Deconinck J, et al. Validation of predictive model for galvanic corrosion under thin electrolyte layers: An application to aluminium 2024 – CFRP material combination [J]. Corrosion Science, 2014, 78(1): 89-100.

[46] 张勇, 陈跃良, 王晨光. 模拟沿海大气环境下铝合金搭接件电偶腐蚀行为研究[J]. 材料导报, 2016, 30(10): 152-155.

[47] Chen Z. Y, Cui F, Kelly R. G. Calculations of the cathodic current delivery capacity and stability of crevice corrosion under atmospheric environments[J]. Journal of the Electrochemical Society, 2008, 155 (7): 360-368.

[48] 程英亮. 铝合金在本体溶液以及薄层液膜下腐蚀的电化学研究[D]. 杭州, 浙江大学, 2003.

[49] 蔡建平. 应用人工神经网络预测碳钢低合金钢的大气腐蚀[J]. 中国腐蚀与防护学报, 1997, 17 (4): 303-306.

[50] 陈跃良, 杨晓华, 吕国志. 结构腐蚀损伤定量预测方法对比研究[J]. 中国腐蚀与防护学报, 2003, 23(1): 52-55.

[51] Zamani N G. Boundary element simulation of the cathodic protection system in a prototype ship[J]. Applied Mathematics & Computation, 1988, 26(2): 119-134.

[52] 高满同, 单辉祖. 腐蚀电场平面问题边界元法研究[J]. 航空学报, 1990, 11(7): 376-382.

[53] 解福瑶, 郑勤红, 刘蔷蕊. 二维静电场分析的边界元场强计算问题[J]. 云南师范大学学报(自然科学版), 1996(4): 18-23.

[54] 邱枫, 徐乃欣. 码头钢管桩阴极保护时的电位分布[J]. 中国腐蚀与防护学报, 1997(1): 12-18.

[55] 孟宪级, 吴中元. 区域性阴极保护数学模型算法的改进[J]. 中国腐蚀与防护学报, 1998(3): 221-226.

[56] 卞贵学, 张好君, 王安东, 等. 飞机用铝合金-CFRP搭接结构的电偶腐蚀预测研究[J]. 装备环境工程, 2020, 17(5): 58-65.

[57] Shi Y, Kelly R G. Experimental evaluation and modeling of galvanic interactions between aluminum alloy 7075-T6 and noble materials[J]. Ecs Transactions, 2012, 28(6): 155-166.

[58] Thébault F, Vuillemin B, Oltra R, et al. Modeling bimetallic corrosion under thin electrolyte films[J]. Corrosion Science, 2011, 53(1): 201-207.

[59] 卞贵学, 陈跃良, 张勇, 等. 基于电偶腐蚀仿真的铝/钛合金在不同浓度酸性 NaCl 溶液中与水介质中的当量折算系数[J]. 材料导报, 2019, 33(16): 2746-2752.

[60] Cross S R, Gollapudi S, Schuh C A. Validated numerical modeling of galvanic corrosion of zinc and aluminum coatings[J]. Corrosion Science, 2014, 88(88): 226-233.

[61] Agarwal A S, Landau U, Payer J H. Modeling the current distribution in thin electrolyte films with applications to crevice corrosion[J]. Journal of the Electrochemical Society, 2010, 157(1): 9-17.

[62] Song F M. A mathematical model developed to predict the chemistry and corrosion rate in a crevice of variable gap[J]. Electrochimica Acta, 2011, 56(19): 6789-6803.

[63] Wang W, Sun H Y, Sun L J, et al. Numerical simulation for crevice corrosion of 304 Stainless Steel in Sodium Chloride Solution[J]. Chemical Research in Chinese Universities, 2010, 26(5): 822-828.

[64] 王巍. 几种金属在海水中阴极保护数值计算及瞬态激励影响研究[D]. 北京:中国科学院研究生院, 2011.

[65] Sun W,Wang L,Wu T,et al. An arbitrary Lagrangian-Eulerian model for modelling the time-dependent evolution of crevice corrosion[J]. Corrosion Science,2014,78(1):233-243.

[66] 刘冬鹏,王亚飞,程光旭,等. 奥氏体不锈钢缝隙腐蚀的数值模拟研究[J]. 腐蚀与防护,2012,S2: 72-76.

[67] 文博. 循环水中不锈钢缝隙腐蚀数值模拟研究[J]. 广州化工,2016(3):95-97.

[68] 王晨光,陈跃良,张勇,等. 7B04铝合金在模拟海洋大气环境下的腐蚀行为[J]. 航空材料学报, 2017,37(1):59-64.

[69] Melchers R E. Transition from marine immersion to coastal atmospheric corrosion for structural steels[J]. Corrosion,2007,63(6):500-514.

[70] Krawiec H,Vignal V,Akid R. Numerical modelling of the electrochemical behaviour of 316L stainless steel based upon static and dynamic experimental microcapillary-based techniques[J]. Electrochimica Acta,2008,53(16):5252-5259.

[71] Xiao J. ,Chaudhuri S. Predictive modeling of localized corrosion:An application to aluminum alloys[J]. Electrochimica Acta,2011,56(16):5630-5641.

[72] Guseva O,Derose J A,Schmutz P. Modelling the early stage time dependence of localised corrosion in aluminium alloys[J]. Electrochimica Acta,2013,88(2):821-831.

[73] 刘静,罗勇,周漪,等. 模拟加速腐蚀专家模拟器软件在美海军飞机腐蚀损伤评估中的应用[J]. 装备环境工程,2014(6):124-129.

[74] 陈跃良,王安东,卞贵学,等. 海洋环境下三电极的电偶腐蚀仿真[J]. 北京航空航天大学学报, 2018,44,(9):1808-1817.

[75] Derose J A,Suter T,Hack T,et al. Aluminium Alloy Corrosion of Aircraft Structures[M]. Great Britain: WIT Press,2013.

[76] 刘元海,张幸. 舰载机载设备腐蚀环境适应性要求的剪裁[J]. 装备环境工程,2016,13(5): 61-67.

[77] 孙志华,刘明辉,张晓云,等. 时效制度对Al-Zn-Mg-Cu铝合金应力腐蚀敏感性的影响[J]. 中国腐蚀与防护学报,2006,26(4):232-236.

[78] 苏艳. 7B04高强铝合金与防护涂层在海洋大气环境中的腐蚀行为[D]. 重庆:重庆大学,2011.

[79] Song L,Ma X,Chen Z,et al. The role of UV illumination on the initial atmospheric corrosion of 09CuPCrNi weathering steel in the presence of NaCl particles[J]. Corrosion Science,2014,87(1):427- 437.

[80] Song L,Chen Z. The role of UV illumination on the NaCl-induced atmospheric corrosion of Q235 carbon steel[J]. Corrosion Science,2014,86(9):318-325.

[81] 李亚坤. 薄液层下金属电化学腐蚀行为研究[D]. 青岛:中国海洋大学,2007.

[82] 胡会利. 电化学测量[M]. 北京:国防工业出版社,2007.

[83] 姜应律,吴荫顺. 用极化曲线研究钛合金在水、醇中腐蚀机理的差异[J]. 腐蚀科学与防护技术, 2005,17(3):154-158.

[84] 刘在健,王佳,张彭辉,等. 5083铝合金在海水中的腐蚀行为及其阴极保护研究[J]. 中国腐蚀与防护学报,2015(3):239-244.

[85] Millero F J,Huang F,Laferiere A L. Solubility of oxygen in the major sea salts as a function of concentration and temperature[J]. Marine Chemistry,2002,78(4):217-230.

[86] 王正烈,周亚平. 物理化学[M]. 北京:高等教育出版社,2001.

[87] Alain B. International critical tables of numerical data, physics, chemistry and technology[M]. New York:McGraw-Hill,1928.

[88] 陈顺杭,梁成浩,袁传军. 数值方法在阴极保护中的应用及进展[J]. 全面腐蚀控制,2006,20(5):19-21.

[89] 韩守志,杜敏. 数值模拟在阴极保护中的应用进展[J]. 材料科学与工艺,2016,24(4):74-81.

[90] Brebbia C A,Dominguez J,Tassoulas J L. Boundary Elements:An Introductory Course[M]. South ampton:McGraw-Hill Book Company,1989.

[91] 吴建华,云凤玲,邢少华,等. 数值模拟计算在舰艇阴极保护中的应用[J]. 装备环境工程,2008,5(3):1-4.

[92] 王在峰. 海洋钢阴极保护的有限元计算[D]. 青岛:中国科学院海洋研究所,2005.

[93] 赛谬尔. 贝纳维德斯. 航空航天腐蚀控制[M]. 杨智,雍兴跃,张小明,等译. 北京:化学工业出版社,2014.

[94] 杨桂通. 弹性力学简明教程[M]. 北京:清华大学出版社,2013.

[95] 刘长春,吕和祥. 弹性力学基本方程弱形式[J]. 大连理工大学学报,2007,47(5):634-638.

[96] Mizuno D,Kelly R G. Galvanically induced intergranular corrosion of AA5083-H131 under atmospheric exposure conditions:part 2—modeling of the damage distribution[J]. Corrosion,2013,69(7):681-692.

[97] 王晨光,陈跃良,张勇,等. 飞机用 7B04 铝合金缝隙腐蚀试验及仿真研究[J]. 装备环境工程,2017,14(3):39-46.

[98] Nguyen T H. The chemical nature of aluminum corrosion[J]. Chemischer Informationsdienst,1982,129(1):256-259.

[99] Turner R C,Ross G J. Conditions in solution during the formation of gibbsite in dilute Al salt solutions. 4. Effect of Cl concentration and temperature and a proposed mechanism for gibbsite formation[J]. Canadian Journal of Chemistry,2011,48(5):723-729.

[100] Wong K P,Alkire R C. Local chemistry and growth of single corrosion pits in aluminum[J]. Cheminform,1990,137(10):3010-3015.

[101] Guseva O,Schmutz P,Suter T,et al. Modelling of anodic dissolution of pure aluminium in sodium chloride[J]. Electrochimica Acta,2009,54(19):4514-4524.

[102] 陶春虎. 紧固件的失效分析及其预防[M]. 北京:航空工业出版社,2013.

[103] 杜洪增,马云龙. 缝隙腐蚀与电偶腐蚀的混合型腐蚀形态与防腐措施[J]. 腐蚀科学与防护技术,2005,17(3):190-191.

[104] 骆晨,蔡健平,许广兴,等. 航空有机涂层在户内加速试验与户外暴露中的损伤等效关系[J]. 航空学报,2014,35(6):1750-1758.

[105] 苏景新,白云,关庆丰,等. 飞机蒙皮结构表面涂层失效的电化学阻抗分析[J]. 中国腐蚀与防护学报,2013,33(3):251-256.

[106] Schneider O,Kelly R G. Localized coating failure of epoxy-coated aluminium alloy 2024-T3 in 0.5 M NaCl solutions:Correlation between coating degradation,blister formation and local chemistry within blisters[J]. Corrosion Science,2007,49(2):594-619.

[107] Williams G,Mcmurray H N. Inhibition of filiform corrosion on organic-coated AA2024-T3 by smart-release cation and anion-exchange pigments[J]. Electrochimica Acta,2012,69(5):287-294.

[108] Williams G,Grace R. Chloride-induced filiform corrosion of organic-coated magnesium[J]. Electro-chimica Acta,2011,56(4):1894-1903.

[109] Romano A P,Olivier M G. Investigation by electrochemical impedance spectroscopy of filiform corrosion of electrocoated steel substrates[J]. Progress in Organic Coatings,2015,89:1-7.

[110] 吕平,李华灵,黄微波. 有机防护涂层老化研究进展[J]. 材料导报,2011,25(13):83-85.

[111] Weldon F,Dwight G. Failure analysis of paints and coatings[J]. Pigment & Resin Technology,2007, 35(2):275-279.

[112] 田秀云,杜洪增,吴志巨. MD-82型飞机蒙皮的丝状腐蚀与防腐改进措施[J]. 民用飞机设计与研究,2004(2):46-49.

[113] Garg Sharma,Mehta R. Effect of hydrothermal aging on GFRP composites in marine environment[J]. Steel & Composite Structures,2017,25(1):93-104.

[114] 郭健,张天翼. 海军航空器用树脂基复合材料海洋环境老化行为的研究[J]. 装备环境工程, 2017,14(5):102-108.

[115] 陈跃良,赵红君,卞贵学,等. 电偶效应对与30CrMnSiA钢耦合的7B04铝合金当量折算系数的影响[J]. 航空学报,2017,38(12):319-328.

[116] Zhang Y.,Zhu X.,Mei Z.,et al. Experimental study on natural ageing character of T300/Epoxy composite under marine environmental load[J]. Journal of Materials Engineering,2011,40(12):25-28.

[117] 张颖军,朱锡,梅志远,等. 海洋环境载荷下T300/环氧复合材料自然老化特性实验研究[J]. 材料工程,2011,21(12):25-28.

[118] Tao L I,Yan Q U,Zhou X,et al. Study in the impacting factors of composite aging properties[J]. Fiber Composites,2015,46(6):564-569.

[119] Liu Z,Curioni M,Jamshidi P,et al. Electrochemical characteristics of a carbon fiber composite and the associated galvanic effects with aluminium alloys[J]. Applied Surface Science,2014,314(3):233-240.

[120] 肇研,梁朝虎. 聚合物基复合材料自然老化寿命预测方法[J]. 航空材料学报,2001,21(2):55-58.

[121] Gunyaev G M. Realization of the mechanical properties of fibers in high-modulus polymer composites [J]. Polymer Mechanics,1972,8(6):991-993.

[122] 卞贵学,陈跃良,张勇,等. 基于电偶腐蚀仿真的铝/钛合金在不同浓度酸性NaCl溶液中与水介质中的当量折算系数[J]. 材料导报,2019,33(16):2746-2752.

[123] Eibl S. Observing inhomogeneity of plastic components in carbon fiber reinforced polymer materials by ATR-FTIR spectroscopy in the micrometer scale[J]. Journal of Composite Materials,2008,42(12): 1231-1246.

[124] 樊威,李嘉禄,等. 热氧老化对碳纤维织物增强聚合物基复合材料弯曲性能的影响[J]. 复合材料学报,2015,32(5):1260-1270.

[125] Dehghan M,Sbaeski. Investigation of CNT modification of epoxy resin in CFRP strengthening systems [J]. Polymer Composites,2016,37(4):1021-1033.

[126] Santos T F A,Vasconcelos G C,Souza W,et al. Suitability of carbon fiber-reinforced polymers as power cable cores:galvanic corrosion and thermal stability evaluation[J]. Materials and Design,2015,65(2): 780-788.

[127] 王晨光. 海洋大气环境下7B04铝合金结构稳/瞬态腐蚀行为预测及验证[D]. 烟台:海军航空工程学院,2017.

[128] DeRose J A. Aluminium alloy corrosion of aircraft structures:modelling and simulation[J]. Welding & Coating. 2013(3),178-180.

[129] Hong Y,Li Z,Qiao G,et al. Numerical simulation and experimental investigation of the stray current corrosion of viaducts in the high-speed rail transit system[J]. Construction and Building Materials, 2017,157:416-423.

[130] Stelman D,Darnell A J,Christie J R,et al. The Electrochemical Society[J]. Nature,2017,67 (1737):354.

[131] 黄海亮,陈跃良,张勇,等. 飞机多金属耦合在溶液状态与大气状态下的腐蚀行为对比及当量折算研究[J]. 材料导报,2020,34(4):4118-4125.

[132] Fuente D D L,Díaz I,Simancas J,et al. Long-term atmospheric corrosion of mild steel[J]. Corrosion Science,2011,53(2):604-617.

[133] Corvo F,Minotas J,Delgado J,et al. Changes in atmospheric corrosion rate caused by chloride ions depending on rain regime[J]. Corrosion Science,2005,47(4):883-892.

[134] Thierry D,Lebozec N. Corrosion Products Formed on Confined Hot-Dip Galvanized Steel in Accelerated Cyclic Corrosion Tests[J]. Corrosion,2012,65(11):718-725.

[135] Lebozec N,Blandin N,Thierry D. Accelerated corrosion tests in the automotive industry:A comparison of the performance towards cosmetic corrosion[J]. Materials & Corrosion,2015,59(11):889-894.

[136] 卞贵学,陈跃良,黄海亮,等. 飞机用钛-钢搭接件腐蚀仿真预测与验证研究[J]. 表面技术, 2018,47(10):172-179.

[137] Young P S. Modeling and analysis for atmospheric galvanic corrosion of fasteners in aluminum[D]. Akron:University of Akron,2015.

[138] Lee J M. Numerical analysis of galvanic corrosion of Zn/Fe interface beneath a thin electrolyte[J]. Electrochimica Acta,2006,51(16):3256-3260.

[139] Simillion H,Van den Steen N,Terryn H,et al. Geometry influence on corrosion in dynamic thin film electrolytes[J]. Electrochimica Acta,2016,209:149-158.

[140] Xiao K,Dong C F,Luo H,et al. Investigation on the Electrochemical Behaviour of Copper Under HSO_3^--containing Thin Electrolyte Layers[J]. International Journal of Electrochemical Science,2012,7(8): 7503-7515.

[141] Palani S,Hack T,Deconinck J,et al. Validation of predictive model for galvanic corrosion under thin electrolyte layers:An application to aluminium 2024-CFRP material combination[J]. Corrosion Science,2014,78:89-100.

[142] Steen N V D,Simillion H,Dolgikh O,et al. An integrated modeling approach for atmospheric corrosion in presence of a varying electrolyte film[J]. Electrochimica Acta,2016,187:714-723.

[143] Blanc C,Pébère N,Tribollet B,et al. Galvanic coupling between copper and aluminium in a thin-layer cell[J]. Corrosion Science,2010,52(3):991-995.

[144] Huang H,Dong Z,Chen Z,et al. The effects of Cl^- ion concentration and relative humidity on atmospheric corrosion behaviour of PCB-Cu under adsorbed thin electrolyte layer[J]. Corrosion Science, 2011,53(4):1230-1236.

[145] 陈跃良,王哲夫,卞贵学,等. 不同浓度 NaCl 溶液下典型铝/钛合金电偶腐蚀当量折算关系[J].
航空学报,2017,38(3):265-273.

[146] Huang H,Guo X,Zhang G,et al. The effects of temperature and electric field on atmospheric corrosion
behaviour of PCB-Cu under absorbed thin electrolyte layer[J]. Corrosion Science,2011,53(5):1700-
1707.

[147] Huang H,Pan Z,Guo X,et al. Effect of an alternating electric field on the atmospheric corrosion behav-
iour of copper under a thin electrolyte layer[J]. Corrosion Science,2013,75:100-105.

[148] Deshpande K B. Numerical modeling of micro-galvanic corrosion[J]. Electrochimica Acta,2011,56
(4):1737-1745.

[149] Thébault F,Vuillemin B,Oltra R,et al. Protective mechanisms occurring on zinc coated steel cut-edges
in immersion conditions[J]. Electrochimica Acta,2011,56(24):8347-8357.

[150] 陈跃良,王安东,卞贵学,等. CF8611/AC531 复合材料的电化学特性及其与 7B04-T74 铝合金的
电偶腐蚀仿真[J]. 材料导报,2018,32(16):2889-2896.

[151] Topa V,Demeter A S,Hotoiu L,et al. A transient multi-ion transport model for galvanized steel corro-
sion protection[J]. Electrochimica Acta,2012,77:339-347.

[152] Dolgikh O,Bastos A C,Oliveira A,et al. Influence of the electrolyte film thickness and NaCl concentra-
tion on the oxygen reduction current on platinum[J]. Corrosion Science,2016,102:338-347.

[153] Abodi L C,Derose J A,Damme S V,et al. Modeling localized aluminum alloy corrosion in chloride solu-
tions under non-equilibrium conditions:Steps toward understanding pitting initiation[J]. Electrochimica
Acta,2012,63(63):169-178.

[154] Zhang T,Chen C,Shao Y,et al. Corrosion of pure magnesium under thin electrolyte layers[J]. Electro-
chimica Acta,2008,53(27):7921-7931.

[155] Liu W,Cao F,Chen A,et al. Corrosion behaviour of AM60 magnesium alloys containing Ce or La under
thin electrolyte layers. Part 1:Microstructural characterization and electrochemical behaviour[J]. Cor-
rosion Science,2010,52(2):627-638.

[156] Liu W,Cao F,Jia B,et al. Corrosion behaviour of AM60 magnesium alloys containing Ce or La under
thin electrolyte layers. Part 2:Corrosion product and characterization[J]. Corrosion Science,2010,52
(2):639-650.

[157] Liao X,Cao F,Zheng L,et al. Corrosion behaviour of copper under chloride-containing thin electrolyte
layer[J]. Corrosion Science,2011,53(10):3289-3298.

[158] Zeng R C,Qi W C,Zhang F,et al. In Vitro corrosion of pure magnesium and AZ91 alloy-The influence
of thin electrolyte layer thickness[J]. Regenerative Biomaterials,2016,3(1):49-56.

[159] Zhang Y,Chen Y L,Fan W J,et al. Study on the galvanic corrosion of aluminum alloy single bolted lap
joints in simulated atmospheres. Materials and Corrosion,2017,68(10):1107-1115.

[160] Thee C,Hao L,Dong J,et al. Atmospheric corrosion monitoring of a weathering steel under an
electrolyte film in cyclic wet-dry condition[J]. Corrosion Science,2014,78:130-137.

[161] Venkatraman M S,Cole I S,Emmanuel B. Model for corrosion of metals covered with thin electrolyte
layers:Pseudo-steady state diffusion of oxygen[J]. Electrochimica Acta,2011,56(20):7171-7179.

[162] Mandel M,Krüger L. Determination of pitting sensitivity of the aluminium alloy EN AW-6060-T6 in a
carbon-fibre reinforced plastic/aluminium rivet joint by finite element simulation of the galvanic corro-

sion process[J]. Corrosion Science,2013,73(2):172-180.

[163] Yin L,Jin Y,Leygraf C,et al. A FEM model for investigation of micro-galvanic corrosion of Al alloys and effects of deposition of corrosion products[J]. Electrochimica Acta,2016,192:310-318.

[164] Shi Y,Kelly R G. Experimental Evaluation and Modeling of Galvanic Interactions Between Aluminum Alloy 7075-T6 and Noble Materials[J]. ECS Transactions,2012,45(4):305-316.

[165] Brown S G R,Barnard N C. 3D computer simulation of the influence of microstructure on the cut edge corrosion behaviour of a zinc aluminium alloy galvanized steel[J]. Corrosion Science,2006,48(8): 2291-2303.

[166] Deshpande K B. Effect of aluminium spacer on galvanic corrosion between magnesium and mild steel using numerical model and SVET experiments[J]. Corrosion Science,2012,62:184-191.

[167] Guillaumin V,Mankowski G. Localized corrosion of 2024 T351 aluminium alloy in chloride media[J]. Corrosion Science,1998,41(98):421-438.

[168] P. W. R,Liao C. M. ,Gao M. A transmission electron microscopy study of constituent-particle-induced corrosion in 7075 - T6 and 2024 - T3 aluminum alloys [J]. Metallurgical and Materials Transactions A,1998,29(4):1153-1160.

[169] Boag A,Hughes A E,Wilson N C,et al. How complex is the microstructure of AA2024-T3 [J]. Corrosion Science,2009,51(8):1565-1568.

内 容 简 介

传统的飞机防腐蚀设计方法主要依据经验设计,然后采用试验验证。该方法评估周期长、容易返工、费用高、效率低,且目前的加速试验环境谱中,没有考虑实际飞机结构中普遍存在的不同金属相互接触产生的电偶作用。本书系统阐述了电偶腐蚀模型构建理论与方法、电偶腐蚀仿真预测、异种金属电偶腐蚀当量折算、飞机结构电偶腐蚀仿真模拟技术应用,以及防护体系对电偶腐蚀影响的仿真等内容,研究成果可为飞机结构防腐蚀量化设计提供理论指导和工程参考。

本书适合从事飞行器腐蚀防护与控制的技术人员,以及从事结构腐蚀数值模拟的技术人员阅读。

The traditional anti-corrosion design of aircraft is mainly based on experience, and then the test verification is carried out. It is a long evaluation cycle, easy to rework, high cost and low efficiency. At present, the galvanic coupling effect caused by the contact of different metals in the actual aircraft structure is not considered in the environmental spectrum of accelerated test. This book systematically expounds the theory of galvanic corrosion model construction, galvanic corrosion simulation prediction, equivalent conversion of heterogeneous metal galvanic corrosion, application of galvanic corrosion simulation technology in aircraft structure and galvanic corrosion simulation of protection system. The research results can provide theoretical guidance and engineering reference for quantitative anti-corrosion design of aircraft structures.

This book is suitable for technicians engagedin corrosion prevention and control of aircraft, aswell as technicians engaged in numerical simulation of structural corrosion.